Die großen Fragen
Universum

Stuart Clark ist leitender Redakteur für Weltraumwissenschaft der European Space Agency (ESA) und Autor der erfolgreichen Sachbücher *The Sun Kings*, *Deep Space* und *Galaxy*. Er schreibt für *New Scientist*, *BBC Focus*, *The Times*, *Guardian* und *Economist*.

Die großen Fragen behandeln grundlegende Probleme und Konzepte in Wissenschaft und Philosophie, die Forscher und Denker seit jeher umtreiben. Anspruch der ambitionierten Reihe ist es, die Antworten auf diese Fragen darzustellen und damit die wichtigsten Gedanken der Menschheit in einzigartigen Übersichten zu bündeln.

Der Reihenherausgeber **Simon Blackburn** ist Professor für Philosophie an der Universität Cambridge, an der Universität von North Carolina und einer der angesehensten Philosophen unserer Zeit.

In der Reihe *Die großen Fragen:*

Philosophie

Physik

Universum

Mathematik

Stuart Clark

Die großen Fragen
Universum

Reihenherausgeber Simon Blackburn

Aus dem Englischen übersetzt von Anna Schleitzer

Inhalt

Einführung	6

Was ist das Universum?   8
Die immerwährende Frage nach dem, was uns umgibt

Wie groß ist das Universum?   18
Kosmologische Maßstäbe

Wie alt ist das Universum?   27
Die kosmische Alterskrise

Woraus sind die Sterne gemacht?   36
Das kosmische Kochrezept

Wie entstand die Erde?   46
Die Geburt unserer Heimat

Was hält die Planeten auf ihren Bahnen?   56
Und warum fällt der Mond nicht herunter?

Hatte Einstein recht?   66
Gravitation gegen Raumzeit-Krümmung

Was ist ein Schwarzes Loch?   77
Gefräßige Monster, verdampfende Nadelstiche und Wollknäuel

Wie ist das Universum entstanden?   87
Wie sah der Urknall aus?

Welche Himmelskörper erschienen zuerst?   96
Der Anfang des Universums, wie es uns vertraut ist

Was ist Dunkle Materie? Der Stoff, der das Universum zusammenhält	105
Was ist Dunkle Energie? Die geheimnisvollste Substanz des Universums	114
Sind wir Staub der Sterne? Das Geheimnis der Entstehung des Lebens	123
Gibt es Leben auf dem Mars? Unsere Chancen, kosmische Nachbarn zu entdecken	133
Gibt es andere vernunftbegabte Lebewesen? Ist da noch jemand?	142
Können wir durch Zeit und Raum reisen? Warp-Antriebe und Zeitreisen	152
Können sich die Naturgesetze ändern? Physik jenseits von Einstein	162
Gibt es viele Universen? Schrödingers Katze und was daraus folgt	170
Welches Schicksal erwartet das Universum? Kollaps, Endknall oder Kältetod?	181
Gibt es einen kosmologischen Gottesbeweis? Die lebensfreundliche Feinabstimmung des Universums	189
Glossar	200
Index	204

Einführung

Die Astronomie kennt nur „große" Fragen. Selbst ein unscheinbarer Gedanke kann auf einen verzweigten Pfad der Untersuchung führen, der in eine grundsätzliche Antwort mündet – begleitet vielleicht von einer unfassbaren Erleuchtung –, was zweifellos wesentlich zur Attraktivität des Fachgebiets beiträgt. Die überwältigende Größe des Universums, das sich Milliarden von Lichtjahren weit durch den Raum und Milliarden von Jahren weit durch die Zeit erstreckt, und die unvorstellbar großen Zahlen, die man zu seiner Beschreibung braucht, sind gewissermaßen furchterregend.

Wenn Sie an einem wirklich dunklen Ort – in der Wüste oder einer anderen Wildnis ohne jedes Umgebungslicht – in den Himmel schauen, sehen Sie so viele Sterne, dass Sie Mühe haben, die vertrauten Sternbilder zu erkennen. Was Ihnen zahllos erscheint, sind allerdings nicht mehr als die 3000 Lichtpunkte, die das menschliche Auge unter günstigen Bedingungen am Firmament auflösen kann. Aber das ist nur ein winziger Bruchteil aller Sterne des Universums. Oft wird die Zahl der Sterne mit der Zahl der Sandkörner an allen Stränden der Erde verglichen, aber das reicht bei weitem nicht aus: Es gibt enorm viele Sandkörnchen auf der Erde, aber längst nicht so viele, wie es Sterne im Weltraum gibt. Letzte Schätzungen sprechen von 70 000 Millionen Millionen Millionen (70 Trilliarden, eine 7 mit 22 Nullen). Ungefähr diese Zahl von Sandkörnern findet sich an den Stränden von 10 000 erdähnlichen Planeten.

Anliegen dieses Buches ist es, Fragen zu beantworten, die sich viele Leute stellen, wenn sie über das Universum nachdenken. Es geht um exotische, nur wenig bekannte Himmelskörper wie Quasare und Pulsare ebenso wie um die großartigen Naherkundungen unserer Nachbarn im Sonnensystem wie Mars und Jupiter. Ein Kapitel beschäftigt sich mit den kosmischen „Superstars", die ihr Geheimnis wahren, wie viel Zeit auch vergehen möge – den Schwarzen Löchern. Was ein Schwarzes Loch ist, will jeder wissen, der ungefähr so viel von Astronomie versteht wie ich. Erwarten Sie hier keine umfassende Antwort; selbst die Experten haben noch keine. Schwarze Löcher ziehen die Fachleute deshalb so sehr in ihren Bann, weil man sich verspricht, aus ihrer Natur – wenn sie denn einmal aufgeklärt sein wird – ein neues Verständnis des Universums insgesamt ableiten zu können.

Unter den 19 anderen hier diskutierten Fragen gibt es einige, die nach Jahrhunderten der Forschung definitiv beantwortet werden können; einige scheinen einer Antwort verlockend nahe zu sein; bei anderen wiederum versuchen die Forscher verzweifelt, auch nur den Zipfel einer Antwort zu fassen zu bekommen. Vermutlich sind diese ungelösten Probleme die fesselndsten, weil sie den Fortgang der modernen Astronomie und Kosmologie bestimmen. Ungeachtet von unserem derzeitigen Wissensstand berührt jede der 20 „großen Fragen" einen Stein des Fundaments, auf dem unsere Wahrnehmung des Universums ruht und unsere Bemühungen, unseren eigenen Platz in seinen unermesslichen Weiten auszumachen, fußen. Jede Frage hat auch etwas von diesem ganz besonderen Zauber, den wir alle fühlen, wenn wir über das Weltall nachdenken.

Was ist das Universum?

Die immerwährende Frage nach dem, was uns umgibt

Das „Universum" ist einfach alles: alle Planeten, alle Sterne, alle Galaxien. Seine Ausdehnung übersteigt das menschliche Vorstellungsvermögen – was den Menschen niemals davon abhielt, es durchschauen zu wollen. Generationen um Generationen blickten zum Himmel, vermaßen, was auch immer zu sehen war, ergründeten und begründeten ... in der Hoffnung, eines Tages wirklich verstehen zu können. Manchen bedeutenden Schritt haben wir so getan; damit wir uns aber nicht allzu sehr im Lichte unserer Errungenschaften sonnen, hält das Universum immer wieder neue Überraschungen für uns bereit, neue Herausforderungen, um unsere Fantasie auf die Probe zu stellen.

Schon unsere Vorfahren wollten das Weltall begreifen. Auf babylonischen Steintafeln, angefertigt zwischen 3500 und 3000 v. Chr., ist die Veränderung der Tageslänge im Lauf des Jahres verzeichnet. Aus China stammen 3000 Jahre alte Berichte über Sonnenfinsternisse. Überall auf der Welt finden sich Überreste prähistorischer Bauwerke, deren astronomische Ausrichtung kaum zu übersehen ist. Das älteste Relikt dieser Art ist eine 5200 Jahre alte Begräbnisstätte in Newgrange (Irland): Exakt am Tag der Wintersonnenwende, dem kürzesten Tag des Jahres, fällt dort die aufgehende Sonne durch eine Öffnung auf den Boden der inneren Grabkammer.

Von den hunderten rätselhaften Steinskulpturen der Osterinsel blicken sieben in Richtung des Sonnenuntergangs zur Tag-und-Nacht-Gleiche. Forscher vermuten, dass der große Tempel Angkor Wat in Kambodscha so ausgerichtet ist, dass die Sonne zur Sommersonnenwende über dem Osttor aufgeht. Die ägyptischen Pyramiden sollen am Stand der Sterne orientiert sein. Keines der genannten Bauwerke war als „Sternwarte", als Observatorium im wissenschaftlichen Sinn, gedacht, aber sie alle beweisen, dass ihre Erbauer sehr wohl über die Bewegung der Himmelskörper Bescheid wussten.

Aus den frühesten astronomischen Beobachtungen entwickelten unsere Ahnen sehr wahrscheinlich den Kalender. Die Mondphasen legten die Dauer eines Monats fest, die Wanderung der Sonne über den Himmel definierte die Länge eines Tages und eines Jahres. Im Jahreslauf verschieben sich die Punkte des Sonnenauf- und -untergangs entlang des Horizonts. Bekannt ist die Ausrichtung des gut erhaltenen Steinkreises von Stonehenge (bei Salisbury im Süden Englands) nach der Sonne: Zur Sommersonnenwende geht die Sonne über einem einzeln stehenden Monolithen, dem „Heel-Stein", auf. Ursprünglich hielt man Stonehenge für einen urzeitlichen Tempel des Sonnengottes. Nachdem Forscher aber weitere Beziehungen zwischen den Positionen der Steine und dem Stand von Himmelskörpern (besonders des Mondes) festgestellt haben, vermutet man in der Anlage eher ein prähistorisches Observatorium, das etwa zur Vorhersage von Finsternissen gedient haben mag.

Frühe Kosmologie

Das griechische Wort *kosmos*, von dem sich auch der Terminus *Kosmologie* ableitet, bedeutet „geordnetes Ganzes". Gegenstand der Kosmologie als Teilgebiet der Astronomie ist die Frage aller Fragen: Was ist das Universum? Dazu untersuchen die Kosmologen, wie sich das All heute verhält, wie es seinen Anfang genommen haben könnte und wie es irgendwann enden wird.

Als wissenschaftliche Disziplin kann die Kosmologie erst seit 1916 gelten, als Albert Einstein die Allgemeine Relativitätstheorie veröffentlichte (▶ *Hatte Einstein recht?*). Bis zu diesem Zeitpunkt fehlte den Astromomen ein geeignetes mathematisches Gerüst, um die Phänomene des Alls zu beschreiben, weshalb sie sich im unbehaglichen Labyrinth von Spekulation und religiösen Befindlichkeiten verloren. Insbesondere die antike Kosmologie war vom Glauben inspiriert und der Vorstellung, dass über unseren Köpfen, im Weltraum, der „Himmel", die Wohnung der Gottheiten, existiert.

Die Ägypter orientierten ihre Kosmologie am Reproduktionszyklus des Menschen. Die Himmelsgöttin Nut, so glaubten sie, bringt Jahr für Jahr den Sonnengott Ra zur Welt, und die jahreszeitlich wechselnde

Höhe des Sonnenstandes sahen sie als Ausdruck der Schwangerschaft von Nuts sternübersätem Körper. Stets zur Wintersonnenwende wurde Ra neu geboren, um bei Frühlingsanfang durch Nuts Mund in ihren Leib zurückzukehren. So erschuf sich Ra immer wieder selbst – Ausdruck des Universums als ewiger, sich selbst erhaltender Ort allen Seins.

Frühe Zivilisationen verbanden die Sterne in ihrer Fantasie zu Bildern mythischer Gestalten, über die sie sich Geschichten erzählten. Im Zweistromland, das heute zum Irak gehört, gruben Archäologen Steintafeln und Tonplättchen aus der Zeit um 1300 v. Chr. aus, auf denen viele solche „Sternbilder" beschrieben sind, darunter auch die zwölf Tierkreiszeichen, denen man besondere Bedeutung beimaß, denn sie werden von der Sonne durchlaufen. Die Griechen übernahmen die Sternbilder; den assyrischen „Landmann" deuteten sie um zum „Widder", die „Schwalbe" zu den „Fischen", in der „Seebarbe" und den „Großen Zwillingen" sahen sie „Einhorn" und „Zwillinge". Fahrende Spielleute, die im antiken Griechenland von Stadt zu Stadt wanderten, erzählten die Legenden gegen Kost und Logis weiter. Die Philosophen hingegen versuchten, sich ihren eigenen, nicht weniger phantasievollen Reim auf die Natur des Alls zu machen. Einer der ersten Denker dieser Art war Thales von Milet (6. Jahrhundert v. Chr.), der sich das Universum als wassergefüllten Raum vorstellte, in dem die Erde schwimmt; Erdbeben, so dachte er, werden von Wasserwellen verursacht, und die Sterne bewegen sich langsam, weil sie von sanfteren Strömungen getragen werden.

Von dem griechischen Astronomen Claudius Ptolemäus, der im 1. Jahrhundert n. Chr. lebte, ist eine Liste von 48 Sternbildern überliefert. Da aber von Griechenland aus nicht der gesamte Himmel zu überblicken ist, blieb die Umgebung des Südpols unkartiert, bis unerschrockene Astronomen im 16. und 17. Jahrhundert von Europa aus weite Reisen unternahmen, um die weißen Flecken am Himmel zu füllen. Auch in die Lücken von Ptolemäus' klassischer Karte schoben sich neue Sternbilder. Niemanden überrascht, dass die Astronomen dabei regelmäßig in Streit gerieten. Der Brite Edmond Halley schlug ein Sternbild namens Robur Carolinum („König Karls Eiche") vor zur Erinnerung an den Baum, in dem sich Karl II. nach der Schlacht von

> *Die Astronomie zwingt die Seele, aufwärts zu schauen, und führt uns von dieser Welt in eine andere.*
> PLATO, GRIECHISCHER PHILOSOPH, 4. JAHRHUNDERT V. CHR.

Worcester vor den Parlamentsanhängern, den „Rundköpfen", versteckt hatte. Während sich der König geehrt fühlte, waren einige von Halleys Kollegen weniger begeistert, weshalb sie es vorzogen, das Sternbild stillschweigend aus ihren Karten zu löschen.

Viele Jahre später, 1922, legte die Internationale Astronomische Union (IAU) 88 Sternbilder einschließlich ihrer Begrenzungen verbindlich fest, wobei sie sich vornehmlich am griechischen Vorbild orientierte. Auch andere Aspekte der griechischen Astronomie haben bis in die Gegenwart überdauert, insbesondere die Leistungen eines Griechen, der keine Lust hatte, Legenden zu erzählen oder zu spekulieren, sondern die Wahrheit in der Messung sah: Hipparchus von Samos. Sein Klassifikationssystem für Sterne wird heute noch verwendet.

Die Helligkeit der Sterne

Schon bei einem flüchtigen Blick zum Nachthimmel fällt dem Beobachter auf, dass manche Sterne heller sind als andere. Vor über 2000 Jahren erfasste Hipparchus akribisch 850 Sterne in einem Katalog, der neben der Position auch Angaben zur relativen Helligkeit umfasste. Weil er noch nicht über ein Instrument zur Messung der Helligkeit verfügte, verließ er sich auf seine Augen. Die hellsten Sterne ordnete er in die erste Größenklasse ein, die schwächsten in die sechste, der Rest lag irgendwo dazwischen. Erstaunlicherweise greifen die Astronomen noch immer auf dieses scheinbar grobe System zurück, wobei die modernen Messgeräte zur Einrichtung weiterer Größenklassen (angegeben als „Magnitude", mag) führten. Jenseits der ersten Größenklasse gibt es jetzt auch negative Magnituden, jenseits der sechsten Größenklasse finden sich Sterne, die nur mithilfe von Teleskopen sichtbar sind. Erdgebundene Teleskope können Sterne bis zu 24–27 mag erfassen; Weltraumteleskope wie das Hubble-Teleskop, deren Bild nicht von den Einflüssen der Erdatmosphäre gestört wird, können noch Sterne von 30 mag „sehen". Die Zunahme der Größenklasse um eine Magnitude bedeutet die Abnahme der scheinbaren Helligkeit um etwa das Zweieinhalbfache. Ein Stern in der 30. Größenklasse ist folglich rund 3,5 Milliarden Mal schwächer, als man mit bloßem Auge noch sehen könnte.

Bisher ging es allerdings um die Helligkeit, die ein Betrachter von der Erde aus wahrnimmt. Nicht vergessen darf man, dass diese scheinbare Helligkeit nicht nur von der absoluten Helligkeit des Himmelskörpers (also dem Licht, das er abstrahlt) abhängt, sondern außerdem von seiner Entfernung von der Erde. Ein nahegelegener, schwach leuchtender Stern kann uns also heller erscheinen als ein sehr lichtstarkes, aber weit entferntes Objekt. Dieses Verhalten beschreibt ein sogenanntes „quadratisches Abstandsgesetz": Bei doppeltem Abstand fällt die Lichtintensität auf ein Viertel, bei dreifachem Abstand auf ein Neuntel des Ausgangswerts. Aus diesem Grund sprechen wir ausdrücklich von „scheinbarer" Helligkeit, wenn wir die unkorrigierte Helligkeit eines Sterns meinen. Die „absolute" Helligkeit dagegen ergibt sich erst durch eine Entfernungskorrektur. Der rote Stern Beteigeuze hat eine scheinbare Helligkeit von 0,58, während seine absolute Helligkeit bei immerhin −5,14 liegt – ein wirklich leuchtkräftiger Stern also, nur vergleichsweise weit von der Erde entfernt. Die Sonne hingegen ist das hellste Objekt am Firmament mit einer riesengroßen scheinbaren Helligkeit von −26,7, die bei Entfernungskorrektur auf bescheidene 4,8 Größenklassen absoluter Helligkeit schwindet. Anders ausgedrückt: Die strahlende Sonne, Triebkraft des Lebens auf der Erde, ist ein ziemlich gewöhnlicher Stern.

Unter wandernden Sternen

Die Astronomen im antiken Griechenland haben uns als leidenschaftlich exakte Beobachter und unermüdliche Chronisten ein reiches Erbe von Wissen über den Sternenhimmel hinterlassen. Die wahre Natur von fünf besonderen Sternen jedoch entzog sich ihrem Scharfsinn. Sie nannten sie *plenetes*, „Wanderer", weil sie Nacht für Nacht vor dem Hintergrund aller anderen, ortsfest bleibenden Sterne über den Himmel ziehen. Der griechische Name hat Sie vermutlich schon auf die richtige Spur gebracht: Es geht um Wandersterne, die Planeten, insbesondere die fünf erdnächsten Planeten (Merkur, Venus, Mars, Jupiter und Saturn), die man mit bloßem Auge erkennen kann. Die Griechen konnten nicht ahnen, dass sie alle eigene Welten sind; stattdessen dachten sie an Götter oder wenigstens an Götterboten, deren Wirken die Geschicke der Menschen beeinflussen sollte.

Zwei dieser wandernden Sterne, Merkur und Venus, ziehen ihre Bahn zwischen Erde und Sonne. Von der Erde aus gesehen, befinden sie sich daher stets in Sonnennähe und sind nur in der Dämmerung zu beobachten. Mars, Jupiter und Saturn dagegen umrunden die Sonne jenseits der Erdbahn und scheinen deshalb langsam über den Nachthimmel zu ziehen. Viele frühe Astronomen gingen völlig in der Aufgabe auf, die Bahnen der Wandelsterne zu berechnen, um ihre Positionen in der Zukunft vorhersagen zu können. Der Stellung der Planeten zueinander maß man große Bedeutung bei, denn man glaubte, bei entsprechender Nähe könnten sich die Einflüsse der Himmelskörper überlagern und verstärken. Sogenannte Konjunktionen waren wichtige Ereignisse, die vorausberechnet werden mussten, um Horoskope erstellen zu können.

Mit dem Siegeszug des Christentums in Europa setzte sich allgemein die Ansicht durch, die Bewegungen der Himmelskörper würden immer und prinzipiell geheimnisvoll bleiben: Der Himmel war Gottes Reich, und der schwache menschliche Geist konnte Seinen allmächtigen Willen niemals durchschauen. Ins Wanken gerieten diese Grundsätze in den ersten Jahrzehnten des 17. Jahrhundert, als Johannes Kepler die Bewegung der Planeten in drei mathematischen Formeln zusammenfasste (▶ *Was hält die Planeten auf ihren Bahnen?*). Damit war bewiesen: Das Universum konnte nicht nur vermessen, sondern auch verstanden werden.

Etwa zur gleichen Zeit lenkte Galileo Galilei in Italien seine – und unsere – Blicke auf die unermesslichen Weiten des Alls. Er richtete 1609 sein Fernrohr auf das verschwommene Lichtband, das sich quer übers Firmament zieht, die Milchstraße. Sein primitives, nach heutigen Maßstäben winziges Teleskop zeigte ihm immerhin, dass die Milchstraße aus Abertausenden schwach leuchtenden Sternen besteht. Das war in der Tat eine Offenbarung, hatte man doch bis dato angenommen, im Universum gebe es nichts über das hinaus, was man mit bloßem Auge sieht. Galilei bewies, dass da noch viel mehr ist. Damit nahm die jahrhundertelange, bis heute nicht versiegte Faszination der Astronomen für immer größere Teleskope, mit denen immer schwächere Objekte erkennbar sind, ihren Anfang. Die größten optischen Teleskope haben inzwischen Durchmesser von zehn Metern, 500-mal mehr als Galileis historisches Instrument.

Himmlische Nachbarn

Heute wissen wir, dass die Sonne nur ein Stern in einer großen Ansammlung von Sternen ist: Unsere Galaxie, die Milchstraße, umfasst mindestens 100 Milliarden Sterne, die als gigantisches, spiralförmiges Rad eine gewölbte Nabe umkreisen, die noch mehr Sterne enthält. Von unserer Position in einem Arm der Spirale aus erscheint uns das Milchstraßensystem als milchig-heller Schleier, bestehend aus Myriaden von Lichtpunkten. Ihr Zentrum liegt in Richtung Sonne, im Sternbild Schütze (Sagittarius). Wenn Sie Gelegenheit haben, an einem dunklen Ort auf der Südhalbkugel zum Nachthimmel zu schauen, können Sie vielleicht erkennen, wie sich das Band der Milchstraße zu den ausgedehnten Sternwolken des Zentralbereichs erweitert.

Die Dicke der Scheibe unserer Galaxie wird auf 1000 Lichtjahre geschätzt. Ein Lichtjahr ist die Entfernung, die Licht im Laufe eines Jahres zurücklegt; Labormessungen zufolge sind das im Vakuum rund 9,5 Billionen Kilometer, also pro Sekunde etwa 300 000 Kilometer. Entfernungen in Lichtjahren anzugeben, lässt die schier überwältigenden kosmischen Dimensionen etwas handhabbarer werden. In der galaktischen Scheibe beträgt der Abstand zwischen zwei benachbarten Sternen durchschnittlich vier Lichtjahre, aber im Zentralbereich, rund 25 000–30 000 Lichtjahre von der Sonne entfernt, sind die Sterne viel dichter gepackt. Dort ballen sie sich zu einer Wölbung („Bulge") mit einem Durchmesser von rund 27 000 und einer Höhe von rund 10 000 Lichtjahren.

Die Sonne verfügt über 33 unmittelbare galaktische Nachbarn. (Unter „Nachbarschaft" verstehen die Astronomen Entfernungen von weniger als 12,5 Lichtjahren.) Mehrheitlich handelt es sich dabei um kleinere, schwächere Sterne als die

Unsere Heimat, die Milchstraße

Sonne selbst. Diese „Roten Zwerge", die „kleinen Fische" des kosmischen Ozeans (▶ *Wie alt ist das Universum?*), bilden die größte Gruppe von Sternen im Universum. Gerade einmal zwei Nachbarn sind ähnlich groß wie die Sonne, und nur einer ist größer: Prokyon im Sternbild Kleiner Hund (Canis Minor) wird auf den doppelten Durchmesser und die anderthalbfache Masse unserer Sonne geschätzt.

Die Milchstraße ist nichts anderes als eine Anhäufung unzähliger Sterne, angeordnet in Klumpen.
GALILEO GALILEI, ASTRONOM, 17. JAHRHUNDERT

Tief drinnen im Zentralbereich ist die Sternendichte 500-mal größer als in unserer abgelegenen galaktischen Heimatregion. Könnten wir die Sonne mit all ihren Planeten mitten in den Bulge verschieben, dann könnten wir Sterne (vielleicht mit eigenen Planetensystemen) sehen, die gerade zehnmal so weit von der Erde entfernt wären wie Pluto. (In Wirklichkeit ist unser nächster Nachbarstern über 5000-mal so weit entfernt wie Pluto!) Astronomen vermuten, dass direkt im Zentrum der Galaxis die Materie so dicht ist, dass dort ein Schwarzes Loch existiert (▶ *Was ist ein Schwarzes Loch?*).

Und jenseits der Milchstraße?

Die Milchstraße macht, mag sie auch unermesslich groß erscheinen, keineswegs das gesamte Universum aus. Von Ferne betrachtet, wirkt sie wie eine kleine Insel unter vielen anderen Inseln in einem riesigen Meer. Jede solche Insel ist eine Galaxie für sich und besteht aus einigen Millionen bis zu einer einer Billion Sternen. Man unterscheidet grundsätzlich drei Formen von Galaxien: Spiralen, Balkenspiralen und Ellipsen. Besonders schön anzusehen sind die Spiralgalaxien mit ihren weit ausgreifenden Armen aus jungen, hellen Sternen, die sich um eine Nabe aus älteren Sternen winden. Bei den Balkenspiralen, zu denen die Milchstraße zählt, erkennt man einen Streifen aus Sternen, der die Spiralarme mit dem Zentralbereich verbindet. Ganz anderes sehen die elliptischen Galaxien aus; manche strecken sich lang wie Zigarren, andere sind vollkommen kugelförmig, und sie können wesentlich größer sein als die spiralförmigen Vertreter. Natürlich gibt es eine Reihe von Ausreißern, die nicht in dieses Schema passen und als „irreguläre" Galaxien bezeichnet werden. Manche von ihnen könnten sich aus Spiralen entwickelt haben, einige sehen aber auch völlig chaotisch aus.

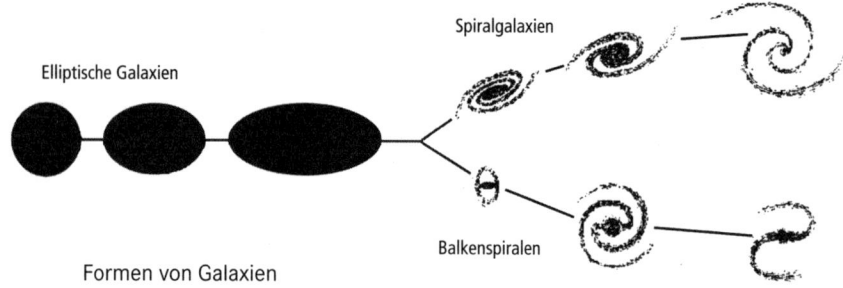

Formen von Galaxien

Zählt man nur die hellen und großen Galaxien, so gehören drei Viertel aller Sterne zu Spiralen und Balkenspiralen. Allerdings gibt es Unmengen kleiner elliptischer und irregulärer Galaxien, sogenannte Zwerggalaxien; rechnet man die Zwerggalaxien ein, so kehrt sich das Verhältnis um, weil es nur wenige derart winzige Spiralen gibt.

Die meisten Galaxien ziehen für sich allein ihre Bahn durchs All. Manchmal zieht die Gravitation aber auch mehrere von ihnen zusammen. Kleinere solcher Ansammlungen mit weniger als 50 Galaxien nennt man Gruppe. Die Milchstraße gehört zur „Lokalen Gruppe", die neben einer größeren Galaxie, der Andromeda, noch etwa 30 kleinere Galaxien umfasst. Galaxienhaufen dagegen bestehen aus mehr als 50, in manchen Fällen bis über 1000 einzelnen Galaxien. Der Lokalen Gruppe am nächsten sind der Virgo-Haufen (ca. 1300 Galaxien), der Koma-Haufen (über 1000) und der Herkules-Haufen (ca. 100).

Die Gruppen und Haufen sind darüber hinaus zu großräumigen Strukturen organisiert, den „Superhaufen" (oft auch als „Supercluster" bezeichnet), die im Universum entlang gigantischer Bahnen oder „Mauern", sogenannter Filamente, aufgereiht sind. Offenbar umschließen diese Filamente gigantische Bereiche des Raums, in denen sich fast gar nichts befindet. Wenn man diese Leerräume als „Objekte" klassifiziert, sind es die größten Himmelsobjekte überhaupt. Um sich die Verteilung der Galaxien im All zu veranschaulichen, denken Sie an Schaum in der Badewanne: Die Galaxien sitzen auf den Seifenhäutchen, die die leeren Blasen umschließen.

Die geschätzte Anzahl der Galaxien im Universum wird Jahr für Jahr nach oben korrigiert. 1999 gingen die Forscher, gestützt auf Aufnahmen des Hubble-Weltraumteleskops, noch von ungefähr 125 Milliarden Galaxien aus. Als das Hubble-Teleskop kurz darauf mit einer neuen Kamera ausgerüstet wurde, verdoppelten sie die Zahl. Simulationen mit Supercomputern laufen heute auf bis zu 500 Milliarden (500 000 Millionen) Galaxien hinaus, die das All bevölkern.

Ausgerüstet mit seinen fünf Sinnen, erkundet der Mensch das Universum, das ihn umgibt, und dieses Abenteuer nennt er Wissenschaft.
EDWIN HUBBLE, KOSMOLOGE, 20. JAHRHUNDERT

Ein Blick in die Vergangenheit

Um die Herkunft all dieser Galaxien und damit die zeitliche Entwicklung des Universums zu klären, nutzen die Kosmologen die Tatsache aus, dass sich Licht nicht unendlich schnell (instantan) durch den Raum ausbreitet. So schnell sich das Licht, verglichen mit anderen alltäglichen Phänomenen, auch fortpflanzt (in einer Sekunde kann ein Lichtstrahl siebenmal den Äquator umrunden), um die ungeheuren Entfernungen zwischen Himmelskörpern zurückzulegen, braucht es gleichwohl viele Jahre. Licht von einem Stern, der 100 Lichtjahre von uns entfernt ist, reist 100 Jahre durch das All bis zur Erde. Das bedeutet, wir sehen den Stern nicht, wie er heute aussieht, sondern wie er vor 100 Jahren aussah, als sein Licht sich auf den Weg zu uns machte. Eigentlich blicken wir also rückwärts, in die Vergangenheit, wenn wir in den Nachthimmel sehen, wie ein Archäologe, der Schicht um Schicht abträgt, um zu immer älteren Fossilien vorzustoßen: Je weiter hinaus der Astronom schaut, umso älter sind die Himmelskörper, die er entdeckt. Mit modernen Teleskopen lassen sich Objekte aufspüren, die ihr Licht vor Jahrmilliarden in den Weltraum geschickt haben, und nachverfolgen, wie sie sich zu dem entwickelt haben, was wir heute um uns herum sehen. Willkommen im Reich der Kosmologie!

Wie groß ist das Universum?

Kosmologische Maßstäbe

Stellen Sie sich vor, der Abstand zwischen Sonne und Pluto wäre so lang wie ein Fußballfeld. Dann wäre die Sonne eine Kugel mit einem Durchmesser von zwei Zentimetern. Die Erde, 2,3 Meter von ihr entfernt, hätte gerade Stecknadelkopfgröße. Pluto, am anderen Ende des Fußballfelds, wäre nicht mehr als ein Staubkorn. Wo fänden Sie den nächstliegenden Stern? Im Zuschauerblock? Auf dem Parkplatz? Eine Straßenecke weiter? Irrtum. Bis zum nächsten Stern müssten Sie 645 Kilometer weit laufen. Im kosmischen Maßstab ist das nichts.

Das Vorhaben, das Universum abzumessen, ist in der Geschichte der Messkunst ohne Beispiel. Auf der Erde kann man eine Entfernung in Schritten messen oder die Technik (Radar, Laserstrahl) dafür einspannen. In den Weiten des Weltraums versagen diese Methoden; die Abstände sind einfach zu groß. Laserstrahlen oder Radarbündel kann man gerade noch am Mond und den erdnächsten Planeten reflektieren. Um auch mit den Tiefen des Universums umgehen zu können, haben die Astronomen ein ausgefeiltes Netz verschiedener Methoden zusammengestellt, die „kosmische Entfernungsleiter". Die Vielfalt ist nötig, weil jedes einzelne Verfahren nur für einen bestimmten Ausschnitt aus der Entfernungsskala sinnvolle Ergebnisse liefert. Manche Himmelskörper leuchten so schwach, dass man sie aus großer Entfernung nicht sehen kann; andere wiederum sind so selten, dass man sie nicht in der Nähe der Erde findet. Überall dort, wo sich mehrere Verfahren für denselben Skalenausschnitt eignen, kann man sie nutzen, um die Ergebnisse zu sichern oder zu verfeinern.

Standardkerzen

Ein wichtiger Baustein der kosmischen Entfernungsleiter ist das Konzept der Standardkerze. Es handelt sich dabei um Himmelskörper, die stets die gleiche Energiemenge abstrahlen, wo auch immer im Universum sie sich befinden mögen. Das bedeutet, es hängt nur von ihrem Abstand zur Erde ab, wie hell wir sie wahrnehmen. Zu den besten Standardkerzen gehören die Cepheiden, eine Gruppe veränderlicher Sterne. Der erste jemals beobachtete derartige Stern, Delta Cephei, zog 1784 die Aufmerksamkeit eines jungen Astronomen auf sich: John Goodricke von York kartierte die Helligkeitsschwankungen und stellte fest, dass ein ganzer Schwankungszyklus 128 Stunden und 45 Minuten dauerte. Zu dieser Zeit waren bereits einige andere Veränderliche bekannt, deren Helligkeit aber schlagartig abfällt und nach einiger Zeit wieder zunimmt. Nur bei Delta Cephei ging die Veränderung allmählich vonstatten.

> *Messen, was messbar ist – messbar machen, was nicht messbar ist.*
> GALILEO GALILEI, ASTRONOM, 17. JAHRHUNDERT

Bis das erste Jahrzehnt des 20. Jahrhunderts vergangen war, hatte man noch viele andere Cepheiden beobachtet; manche pulsierten schneller, andere langsamer. Henrietta Swan Leavitt, Assistentin am Harvard College Observatory, legte eine Liste aller 16 in der Kleinen Magellan'schen Wolke (einer nahegelegenen Galaxie) bekannten Cepheiden in der Reihenfolge ihrer Pulsationsperiode an und stellte überrascht fest, dass sie sie damit gleichzeitig nach ihrer mittleren Helligkeit geordnet hatte: Je heller der Stern, desto länger die Periode der Helligkeitsschwankung. 1912 hatte Leavitt ihrer Liste weitere neun Cepheiden der Kleinen Magellan'schen Wolke hinzugefügt, die sich alle nahtlos in die Ordnung einfügten. So kam man auf die Idee, Cepheiden als Standardkerzen zu verwenden.

Dass diese Überlegung sinnvoll war, bestätigte der britische Astrophysiker Stanley Eddington mit seiner Erklärung des Verhaltens der Pulsationsveränderlichen. Die Oberfläche der Cepheiden, argumentierte Eddington, hält offenbar einen Teil der abgestrahlten Energie zurück. Dadurch schwillt der Stern vorübergehend an, bis er die Energie freisetzt und wieder schrumpft. Eddington konnte überdies nachweisen, dass die Pulsationsperiode von der Dichte des Sterns abhängt. Das bedeutet: Alle Cepheiden mit einer Pulsationsperiode von, sagen wir, fünfeinhalb Tagen müssen einander gleichen. Das Verhältnis ihrer scheinbaren Helligkeiten spiegelt deshalb unmittelbar das Verhältnis ihrer Entfernungen von der Erde wider. Der Vergleich der scheinbaren Helligkeiten von Cepheiden in verschiedenen Galaxien gehört zu den Standardmethoden der kosmischen Entfernungsmessung.

Hellere Standardkerzen als die Cepheiden sind explodierende Sterne, insbesondere Supernovae vom Typ Ia. Die Katastrophe nimmt ihren Lauf, wenn der ausgebrannte Zentralbereich eines Sterns Gas von einem nahegelegenen, aktiven Stern absaugt. Dieses Gas sammelt sich an der Oberfläche des toten Sterns an, dessen Masse dadurch immer weiter zunimmt. Überschreitet sie einen bestimmten Wert, die Chandrasekhar-Grenze (benannt nach dem indischen Physiker Subrahmanyan Chandrasekhar, der ihren Zahlenwert berechnet hat), dann kollabiert der Stern, dem Druck seiner eigenen Masse nachgebend, wobei er eine gigantische Explosion auslöst. Weil jede Ia-Supernova vom Kollaps eines Sterns an der Chandrasekhar-Grenze ausgelöst wird, ist die dabei in den Raum geschleuderte Energiemenge stets gleich. Eine Supernova ist sehr viel heller als ein pulsationsveränderlicher Stern; sie kann 100 Milliarden „normale" Sterne zusammengenommen überstrahlen und quer durchs ganze Universum sichtbar sein. Nachteil dieser Methode ist, dass sich Supernovae nicht vorhersagen lassen. Welcher Stern zum Tod verurteilt ist, sehen die Astronomen erst, wenn die Explosion bereits stattfindet. Statistisch ist in jeder Galaxie einmal in hundert Jahren mit einer Ia-Supernova zu rechnen. Für die Astronomen bedeutet das: Stets wachsam sein!

Wenn eine Ia-Supernova gesichtet wird, kann man die Entfernung ihrer Heimatgalaxie im Verhältnis zu jeder anderen Galaxie berechnen, in der bereits eine ähnliche Supernova beobachtet wurde. Analog gilt das für die Cepheiden. Um diese beiden Sprossen der kosmischen Entfernungsleiter zusammenzufügen, müssen die Astronomen also eine Supernova in einer Galaxie entdecken, in der bereits ein Pulsationsveränderlicher bekannt ist. Je größer die Zahl der Galaxien ist, auf die dies zutrifft, umso akkurater wird die Verknüpfung. Beide Methoden verraten uns aber nur relative Entfernungen – zum Beispiel, dass Himmelskörper A zehnmal so weit entfernt ist wie Galaxie B. Natürlich geht es den Astronomen eigentlich darum, die tatsächliche Entfernung von der Erde in Kilometern herauszufinden. Dazu müssen sie der Entfernungsleiter eine solide Basis geben, eine erste Sprosse sozusagen, die einem absolut messbaren Abstand entspricht. Zum Glück gibt es auch dafür eine Methode: die Parallaxenmessung.

Die wirkliche Entfernung der Sterne

Während der Reise der Erde um die Sonne verschieben sich im Laufe der Jahreszeiten die Positionen der nahegelegenen Sterne infolge des Parallaxeneffekts. Schon im 16. Jahrhundert, vor der Erfindung des Fernrohrs, versuchten Astronomen Parallaxen zu beobachten. Dabei ging es ihnen weniger um kosmische Entfernungen als vielmehr um die Überprüfung einer radikal neuen Idee, die Nikolaus Kopernikus vorgebracht hatte: Die Erde sollte nicht unbeweglich im Raum stehen, sondern sich um die Sonne drehen. Könnten sie nachweisen, überlegten die Astronomen, dass die Sterne ihre Positionen zu ändern scheinen, dann könnten sie auch beweisen, dass sich die Erde bewegt.

> *Kaum eine Aufgabe scheint schwieriger zu sein als die Bestimmung des Abstands zwischen Sonne und Erde.*
> EDMOND HALLEY, ASTRONOM, 17. JAHRHUNDERT

Was eine Parallaxe ist, lässt sich leicht erklären. Halten Sie einen ausgestreckten Zeigefinger vor Ihr Gesicht und schließen Sie das rechte Auge. Merken Sie sich die Position des Fingers in Beziehung zu einem etwas weiter entfernten Objekt, zum Beispiel einem Bild an der Wand oder einem Baum vor dem Haus. Öffnen Sie nun das rechte Auge und schließen Sie das linke; der Finger bleibt, wo er ist. Die relative Position des Fingers und des entfernten Objekts hat sich, wie Sie bemerken werden, verändert. Das nennt man eine Parallaxe, verursacht durch den Abstand zwischen Ihren Augen.

Im kosmischen Maßstab entsteht eine Parallaxe dadurch, dass sich die Erde alle sechs Monate an gegenüberliegenden Punkten ihrer Bahn um die Sonne befindet. Da sich unser Aussichtspunkt dabei um fast 300 Millionen Kilometer (den Durchmesser der Erdbahn) verschiebt, scheinen sich die Positionen nahegelegener Sterne auch ein klein wenig zu verschieben, und zwar umso deutlicher, je geringer die Entfernung des Sterns ist. Die Idee wirkt zwar einfach, aber ihre Umsetzung in die Praxis ist alles andere als das. Trotz zahlreicher Versuche gelang es den Astronomen im 16. und 17. Jahrhundert nicht, eine Parallaxe zu finden. Nicht einmal Galileis Teleskope und ihre technisch verbesserten Nachfolger lieferten den Beweis dafür, dass sich die Erde bewegt. Der Grund dafür war schlicht, dass die Sterne so weit entfernt sind und ihre Parallaxenverschiebung deshalb so winzig ist, dass man sie nicht sehen konnte. Erst 1838 hatte ein Forscher Erfolg: Friedrich Wilhelm Bessel maß wiederholt die Position des Sterns 61 Cygni und registrier-

22 | Wie groß ist das Universum?

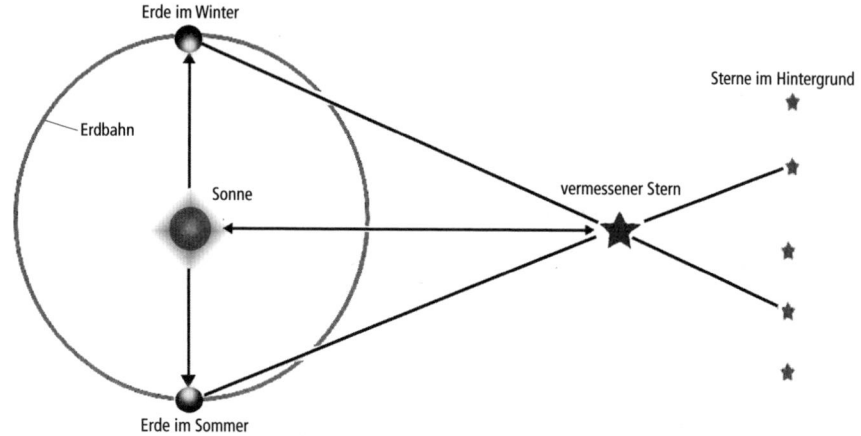

Die Parallaxenmethode ist die genaueste Art der Abstandbestimmung

te eine ganz kleine Verschiebung, aus der er trigonometrisch eine Entfernung von 93 Billionen Kilometern oder 9,8 Lichtjahren berechnete.

Auf Bessels Parallaxenmessung folgten rasch Ergebnisse anderer Astronomen. Ungeachtet ihres prinzipiellen Triumphs war die Methode mühsam und fehleranfällig. In den ersten Jahrzehnten des 20. Jahrhunderts wurden auf diese Weise gerade einmal rund 100 Parallaxen vermessen. Satelliten steuerten seitdem Daten für mehr als 100 000 Sterne bei, die sich aber alle noch in der Milchstraße befinden, also weniger als 1000 Lichtjahre von uns entfernt sind. Zum Glück sind einige Cepheiden darunter, sodass man die absolute Helligkeit der Veränderlichen kalibrieren und die erste Sprosse der Leiter mit dem Rest verbinden konnte.

Die Rotverschiebung

Eine Entdeckung aus dem Jahre 1929 sollte die kosmologische Lehrmeinung revolutionieren: Der amerikanische Astronom Edwin Hubble hatte Beweise dafür gefunden, dass sich das Universum ausdehnt. Dadurch änderte sich nicht nur von Grund auf unsere Sicht des Weltalls, sondern die kosmische Entfernungsleiter erhielt auch eine wichtige neue Stufe.

Das Fundament von Hubbles Entdeckung stammte bereits aus der Zeit nach 1910, als eine Sternexplosion in einer verschwommenen Himmelswolke beobachtet wurde. Solche Wolken nannte man „Nebel", und die Astronomen stellten sich damals darunter gasgefüllte Räume in unserer eigenen Galaxie vor. Als sie die Supernova sichteten, stellten einige von ihnen jedoch eine völlig andere, „Insel-Universum" genannte Hypothese auf: Die Nebel könnten sehr weit entfernte Anhäufungen von Sternen sein. Viele Kollegen konnten sich mit dieser Idee nicht anfreunden. Erst 1924 schlichtete Edwin Hubble den Streit, als es ihm gelang, mit dem 100-Zoll-Teleskop auf dem Mount Wilson (Südkalifornien) in der ausgedehntesten Wolke, dem „Andromedanebel", einen pulsationsveränderlichen Stern zu finden. Mit seiner Hilfe berechnete er, dass die Entfernung zwischen der Erde und der Andromeda 900 000 Lichtjahre beträgt. Zwar liegt der heute akzeptierte Wert bei 2,2 Millionen Lichtjahren, aber Hubbles deutlich niedrigere Schätzung war immer noch das Dreifache der damals allgemein akzeptierten Ausdehnung des *gesamten* Universums! Hubble hatte nicht nur bewiesen, dass das Universum sehr viel größer ist, als man je angenommen hatte, sondern auch gezeigt, dass das All mit zahlreichen Galaxien (wie der Andromeda) bevölkert ist, die jede für sich aus unglaublich vielen Sternen bestehen.

Von seinen Beobachtungen beflügelt, begann Hubble, die Galaxien systematisch zu untersuchen. Er ordnete sie in drei Gruppen ein – Spiralen, Balkenspiralen und Ellipsen (▶ *Was ist das Universum?*) – und bemühte sich, für möglichst viele von ihnen die Entfernung zur Erde festzustellen. Der Schlüssel zu seiner oben erwähnten großen Entdeckung war die „Rotverschiebung", die er für das Licht aller Galaxien maß. 1842 hatte sich Christian Doppler überlegt, dass Lichtwellen sozusagen „zusammengedrückt" werden, wenn die Entfernung zwischen der Quelle und einem Beobachter schrumpft. Das bedeutet, die Wellenlängen nehmen ab und die Farbe des Lichts wird in Richtung Blau verschoben (blaues Licht hat eine kleinere Wellenlänge als rotes). In der umgekehrten Situation, wenn sich der Beobachter von der Quelle entfernt, werden die Wellen „auseinandergezogen" und die Lichtfarbe rutscht in Richtung Rot. Dieser Effekt heißt „Rotverschiebung"; mit der Zeit bekam Hubble viel Übung darin, diese Rotverschiebung im Licht von Sternen zu registrieren.

Hubble trug die Entfernungen von 46 Galaxien gegen die zugehörigen Rotverschiebungen auf und stellte etwas Erstaunliches fest: Je weiter eine Galaxie entfernt ist, desto deutlicher fällt die Rotverschiebung

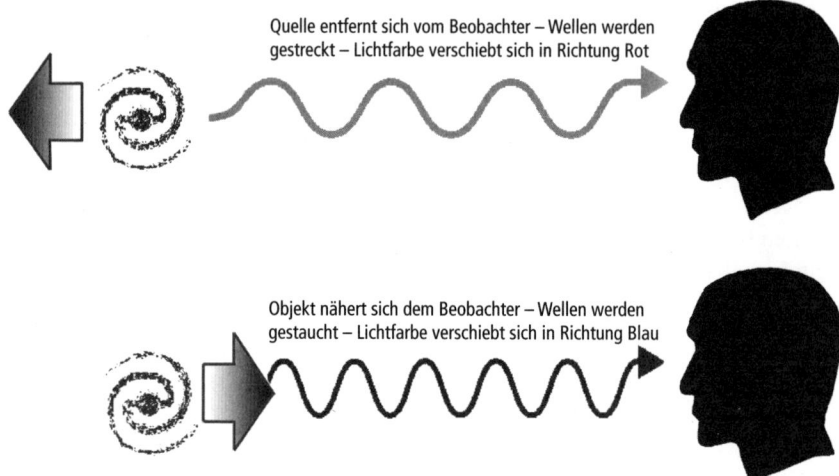

Der Doppler-Effekt: Die relative Bewegung von Lichtquelle und Beobachter beeinflusst die Wellenlänge des Lichts

aus. Wenn man mit dem Doppler-Effekt argumentiert, bedeutet das: Je weiter eine Galaxie von der Milchstraße entfernt ist, desto schneller bewegt sie sich von uns weg – als ob das ganze Weltall gleichzeitig auseinanderfliegt. Zu einer Zeit, als man das Universum noch für statisch, also ewig unveränderlich, hielt, war diese Überlegung schier unglaublich.

Der Raum dehnt sich aus

1916, einige Jahre vor Hubbles Beobachtungen, hatte Albert Einstein der Welt seine Allgemeine Relativitätstheorie vorgelegt. Sie bot den geeigneten mathematischen Rahmen für die Erklärung des später gesammelten Datenmaterials. Auch Einsteins Theorie sagte, dass sich die Galaxien voneinander entfernen müssen; der Grund dafür sollte aber nicht in Bewegungen der einzelnen Galaxien durch den Raum, sondern vielmehr in der Ausdehnung des Raums selbst liegen – mit allem, was darin ist. Um sich das vorstellen zu können, denken Sie an einen Rosinenkuchen. Der Teig, den Sie vor dem Backen in die Form geben, ist eine kleine feste Kugel mit dicht nebeneinanderliegenden Rosinen. In der Hitze des Backofens geht der Kuchen auf, und die Rosinen entfernen sich voneinander, ohne sich dabei irgendwie durch den Kuchen zu bewegen. Genauso funktioniert die Expansion des Alls: Der Raum hat die Fähigkeit, sich auszudehnen und treibt dabei die Galaxien auseinander. Je weiter zwei Galaxien auseinander liegen, umso schneller nimmt der Abstand zwischen ihnen zu und umso größer ist folglich die Rotverschiebung. Unter einer Rotverschiebung von 1 verstehen die Astronomen eine Verdoppelung der Wellenlänge. Das heißt, das Universum ist bei der Ankunft des Lichts doppelt so groß wie zu dem Zeitpunkt, als es seine Quelle verließ. Eine Rotverschiebung von 2 bedeutet eine Vervierfachung der Wellenlänge, also eine Vervierfachung des Raums.

> *Die Geschichte der Astronomie ist eine Geschichte zurückweichender Horizonte.*
> EDWIN HUBBLE, ASTRONOM, 20. JAHRHUNDERT

Zurück zum ursprünglichen Gegenstand der Diskussion, der Messung kosmischer Entfernungen. Kennen wir die Rotverschiebung einer gegebenen Galaxie und wissen wir außerdem, wie schnell sich das Universum ausdehnt, so können wir daraus den Abstand der Galaxie von der Milchstraße ermitteln. Die Expansionsrate des Universums heißt „Hubble-Konstante". Ihre Messung beschäftigte und verwirrte die Astronomen fast das gesamte 20. Jahrhundert hindurch. Hubbles eigener Wert war fast um den Faktor sieben falsch. Sein 100-Zoll-Teleskop war zwar das größte Instrument, das es zu seiner Zeit gab, aber seine Auflösung genügte nicht, um die Cepheiden in all den beobachteten Galaxien erkennen zu können. Hubble wies uns den Weg zur Vermessung des Universums, aber die beschränkten technischen Möglichkeiten seiner Zeit verhinderten, dass er diese Arbeit selbst schon fertigstellen konnte, nicht einmal mit seinem späteren 200-Zoll-Hale-Teleskop auf dem Mount Palomar in Kalifornien.

In den vergangenen beiden Jahrzehnten haben sich die Astronomen wieder auf einen „Hubble" berufen – jetzt auf das Hubble-Weltraumteleskop (HST), mit dessen Hilfe sie das Werk seines Namensgebers vollenden konnten. Von seinem günstigen Aussichtspunkt über der Erdatmosphäre spürte das HST, obwohl sein Spiegel nur rund halb so groß ist wie der des Hale-Teleskops, bis zu 60 Millionen Lichtjahre entfernte Cepheiden und Milliarden von Lichtjahren entfernte Ia-Supernovae auf. So konnten die Astronomen einen verlässlichen Wert der Hubble-Konstante berechnen: Je Million Lichtjahre gegenseitiger Entfernung entfernen sich zwei Galaxien voneinander mit einer Geschwindigkeit von 22 Kilometern pro Sekunde.

Wie groß ist das All?

Mit ihrer nun recht vollständigen kosmischen Entfernungsleiter haben sich die Astronomen inzwischen davon überzeugt, dass sich das Weltall von uns aus gesehen in allen Richtungen wohl Milliarden Lichtjahre weit erstreckt. Das abgelegenste je beobachtete Objekt hat eine Rotverschiebung von 8 – das Universum hat seine Größe folglich achtmal verdoppelt, während das Licht von dieser Quelle zu uns unterwegs war. Das bedeutet einen Abstand von rund 13 Milliarden Lichtjahren; so lautet die aktuelle Schätzung der Mindestgröße des Alls. Von diesem Himmelsobjekt aus brauchte das Licht 13 Milliarden Jahre, um die Erde zu erreichen, wobei das Universum ununterbrochen expandierte.

Wer wissen will, wie groß das *ganze* Weltall wirklich ist, kann nur auf Computermodelle zurückgreifen, deren Grundlage die Allgemeine Relativitätstheorie ist. Sie besagen, dass sich das All im Laufe der 13 Milliarden Jahre seines Bestehens zu einem Durchmesser von mindestens 95 Milliarden Lichtjahren aufgebläht haben muss. Als ob uns der Kopf davon noch nicht genug schwirren würde, hat die Sache auch noch einen Haken: Das Universum könnte sich weit über diese 95 Milliarden Lichtjahre hinaus erstrecken, aber wir können vorerst nur 13 Milliarden Lichtjahre weit „sehen". Das Licht, das vielleicht von weiter entfernt liegenden Quellen ausgesendet wird, hatte während der bisherigen Lebensdauer des Universums nämlich nicht genug Zeit, um bei uns anzukommen. Um eine Milliarde Lichtjahre weiter blicken zu können, müssen wir eine Milliarde Jahre warten. Wie eine Seifenoper im Fernsehen scheint die Aufklärung des Universums eine immerwährende Kette von Enthüllungen zu bieten.

Wie alt ist das Universum?

Die kosmische Alterskrise

Dass es nachts dunkel ist, wissen wir von allein: Abgesehen von den Lichtpünktchen der Sterne ist die Schwärze das charakteristische Merkmal des Nachthimmels. Ein Astronom, der die Bühne betritt, wird Ihnen aber sofort sagen, dass eben diese Dunkelheit zu den tiefgründigsten Entdeckungen gehört, die man am Firmament überhaupt machen kann. Sie führt uns auf direktem Wege zu der Erkenntnis, dass das Weltall noch nicht ewig besteht.

In Fachkreisen ist die Frage, warum es nachts dunkel ist, als „Olbers-Paradoxon" bekannt, benannt nach dem deutschen Astronomen Heinrich Wilhelm Matthäus Olbers, der diese Diskussion 1823 in die Öffentlichkeit trug. Die Schwärze des Nachthimmels wurde als „paradox" empfunden, weil der Blick eines Beobachters eigentlich in jeder nur denkbaren Richtung auf einen Stern treffen sollte, wenn man, wie es der vorherrschenden Meinung entsprach, von der räumlichen und zeitlichen Unbegrenztheit des Universums ausging. Das Firmament müsste, von all den Sternen erleuchtet, dann taghell sein. Olbers war nicht der Erste, dem dieser scheinbare Widerspruch auffiel. Auch Thomas Digges (1576), Johannes Kepler (1610) und Edmond Halley (1721) hatte die Dunkelheit schon ins Grübeln gebracht: Sie wollte einfach nicht ins Bild eines unendlich alten, unendlich großen, gleichmäßig von gleichartigen Sternen bevölkerten Alls passen.

Verschiedene Lösungen des Dilemmas wurden gefunden und wieder verworfen. So wusste man, dass die wahrgenommene Helligkeit einer Lichtquelle auf ein Viertel sinkt, wenn sich deren Entfernung verdoppelt („quadratisches Abstandsgesetz", ▶ *Was ist das Universum?*). Es ist demnach ganz natürlich, dass weit entfernte Quellen nicht mehr sichtbar sind. Dem wirkt allerdings entgegen, dass die Sterne für den Beobachter immer enger zusammenzurücken scheinen, je weiter sie entfernt sind. Die Astronomen blieben ratlos.

Der Weg zur Lösung des Problems öffnete sich erst, als man begann, sich von den althergebrachten Annahmen zu verabschieden. Wenn das

Wie alt ist das Universum?

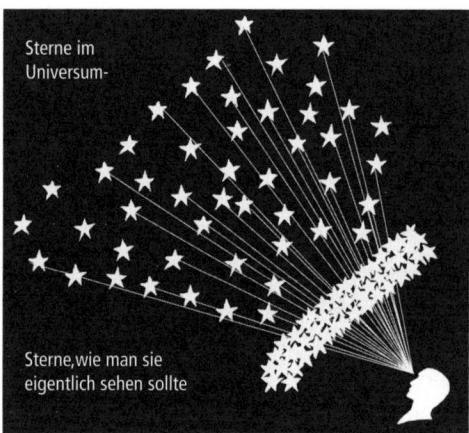

Das Olbers-Paradoxon: Wenn das Universum unendlich alt ist, sollte man in jeder Blickrichtung einen Stern sehen. Warum ist dann der Nachthimmel dunkel?

Universum nicht unendlich alt ist, hatte das Licht sehr weit abgelegener Quellen seitdem noch nicht genug Zeit, um die Entfernung bis zur Erde zu durchmessen. Wenn das Universum nicht statisch in unendlicher Größe verharrt, sondern sich ausdehnt, schwächt die Rotverschiebung (▶ *Wie groß ist das Universum?*) das Licht entfernter Sterne zusätzlich ab. Wenn schließlich die Sterne nicht gleichmäßig im Raum verteilt, sondern zu Galaxien geordnet sind, zwischen denen sich riesige leere Gebiete erstrecken, ist nicht zu erwarten, dass man in jeder beliebigen Blickrichtung einen Stern sehen kann. Heute wissen wir, dass es längst nicht genügend Sterne gibt, um das Universum mit Licht zu erfüllen, weil die strahlenden Himmelskörper nicht lange genug leben und sich nicht schnell genug bilden, um genügend Energie in den Raum zu senden. Wir wollen uns zunächst auf den ersten, grundsätzlichen Punkt konzentrieren: Das Universum existiert noch nicht ewig. Während uns diese Feststellung zweifellos bei der Auflösung des Olbers-Paradoxons weiterbringt, beschert sie uns ein neues, noch größeres Geheimnis: Wenn das All nicht unendlich alt ist, wie alt *ist* es dann?

Das Alter der Erde

Ein sinnvoller Ausgangspunkt bei der Suche nach einer Antwort ist folgender: Das Universum kann naturgemäß nicht jünger sein als die Objekte, die es enthält. Im Laufe der Geschichte gab es verschiedene Versuche, das Alter der Erde zu bestimmen. Die ältesten bezogen sich auf die Bibel: Die Theologen gingen davon aus, dass unser Planet seit jeher vom Menschen bewohnt ist, und zählten einfach die in der Bibel verzeichneten Generationen ab, um das Erdalter hochzurechnen. Im

19. Jahrhundert waren solche Schätzungen naturwissenschaftlich fundierteren Methoden gewichen. So überlegte man, wie lange es gedauert haben konnte, bis die Erde von einer glühenden, flüssigen Masse zu dem festen Gebilde abgekühlt war, das die Forscher vor sich sahen. Den Todesstoß versetzte diesem Ansatz eine Entdeckung von Antoine Henri Becquerel und (unabhängig) dem Ehepaar Marie und Pierre Curie im ausgehenden 19. Jahrhundert: Der radioaktive Zerfall von Mineralien liefert einen konstanten Wärmenachschub, weshalb man die Berechnungen der Abkühlungsrate vergessen musste. Das Phänomen der Radioaktivität machte aber nicht etwa alle Bemühungen, das Alter der Erde zu ermitteln, zunichte, im Gegenteil: Es erwies sich als das beste Hilfsmittel überhaupt.

Radioaktive Elemente zerfallen unter Aussendung von Energie als Teilchen oder Strahlung. Verschiedene Versionen ein und desselben Elements werden „Isotope" genannt. Radioaktive Isotope weisen jeweils eine charakteristische Zeit für den Zerfall der Hälfte aller vorhandenen Kerne auf. Nachdem zehn solcher Halbwertszeiten vergangen sind, ist kaum noch etwas von der ursprünglichen Substanz übrig geblieben. Einige Isotope haben im geologischen Maßstab relativ kurze Halbwertszeiten, zum Beispiel Kohlenstoff-14 mit 6000 Jahren. Das Isotop Uran-235 zerfällt mit einer Halbwertszeit von 704 Millionen Jahren in Blei, Uran-238 dagegen mit einer Halbwertszeit von 4,47 Milliarden Jahren in Thorium. Aus dem Verhältnis von Uran, Thorium und Blei in einem Gestein können Geologen das Alter des Materials bestimmen. Vorausgesetzt, man untersucht genügend viele Proben in dieser Weise, lässt sich so das Alter der Erde vernünftig schätzen.

> *Der Mensch ist dem Atom etwas näher als dem Stern ... Aus seiner Stellung in der Mitte aller Dinge kann der Mensch die größten Werke der Natur mit dem Astronomen betrachten und die winzigsten Werke mit dem Physiker.*
>
> ARTHUR EDDINGTON, ASTROPHYSIKER, 20. JAHRHUNDERT

Im Laufe eines Jahrhunderts gemeinsamer Anstrengung haben die Geologen Unmengen von irdischen Gesteinen, Mondgesteinen und Meteoriten radioaktiv datiert. Ihren Erkenntnissen zufolge ist nicht nur die Erde selbst, sondern das ganze Sonnensystem etwa 4,6 Milliarden Jahre alt. Diese Zahl ist unsere Basis, wenn wir das Alter des Universums diskutieren. Wie sich herausstellen wird, ist sie zu diesem Zweck zu niedrig.

Das Alter der Sterne

Lassen wir unseren Blick aus dem Sonnensystem schweifen: Isolierte Sternansammlungen, sogenannte Kugelsternhaufen, eignen sich vortrefflich für die Altersbestimmung. Jede Galaxie verfügt über ihr eigenes Gefolge von Kugelsternhaufen. Um das Zentrum der Milchstraße kreisen, soweit man heute weiß, mehr als 150, während die größten elliptischen Galaxien über 500 enthalten können. Der Harvard-Astronom Harold Shapley analysierte zu Beginn des 20. Jahrhunderts die Verteilung der Kugelsternhaufen in der Milchstraße und schloss daraus, dass sich die Sonne weit vom Zentrum unserer Galaxie entfernt befindet. Läge sie dicht am Mittelpunkt, müssten die Kugelsternhaufen halbwegs gleichmäßig um uns verteilt sein – stattdessen beobachten wir viele von ihnen eng beieinander am Südhimmel, was nahelegt, dass wir die Galaxie von einem Außenbezirk aus sehen.

Jeder Kugelsternhaufen besteht aus einigen hunderttausend Sternen. Wie alt diese Ansammlung ist, lässt sich aus der Art der vorhandenen Sterne schließen. Die meisten Sterne des Universums werden in die „Hauptreihe" einsortiert, was bedeutet, dass sie sich in der stabilen, mittelalten Phase ihres Daseins befinden. Wie lange ein einzelner Stern lebt und wie er sich verhält, hängt von seiner Masse ab. Massereiche Sterne erzeugen die meiste Energie, haben die heißesten Oberflächen (bis über 40 000 °C) und strahlen bläulich-weißes Licht ab. Sie haben auch die kürzesten Lebensdauern: Zwar verfügen sie über einen großen Brennstoffvorrat, der aber infolge der großen Masse unter hohem Druck steht, wodurch die Kernreaktionen beschleunigt werden und der Brennstoff schneller verbraucht wird. Die massereichsten jemals beobachteten Sterne haben die 100- oder gar 200-fache Sonnenmasse und brennen so stürmisch, dass sie, wie Berechnungen ergaben, gerade einmal ein paar Millionen Jahre leben. Sterne mit weniger Masse gehen mit ihrem Brennstoff ökonomischer um. Sie haben kühlere Oberflächen, strahlen Licht in anderen Farben ab und leben länger. Die Sonne zum Beispiel, ein gelber Stern mit einer Oberflächentemperatur von etwa 6000 °C, wird schätzungsweise zehn Milliarden Jahre lang existieren. Hauptreihensterne mit geringer Masse zählen zu den „Roten Zwergen". Ihre Oberfläche wird nicht einmal 3000 °C heiß, und sie sind so geizig mit ihrem Brennstoff, dass besonders kleine Exemplare durchaus ihr hundertmilliardstes Lebensjahr erreichen können.

Wie alt ist das Universum? | 31

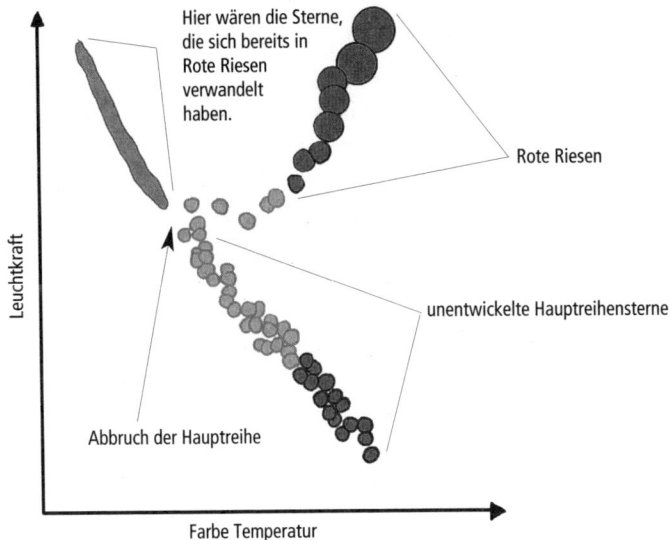

Das Hertzsprung-Russell-Diagramm: Aus dem Abbruch der Hauptreihe lässt sich auf das Alter eines Kugelsternhaufens schließen

Wie Sie nun leicht nachvollziehen können, verschiebt sich in einer isolierten Sternansammlung die Population mit der Zeit in Richtung der relativ massearmen Vertreter, weil die heißen, massereichen Sterne aussterben. In diesem Sinne isoliert sind Kugelsternhaufen: Ihre Sterne bildeten sich auf einen Schlag zu einem extrem weit zurückliegenden Zeitpunkt und existieren seitdem ungestört. Ein zehn Milliarden Jahre alter Kugelsternhaufen enthält folglich nur Rote Zwerge, weil alle gelben und bläulich-weißen Vertreter bereits ausgebrannt sind. Das Alter eines Kugelsternhaufens schätzen die Astronomen mithilfe eines Hertzsprung-Russell-Diagramms. Die nach dem Dänen Ejnar Hertzsprung und dem Amerikaner Henry Norris Russell benannte, etwa 1920 entwickelte Darstellung ebnet uns den Weg zum Verständnis des Lebenszyklus von Sternen. Aufgetragen wird die Oberflächentemperatur eines Sterns in Abhängigkeit von seiner Helligkeit. Jeder Stern des Universums findet irgendwo in dem Diagramm seinen Platz.

Die Oberflächentemperatur eines Sterns bedingt seine Farbe, und mit der Größe der Oberfläche ist die Leuchtkraft (die pro Zeiteinheit abgestrahlte Energie) verknüpft. Die meisten Sterne befinden sich auf einem diagonalen Streifen im Hertzsprung-Russell-Diagramm, der

„Hauptreihe": links oben die massereichen blauen Sterne, rechts unten die kleinen Roten Zwerge und dazwischen die mittelgroßen gelben Sterne. Sobald ein Stern altert und zu sterben beginnt, bewegt er sich aus der Hauptreihe hinaus und wird zum Roten Riesen. Kurz nachdem ein Kugelsternhaufen entstanden ist, wird er noch von vielen blauen Sternen bevölkert, die allmählich aussterben; später kommen die gelben Sterne ans Ende ihres Hauptreihenlebens. Trägt man alle Sterne eines Kugelsternhaufens in ein Hertzsprung-Russell-Diagramm ein, kann man aus dem Punkt, an dem die Hauptreihe abbricht, schließen, wie alt der Haufen bereits ist.

Das Durchschnittsalter der Kugelsternhaufen in der Milchstraße wurde auf diese Weise auf zwölf Milliarden Jahre geschätzt. Folglich, sagen die Astronomen, muss das Universum noch älter sein. Mit seinen gerade einmal 4,6 Milliarden Jahren ist unser Sonnensystem dann eher ein „neues Gesicht" auf der himmlischen Bühne.

Mithilfe des Hertzsprung-Russell-Diagramms kann man allerdings nicht die gesamte Galaxie analysieren – aus Gaswolken bilden sich nämlich ständig neue Sterne. Stattdessen suchen die Astronomen gezielt nach den Überbleibseln von Sternen, die schon längst „gestorben" sind. Diese sogenannten Weißen Zwerge sind höchst interessante Objekte: Sie enthalten jeweils etwa die Masse der Sonne, aber zusammengedrückt auf das Volumen der Erde; ihre Materie ist also sehr dicht. So ein Weißer Zwerg war einst der nukleare Ofen im Herzen eines Sterns und zig Millionen Grad heiß, er braucht deshalb lange Zeit, um abzukühlen. Zur Altersbestimmung suchen sich die Astronomen möglichst kühle Weiße Zwerge und berechnen dann, in welcher Zeit sie diese Temperatur erreicht haben können. Die kühlsten bisher beobachteten Exemplare mit Oberflächentemperaturen von wenigen tausend Grad werden auf ein Alter von 11–12 Milliarden Jahren geschätzt. Weil die Weißen Zwerge nur eine geringe Ausdehnung haben, sind bisher fast ausschließlich Beispiele aus unserer eigenen Galaxie bekannt. Erst vor relativ kurzer Zeit hat das Hubble-Weltraumteleskop solche Objekte auch in einem benachbarten Kugelsternhaufen aufgespürt. Auch ihr Alter liegt bei 11–12 Milliarden Jahren. Es ist sehr ermutigend, dass beide Ansätze – das Hertzsprung-Russell-Diagramm für Kugelsternhaufen und die Abkühlungskurve für Weiße Zwerge – auf denselben Wert zuzulaufen scheinen. Dort liegt offenbar das Mindestalter der Milchstraße. Die Herausforderung besteht nun darin, die Untersuchungen auf das ganze Universum auszuweiten.

Der Urknall

Großen Auftrieb bekam die Erforschung des Alters des Universums, als Edwin Hubble 1929 aus Beobachtungen auf die Expansion des Universums schloss und Albert Einsteins Allgemeine Relativitätstheorie dies erklären konnte (▶ *Wie groß ist das Universum?*). Einstein hätte dieses Verhalten bereits früher ableiten können, denn aus seinen Feldgleichungen geht hervor, dass diese Art von Bewegung dem Raum wesenseigen ist. Leider ging er in die Falle seiner Voreingenommenheit; er hielt das Universum für statisch und unendlich, und er glaubte seinen eigenen Resultaten nicht. Erst Hubbles Daten konnten ihn überzeugen.

Ein junger belgischer Mathematiker, Georges Lemaître, war selbstbewusster. Er begann die Eigenschaften eines expandierenden Universums schon auszuloten, als es noch nicht mehr als eine numerische Möglichkeit war. Zwei Jahre, bevor Hubble seine Zahlen öffentlich machte, legte Lemaître bereits einen Aufsatz vor, in dem er vorhersagte, man werde die Ausdehnung des Universums eines Tages nachweisen können. Seine Überlegungen führten ihn zu einer möglichen Auflösung des Olbers-Paradoxons, einem Schöpfungsereignis. Wenn sich das Universum gegenwärtig ausdehnt, muss es in grauer Vorzeit einmal sehr klein gewesen sein. Um herauszufinden, wie klein, modellierte Lemaître mit den Gleichungen der Allgemeinen Relativitätstheorie die Umkehrung der Expansion – er ließ den Film sozusagen rückwärts ablaufen. So kam er zu weiter und weiter zurück liegenden Zeiten, als die Himmelskörper noch dicht zusammengepackt waren, bis zu dem Punkt, als das ganze Universum in einem einzigen, unvorstellbar dichten Objekt vereinigt war. Dieses „kosmische Ei" musste irgendwie begonnen haben, sich auszudehnen.

Zu jener Zeit war die naturwissenschaftliche Fachwelt fasziniert von den soeben entdeckten radioaktiven Elementen, die sich spontan zu zerlegen schienen. Lemaître schlug vor, das All sei durch eine ähnliche, spontane Explosion eines „Uratoms" entstanden. So wurde eine Hypothese in die Welt gesetzt, die später den Namen „Urknall" (Big Bang) erhielt. Die Vorstellung eines Uratoms ist zwar inzwischen überholt, aber noch immer gehört die Erforschung des Urknalls zu den wichtigsten Arbeitsgebieten der Kosmologie. Lemaîtres Zeitgenossen empfanden diese Hypothese als völlig außergewöhnlich, herrschte doch damals allgemein die Ansicht, das Weltall bestehe seit Ewigkeit und werde in Ewigkeit weiterbestehen. Diese Lehrmeinung entbehrt nicht einer gewissen Bequemlichkeit: Wo kein Anfang ist, muss niemand erklären, wie es zu diesem Anfang kam. Wie bereits erläutert, legten aber sowohl Olbers' Paradoxon als auch Hubbles Beobachtungen nahe, dass diese Sicht verworfen werden musste. Am Ende hatten die Astronomen keine Wahl: Sie mussten sich Lemaîtres Hypothese anschließen – um sich dabei bewusst zu werden, dass es nun einen verblüffend einfachen Weg gab, das Alter des Universums zu bestimmen.

Die Hubble-Zeit

Wenn man davon ausgeht, dass das Universum expandiert, kann man einen Zahlenwert der Expansionsrate berechnen; man nennt ihn Hubble-Konstante. Unter der Annahme einer über alle Zeitalter hinweg gleichmäßigen Ausdehnung lässt sich dann problemlos berechnen, wie lange das Universum benötigt hat, um bis auf seine heutige Größe zu wachsen. Diese sogenannte Hubble-Zeit beträgt mit dem gegenwärtig akzeptierten Wert der Hubble-Konstante 13,7 Milliarden Jahre. Die wahre Zahl liegt vermutlich etwas niedriger, weil eine Reihe von Faktoren die Expansionsrate beeinflusst, zum Beispiel das Vorhandensein von Materie. Materie bedeutet Gravitation; die Gravitation wirkt der Expansion entgegen, weshalb die Kosmologen davon ausgehen, dass sich die Ausdehnung im Laufe der Zeit verlangsamt hat. Eine mathematische Analyse dieses Abbremsens ergibt für das tatsächliche Alter etwas mehr als neun Milliarden Jahre, also rund zwei Drittel der Hubble-Zeit. Und schon haben die Astronomen wieder ein Problem, denn wie ist nun das Alter der Kugelsternhaufen und der Weißen Zwerge (zwölf Milliarden Jahre, wie oben erläutert) zu erklären? Diese Zwickmühle wird auch als „Alterskrise der Kosmologie" bezeichnet.

Vielleicht, so dachten die Fachleute, war die Berechnung der Hubble-Konstante aus der kosmischen Rotverschiebung und den Standardkerzen (▶ *Wie groß ist das Universum?*) falsch. Sie entwickelten eine neue Methode, die sich auf die kosmische Mikrowellen-Hintergrundstrahlung stützt, einen unaufhörlichen Schauer von Mikrowellenstrahlung, der das Universum erfüllt und den man für eine Art „Nachglühen" des Urknalls hält. Dazu analysierten sie das Muster wärmerer und kühlerer Bereiche in diesem Hintergrund. Mithilfe der Allgemeinen Relativitätstheorie und einer Schätzung des Materie- und Energiegehalts des Universums leiteten sie dann die Hubble-Konstante her ... und landeten fast exakt bei dem bereits bekannten Wert.

Wieder wurde eine Verfeinerung der Methoden ersonnen. Sie beruhte auf Flecken im Mikrowellenhintergrund, die beim Zusammentreffen der Strahlung mit heißen interstellaren Gaswolken entstanden sind. Und wieder ergab sich dieselbe Hubble-Konstante. Einerseits ist es natürlich nett, dass drei verschiedene Ansätze so ähnliche Resultate liefern – einen verlässlichen Wert der Hubble-Zeit von 12–14 Milliarden Jahren –, aber andererseits ist da die unerklärte Alterskrise. Glücklicherweise scheint sich dafür jetzt eine ungewöhnliche Lösung aufzutun.

Kosmische Beschleunigung

Die Kosmologen hatten folgende Frage zu beantworten: Bremst die Anwesenheit von Materie die Expansion des Universums tatsächlich so stark ab wie angenommen? Mit aktuellen Messungen der Rotverschiebung versuchte man, sich einer Antwort zu nähern. Mitte der 1990er Jahre versetzten die Messergebisse zweier voneinander unabhängiger Forschergruppen die Fachwelt in Aufregung: Irgendwie scheint sich die Expansion des Universums zu beschleunigen. Allen Erwartungen widersprechend, fasziniert und verwirrt diese Erkenntnis die Kosmologen bis heute in gleichem Maße. Niemand kennt die Triebkraft dieser Beschleunigung. Manche vermuten, es handele sich um eine Energieform, mit der Einstein schon während der Entwicklung der Allgemeinen Relativitätstheorie herumgespielt hat, aber es scheint kompliziert zu sein, eine derartige Energie aus den modernen Theorien hervorzuzaubern. Gegenwärtig gibt es noch keine verlässliche Lösung dieses Problems, nur einen Namen dafür: „Dunkle Energie" (▶ *Was ist Dunkle Energie?*).

Eines ist allerdings gewiss: Sollte sich das Universum in der Vergangenheit langsamer ausgedehnt haben als heute, dann dauerte es länger als die Hubble-Zeit, bis die jetzige Größe erreicht war, und die Alterskrise ist abgewendet. Sämtliche modernen Schätzungen deuten auf ein Alter des Universums von 13,7 Milliarden Jahren hin.

Woraus sind die Sterne gemacht?

Das kosmische Kochrezept

Noch vor weniger als zweihundert Jahren war der Baustoff der Sterne Gegenstand von Märchen und Legenden. Manche Leute bezweifelten, dass man die Wahrheit je herausfinden würde. Die Entwicklung der Spektralanalyse und der Atomphysik im 19. und 20. Jahrhundert gab jedoch Aufschlüsse über die Häufigkeit und Zusammensetzung der Sterne, von denen die früheren Astronomen nur träumen konnten.

Es mag überraschen: Die chemischen Substanzen, mit denen wir auf der Erde besonders vertraut sind – Sauerstoff in der Luft, Kohlenstoff in Lebewesen, Silizium im Gestein – sind nur ein winziger Bruchteil aller im Universum vorhandenen Materie. Betrachtet man die ganze kosmische Landschaft, so ist Wasserstoff das bei weitem häufigste Element. Auf die Masse bezogen, sind 74 % aller Atome Wasserstoff, weitere 24 % Helium und gerade einmal zwei Prozent entfallen auf alle anderen Elemente zusammengenommen. Um nachzuvollziehen, wie die Astronomen zu diesen Zahlen kommen und wie sie den inneren Aufbau von Sternen erforschen, machen wir uns zunächst ein wenig mit dem Bau von Atomen vertraut.

Was ist ein Atom?

Als der russische Chemiker Dimitri Mendelejew 1869 alle damals bekannten chemischen Elemente nach ihren Ähnlichkeiten und Unterschieden in einer Tabelle ordnete – dem berühmten „Periodensystem" –, wusste noch niemand, worauf die sichtbare Verschiedenheit dieser chemischen Grundstoffe der Natur beruht. Die Lösung dieser Frage konnte erst gefunden werden, nachdem 1911 ein Forscherteam am Cavendish Laboratory der Cambridge University unter Leitung von

Ernest Rutherford die innere Struktur des Atoms aufgeklärt hatte.

Rutherfords wichtigste Entdeckung war: Atome haben einen sehr dichten, elektrisch positiv geladenen Kern, den Rutherford selbst mit einer Mücke in der Londoner Albert Hall verglich; heute spricht man gern von der „Fliege in der Kathedrale". Beide Vergleiche zielen darauf ab, dass ein Atom vor allem aus leerem Raum besteht, weil der Hauptteil seiner Masse auf ein winziges Volumen in der Mitte konzentriert ist. Bestimmend für die chemische Identität eines Atoms ist die Zusammensetzung dieses Kerns, der elektrisch positiv geladene Teilchen (Protonen) mit einem Durchmesser in der Größenordnung von einem milliardstel Mikrometer enthält. Die Anzahl dieser winzigen, subatomaren Partikel entscheidet über das chemische Verhalten des Elements. Der Kern des Wasserstoffatoms, der einfachste Atomkern überhaupt, enthält nur ein Proton; Sauerstoffkerne enthalten acht, Kohlenstoffkerne sechs Protonen, und so geht es weiter durchs ganze Periodensystem.

Die Hoffnung, in nicht allzu ferner Zukunft sogar so einfache Dinge wie einen Stern erklären zu können, ist durchaus berechtigt.

ARTHUR EDDINGTON, ASTROPHYSIKER, 20. JAHRHUNDERT

Protonen sind positiv geladen und stoßen deshalb einander ab. Damit die Atomkerne nicht sofort auseinanderfliegen, hat sich die Natur noch andere Kernteilchen ausgedacht, die wie eine Art Klebstoff wirken. Sie ähneln den Protonen, sind aber elektrisch neutral und heißen deshalb Neutronen. Außerhalb eines Kerns leben sie nicht lange – nach ungefähr 15 Minuten sind sie zerfallen, wenn sie mit Gewalt isoliert werden. Im Inneren des Kerns hingegen sind sie stabil. Je mehr Protonen ein Kern enthält, umso mehr Neutronen werden gebraucht, um ihn zusammenzuhalten. Der nächsteinfachere Kern nach Wasserstoff, Helium, besteht aus je zwei Protonen und Neutronen; bei Lithium sind es drei Protonen und vier Neutronen usw. Während ein Element durch die Anzahl der Protonen im Kern seiner Atome definiert ist, können die Neutronenzahlen durchaus verschieden sein. Solche Varianten eines Elements nennt man „Isotope". Manche Isotope sind radioaktiv (▶ *Wie alt ist das Universum?*). Kerne von „normalem" Wasserstoff enthalten nur ein Proton, es gibt aber beispielsweise auch eine Form von Wasserstoff mit einem Proton und einem Neutron. Das ist „schwerer" Wasserstoff oder Deuterium.

Die unterschiedlichen Massen der Atome kommen, so sieht man sofort, durch die unterschiedlichen Protonen- und Neutronenzahlen der

Kerne zustande. Das leichteste Element ist Wasserstoff, das schwerste auf der Erde natürlich vorkommende Element ist Uran mit seinen 92 Protonen und 146 Neutronen. Aus diesen Massenunterschieden erklärt sich die charakteristische elementare Zusammensetzung der Erde – die Gravitation unseres ziemlich kleinen Planeten genügt nicht, um die leichtesten Elemente, insbesondere Wasserstoff und Helium, bei sich festzuhalten. Ähnlich ergeht es Merkur, Venus, Mars und dem Erdmond, unseren Nachbarn im Sonnensystem. Erst ab etwa 300 Erdenmassen kann ein Planet (wie Jupiter oder Saturn) sämtliche Elemente halten.

Die Neutronen sorgen zwar dafür, dass die gleich geladenen Protonen nicht auseinanderfliegen, aber sie können die Ladung nicht auslöschen. Jeder Kern ist folglich positiv geladen. Ausgeglichen wird dies in der Regel durch noch kleinere, negativ geladene Teilchen, die den Kern umkreisen: die Elektronen. Einen Kern mit beispielsweise zehn Protonen umgeben zehn Elektronen. Das Atom als Ganzes ist also elektrisch neutral. Um zu dem eingangs des Abschnitts bemühten Bild zurückzukehren, stellen Sie sich die Elektronen als Staubkörnchen vor, die die Fliege umschwirren und sich dabei über die ganze Kathedrale verteilen können.

Setzt man das Atom einer Strahlung aus, so können die Elektronen Energie absorbieren und dadurch auf eine energiereichere Bahn gehoben werden, was man „Anregung" nennt. Ein angeregtes Elektron fällt in der Regel sehr schnell wieder in seinen stabileren Ausgangszustand zurück, wobei es die absorbierte Energie abstrahlt. Bei genügend hoher Energie der einwirkenden Strahlung können Elektronen sogar vorübergehend aus dem Atom entfernt werden. Der zurückbleibende, positiv geladene Überrest heißt „Ion". Das Atom ist meist bestrebt, diese Ionisation umgehend rückgängig zu machen, indem es sich irgendein Elektron greift und die Lücke füllt. Beim „Einbau" wird wiederum Strahlung ausgesendet. Es mag zunächst seltsam klingen, aber dieser Effekt hat sich als das perfekte Mittel für die Astronomen erwiesen, wenn es um die Aufklärung der Zusammensetzung von Himmelskörpern geht.

Der Blick ins Licht

1830 legte der französische Philosoph Auguste Comte seine *Positive Soziologie* vor. Sie enthielt eine bemerkenswerte Behauptung, die zur damaligen Zeit vollkommen vernünftig gewirkt haben muss: Die Menschheit, konstatierte Comte, werde niemals über den Aufbau der Sonne Bescheid wissen, weil diese sich durch ihre Entfernung jeder Analyse entziehe. Sinngemäß sollte dies auch für alle anderen Himmelskörper gelten, mit Ausnahme der Meteoriten, die gelegentlich auf die Erde fielen und dann aufgesammelt und untersucht werden konnten. Solche Meteoriten bestehen meist aus Eisen; daraus schloss man, dass im Weltall offenbar viel Metall zu finden ist.

Nur drei Jahre nach Comtes Tod (1857) entdeckten die deutschen Forscher Gustav Kirchhoff und Robert Bunsen eine Methode zur Routineanalyse weit entfernter Himmelskörper. Es muss gewesen sein, als ob ein Traum plötzlich Wirklichkeit wurde: Das Universum ließ sich auf einmal in einer Weise erforschen, die man nie für möglich gehalten hatte. Kirchhoff und Bunsen hatten Sonnenlicht mit einem Prisma in seine Farbbestandteile aufgespalten und einen rätselhaften Effekt beobachtet: Wie ein Barcode auf einem Regenbogen erschien in diesem Spektrum eine Reihe vertikaler dunkler Linien.

Etwa zur selben Zeit fiel Chemikern auf, dass die Flamme bei der Verbrennung reiner Elemente stets eine für das Element charakteristische Farbe annimmt. Natrium zum Beispiel brennt orangefarben, Lithium rot. Schickte man dieses Licht durch ein Prisma, dann sah man ein Muster bunter Linien. Die intensivsten von ihnen bestimmten die Farbe der Flamme. Manche Elemente erzeugen sogar nur eine einzige scharfe Linie. Kirchhoff, der einen Zusammenhang zwischen den dunklen Linien im Sonnenspektrum und den hellen Linien des Flammenlichts vermutete, begann die Frage genauer zu untersuchen. Mit dem von Bunsen kurz zuvor erfundenen Gasbrenner verbrannte er Proben und betrachtete die Flammen durch ein Prisma; außerdem vermaß er das Sonnenspektrum sorgfältig. So kam er zu dem Schluss, dass ein Element stets und ausschließlich die Wellenlängen des Lichts absorbiert, die es auch selbst aussendet; es speichert die aufgenommene Energie sozusagen eine kurze Zeit, um sie dann wieder in die Umgebung abzustrahlen. Natrium zum Beispiel absorbiert und emittiert nur bei 589 Nanometern (orangegelb), Lithium bei 670 Nanometern (rot). Im Rückblick betrachtet – mit all den Details der Atomstruktur und

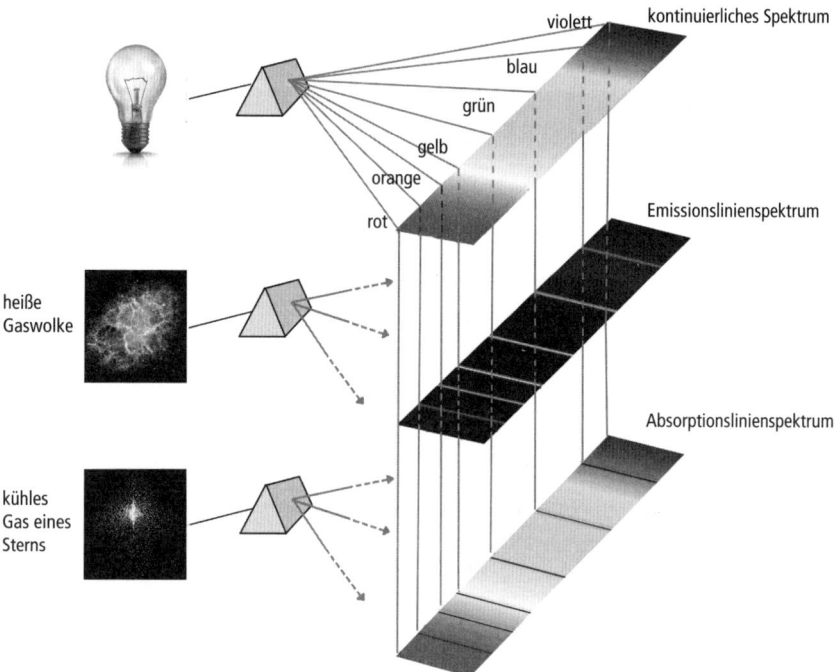

Die Spektralanalyse: Das Muster der Spektrallinien verrät die chemische Zusammensetzung eines Himmelskörpers

der Energieniveaus der Elektronen, die seit dem frühen 20. Jahrhundert bekannt sind – erscheint uns das alles ganz klar, aber Kirchhoff wusste nicht im Geringsten, wo die charakteristischen Spektren der Elemente herkommen.

Zu jedem Element gehört sein spezifisches Spektrum wie ein Fingerabdruck; ob das Licht gerade absorbiert oder emittiert wird, hängt von der physikalischen Situation ab. Glühender Dampf, wie er entsteht, wenn man eine Probe in die Flamme eines Bunsenbrenners bringt, sendet Licht aus. Kühler Dampf, durch den Licht fällt, absorbiert daraus die charakteristischen Wellenlängen und erzeugt dadurch dunkle Linien im Spektrum. Es dauerte nicht lange, bis die Astronomen gelernt hatten, den Kern der Sonne als eine solche Lichtquelle zu betrachten, die von einer Atmosphäre kühlerer Gase umgeben ist. Mithilfe von Kirchhoffs Arbeiten konnten sie auf die chemische Zusammensetzung dieser Atmosphäre und den Aufbau anderer unerreichbarer

Objekte im All schließen. Dazu mussten sie nur genügend intensives Licht sammeln, durch ein Prisma schicken (oder ein anderes Gerät, das Licht in seine Spektralbestandteile aufspalten kann) und die Wellenlängen der dunklen Linien feststellen.

Die Zusammensetzung des Kosmos

Wie bereits erwähnt, glaubten die Menschen lange Zeit, die Sterne bestünden vor allem aus Metall, wie sie es bei allen auf die Erde gefallenen Meteoriten festgestellt hatten. Die ersten Spektralanalysen bestätigten diese Sicht. Später stellte sich jedoch heraus, dass es vom Ionisierungsgrad der jeweiligen Atome abhängt (also davon, wie viele Elektronen ihnen entzogen wurden), ob sich bestimmte dunkle Linien zeigen oder nicht. Anders ausgedrückt: Nicht jedes vorhandene Element verrät sich auch im Absorptionsspektrum. Jahrzehntelange Kleinarbeit im Labor zur Erforschung der Ionisierung lieferte schließlich Korrekturfaktoren, mit denen die Häufigkeit der Elemente im All richtig berechnet werden konnte: 74 Masseprozent sind Wasserstoff, 24 Masseprozent sind Helium und die restlichen beiden entfallen auf alle anderen Elemente zusammengenommen.

Das bedeutet keineswegs, dass dieses Verhältnis im Moment des Urknalls unwandelbar festgelegt wurde. Jeder Stern für sich ist eine chemische Fabrik, die aus den unerschöpflichen kosmischen Wasserstoffvorräten alle möglichen schwereren Elemente produziert. Dieser furchteinflößende Prozess, die Kernfusion, findet bei mehreren Millionen Grad im Inneren sämtlicher Sterne statt. Bereits zu Beginn des 20. Jahrhunderts hielt der französische Physiker Jean-Baptiste Perrin die Kernfusion von Wasserstoff für die Triebkraft der Sonne, aber erst 1938 waren die Details des Mechanismus aufgeklärt.

Der Kernreaktor der Sonne

Im Zentralbereich der Sonne herrscht eine Temperatur von 15 Millionen Grad und die Gase sind 150-mal so dicht wie Wasser auf der Erde. Unter diesen Bedingungen verschmelzen Wasserstoffkerne zu Heliumkernen, wobei eine gigantische Menge Energie freigesetzt wird. Der Gesamtprozess vereint jeweils vier Wasserstoffkerne (vier Protonen) zu einem Heliumkern (zwei Protonen und zwei Neutronen, fest aneinander gebunden). Doch selbst bei dem enormen Druck im Sonneninneren ist es unwahrscheinlich, dass vier Wasserstoffkerne gleichzeitig aufeinandertreffen. Stattdessen baut sich der Heliumkern in einer Folge von Einzelschritten auf, wobei sich zwei der vier Protonen in Neutronen umwandeln. Dabei geht Masse verloren, folglich wird Energie an die Umgebung abgegeben: Die strahlende Sonne sendet Wärme und Licht in den Raum.

In jeder Sekunde verwandelt die Sonne rund vier Millionen Tonnen Materie – ausreichend für mehr als zehn Empire State Buildings! – in Energie, die sich den Weg nach außen bahnt. Bis sie die Oberfläche der Sonne (mit einer Temperatur von etwa 6000 Grad und einem Zehntel der Dichte der Erdatmosphäre in Höhe des Meeresspiegels) erreicht hat, vergehen Hunderttausende von Jahren. Von dort aus entfernt sie sich als elektromagnetische Strahlung ins All. Wenn das gerade in Richtung Erde geschieht, endet die Reise acht Minuten später. Die Vorstellung, dass das warme Sonnenlicht auf unserer Haut vor vielen Jahrtausenden im Zentralbereich unseres Sterns entstanden sein soll, ist schon sehr merkwürdig.

Wie in einem Stern andere, schwerere Elemente entstehen und wie sich die Zusammensetzung des Sterns dadurch mit der Zeit ändert, ist nicht einfach herauszufinden, weil die entsprechenden Prozesse tief im Inneren der Himmelskörper vonstatten gehen. Nur im Todeskampf zerlegt sich ein sterbender Stern und stellt seine Eingeweide zur Schau. Scharen irdischer Astronomen bringen dann geschwind ihre Teleskope in Position.

Tod der Sterne

Allgemein gehen Sterne auf zweierlei Weise zugrunde, abhängig von ihrer Masse. Massearme Sterne – solche, die weniger als acht Sonnenmassen enthalten – folgen dem ersten Szenario. Wie alle anderen Sterne auch erzeugen sie ihre Energie ausschließlich im Zentralbereich. Mehr und mehr Wasserstoff wird in Helium umgewandelt („Wasserstoffbrennen"), bis der Prozess zum Erliegen kommt: Obwohl die äußeren Schichten mehr als die Hälfte der Brennstoffvorräte enthalten, können diese nicht bis zum Kern durchdringen, um den verbrauchten Wasserstoff zu ersetzen. Die Fusion im Zentralbereich verlangsamt sich, weni-

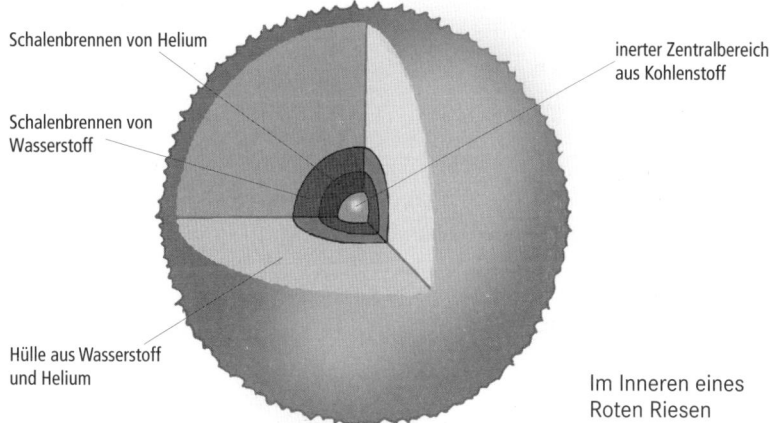

Im Inneren eines Roten Riesen

ger Energie wird freigesetzt und der Stern beginnt zu schrumpfen. Die damit einhergehende Verdichtung lässt die Temperatur wieder ansteigen, bis die Fusion in einer Schale um den nun weitgehend erkalteten Kern zündet. Von dieser Schale wird schlagartig Energie in die Umgebung geschleudert, die darüber liegenden Schichten dehnen sich aus, bis der Stern auf einen Durchmesser von einer Million bis zu vielen hundert Millionen Kilometern aufgebläht ist. Die Außenschichten kühlen sich ab. Ein Roter Riese ist entstanden. So wird eines Tages (in fünf Milliarden Jahren) unsere Sonne enden, und ihn ihrem Endstadium wird sie Merkur, Venus und die Erde verschluckt haben.

Im Inneren des Roten Riesen zieht sich der Zentralbereich immer weiter zusammen und heizt sich auf. Wenn eine Temperatur von 100 Millionen Grad und die 1000-fache Dichte von Wasser erreicht sind, setzt die Fusion von Helium zu Kohlenstoff („Heliumbrennen") und, wenn die Temperatur hoch genug ist, auch zu Sauerstoff ein. Dieser Prozess dauert zehn bis hundert Millionen Jahre, bis alles Helium verbraucht ist und der Stern erneut schrumpft. Das Wasserstoffbrennen geht in einer Schale um den Zentralbereich weiter und setzt genügend Energie frei, um die äußere Hülle immer mehr in den Raum hinauszublasen. Eine glühende Gaswolke entsteht. Wilhelm Herschel, ein Astronom des 18. Jahrhunderts, der kurz zuvor den Planeten Uranus entdeckt hatte, war der Meinung, diese Wolken sähen so ähnlich aus, und gab ihnen den irreführenden Namen „planetarische Nebel". Er blieb haften.

Je mehr Schichten ein sterbender Stern von sich schleudert, desto tiefer ins Innere können die Forscher schauen. Bei der Spektralanalyse findet man tatsächlich Anreicherungen schwerer Elemente, die aber nach wie vor weitgehend im Zentralbereich (also im Zentrum des Nebels) festgehalten werden. Wenn sich die Außenschichten langsam in die Tiefen des Raumes entfernen, kann man schließlich auf den Kern blicken – eine Kugel aus verdichtetem Gas, ungefähr so groß wie die Erde, aber 200 000-mal dichter und rund 500 000 Grad heiß. Diese Weißen Zwerge leisten den Astronomen gute Dienste bei der Bestimmung des Alters der Milchstraße (▶ *Wie alt ist das Universum?*). Sie bestehen fast ausschließlich aus Kohlenstoff und Sauerstoff mit geringen Beimengungen anderer Elemente.

Das zweite mögliche Schicksal trifft massereiche Sterne, also solche, die mehr als acht Sonnenmassen enthalten. Die größere Masse erzeugt höhere Temperaturen im Zentralbereich, wenn die Wasserstoffvorräte zur Neige gehen. Dadurch entstehen noch schwerere Elemente, und der Stern bläht sich wahrhaft gigantisch auf. Könnte man die Sonne gegen einen dieser „Roten Überriesen" austauschen, dann befände sich der Jupiter noch in seinem Inneren. Auf diese Gebilde wartet ein noch spektakuläreres Ende als auf ihre massearmen Verwandten.

Ein Roter Überriese entwickelt sich zunächst, bis zum Heliumbrennen, genauso wie ein Roter Riese. Durch seine größere Masse wird der Zentralbereich aber noch unerbittlicher zusammengedrückt, und es ereignet sich eine Folge immer neuer Zündungen, wobei schwerere und schwerere Elemente entstehen. So bildet sich eine zwiebelartige Schalenstruktur mit Zonen unterschiedlicher Fusionen. Von außen nach innen sind dies das Wasserstoffbrennen, das Heliumbrennen, die Verschmelzung von Kohlenstoff und Sauerstoff zu Neon und Magnesium und (weit drinnen) von Neon und Magnesium zu Silizium und Schwefel. Unmittelbar im Kern reichen die Bedingungen aus, um Silizium und Schwefel zu Eisen und Nickel zu verschmelzen. Das ist der Todesstoß für den Stern.

Alle bisher erwähnten Fusionen setzen Energie frei, bis auf die letztgenannte: Zur Entstehung von Eisen und Nickel muss Energie aufgewendet werden. Weil die im Inneren freigesetzte Energie immer nach außen, in die weniger dichten Bereiche, abfließt (wie Wasser, das stets bergab strömt), steht keine Energie mehr zur Verfügung, um Eisen und Nickel zu bilden; damit versiegt die Energiequelle. Computersimulationen zufolge dauert es gerade einmal 24 Stunden, bis sich ein Eisen-

Nickel-Kern gebildet hat, der fast anderthalbmal so schwer ist wie die Sonne. Ist diese Massengrenze, die Chandrasekhar-Grenze (▶ *Wie groß ist das Universum?*), einmal erreicht, dann überwiegt die Gravitation die Abstoßungskraft zwischen den Atomkernen, und es entsteht in kurzer Zeit eine Kugel aus unvorstellbar dicht gepackten Neutronen, die nur noch einen Durchmesser von zehn bis zwanzig Kilometern aufweist. In diesem Moment stürzen die äußeren Schichten auf den Kern und lösen dadurch eine gigantische Explosion, eine Supernova vom Typ II, aus. Die dabei freigesetzte Energie führt zu einem allerletzten Aufflackern der Fusion, wobei sich alle Elemente bilden, die schwerer sind als Eisen und Nickel, darunter auch radioaktive Isotope. Während der Explosion werden sie alle in den Raum hinausgeschleudert.

Bei der Vermessung der Überreste von Supernovae haben Astronomen festgestellt, dass sich manche Wolken noch immer mit Geschwindigkeiten von mehreren tausend Kilometern pro Sekunde ins All ausbreiten. Die Gase glühen in ihren charakteristischen Farben, auch wenn sich die Energie der Explosion längst verteilt hat, denn die enthaltenen radioaktiven Kerne zerfallen allmählich und liefern dabei ihrerseits Energie, mit der die Wolke am Glühen gehalten wird. Letzten Endes gehen die Reste von Supernovae und planetarischen Nebeln im allgemeinen Reservoir interplanetarer Gas- und Staubwolken auf, wo sie sich irgendwann einmal zu neuen Sternen verdichten. Der Effekt dieser Lebenszyklen ist die allmähliche Anreicherung des Universums mit schweren Elementen.

Die Antwort auf die Frage dieses Kapitels lautet also: Sterne bilden sich aus den Überresten dahingeschiedener Generationen, wobei jede Generation einen größeren Anteil schwerer Elemente enthält als die jeweils vorangegangene. Insgesamt machen diese Elemente zwar nur zwei Masseprozent des Universums aus, aber sie haben umso größere Auswirkungen: Aus ihnen bilden sich erdähnliche Planeten, und sie sind die Basis von Leben.

Wie entstand die Erde?

Die Geburt unserer Heimat

Mit ihrer Fülle von Landschaften und Klimazonen, Tieren und Menschen empfinden wir die Erde gewiss als etwas Besonderes, als einen Planeten, der den Namen „Wiege der Menschheit" verdient. Für einen Planetologen dagegen sind die Erde und ihre Nachbarn im Sonnensystem nicht mehr als kosmisches Strandgut – Schutt, der bei der Entstehung der Sonne zurückblieb. Und die Sonne selbst ist nur ein gewöhnlicher Bewohner einer unspektakulären Galaxie.

Die Erde, und mit ihr das ganze Sonnensystem, entstand in einem höllischen Mahlstrom vor etwa 4,6 Milliarden Jahren. Die Triebkraft derartiger Prozesse, die in anderen Regionen des Universums auch heute noch stattfinden, ist die Gravitation – doch die Geburtsstätten neuer Sterne und Planeten entziehen sich unserem Blick. Sie werden von dichten Schleiern interplanetaren Staubs verdeckt, die Licht im sichtbaren Wellenlängenbereich absorbieren. Um solche kosmische Baustellen beobachten zu können, müssen die Astronomen auf andere Wellenlängen zurückgreifen, etwa im Infrarot- oder Mikrowellenbereich. Warum man sich überhaupt für diese Vorgänge interessiert, ist sonnenklar: Aus den Abläufen in den aktiven Gebieten erhofft man sich Rückschlüsse auf die Details der Entstehung unseres eigenen Sonnensystems und, nicht zuletzt, die Entschlüsselung einiger Mysterien.

Die erste Merkwürdigkeit ist, dass die Planetenbahnen im Sonnensystem alle mehr oder weniger in einer Ebene liegen. Vermutlich gibt es irgendeinen natürlichen Grund dafür, dass die Bahnen nicht in zufälliger Weise orientiert, sondern säuberlich ineinander geschachtelt sind. Zweitens fragt man sich, warum die Planeten des inneren Sonnensystems so vollkommen anders zusammengesetzt sind als die äußeren Planeten. Wie wurden die Rohstoffe sortiert, damit in Sonnennähe kleine Gesteinswelten und auf den Außenbahnen riesige Gasbälle entstanden? Um Fragen dieser Art zu beantworten, schauen die Astronomen in Sternentstehungsgebiete weit draußen in der Milchstraße.

Riesenmolekülwolken

85 % aller Atome unserer Galaxie sind in Sternen und Planeten verbaut; die restlichen 15 % stehen den interstellaren Sternenfabriken als Rohstoff zur Verfügung. Diese Materie schwebt in Form ausgedehnter Gas- und Staubschleier, die überwiegend Wasserstoff enthalten, durch den Raum. Partikel schwererer Elemente stammen aus planetarischen Nebeln und Supernovae (▶ *Woraus sind die Sterne gemacht?*).

Ein Kubikmeter des „leeren" Raums enthält im Schnitt 100 000 Wasserstoffatome. (Auf der Erde, in Höhe des Meeresspiegels, zählt man in einem Kubikmeter der Atmosphäre rund $2 \cdot 10^{20}$, 200 Trillionen, Atome!) Die einsam durch den Raum fliegenden Wasserstoffatome schließen sich, sobald sich die Gelegenheit bietet, paarweise zu Molekülen zusammen, aus denen sich dann gigantische Wolken bilden. Astronomen schätzen, dass die Milchstraße rund 4000 solcher Wolken enthält, jede mit einem Durchmesser von 150–250 Lichtjahren und genügend Wasserstoffvorrat, um bis zu zehn Millionen sonnenähnliche Sterne hervorzubringen. Das molekulare Gas zieht sich zusammen und beginnt, um seinen Schwerpunkt zu rotieren. Dieser Vorgang ist für die nachfolgende Entstehung von Sternen und Planeten von großer Bedeutung.

Innerhalb jeder Riesenwolke befinden sich eine Reihe etwas dichterer Ballungsgebiete, deren Durchmesser zwischen einem Viertel und einem Drittel eines Lichtjahrs liegen. Das sind die Samenkörner, aus denen neue Sterne wachsen – oder, besser umschrieben, die „Kristallisationskeime", um die herum die Sterne schrumpfen: Jede solche Teilwolke übt Gravitationskräfte aus und zieht sich langsam, in Zeiträumen von einer bis zehn Millionen Jahren, in sich zusammen. Druckwellen benachbarter Supernovae können den Prozess beschleunigen, indem sie das Gas weiter zusammenpressen oder den Zerfall der Riesenwolke in Teilwolken vorantreiben. Je mehr eine einzelne Wolke schrumpft, umso dichter werden Gas- und Staubmassen. Obwohl der Staub nur etwa 1–10 % der Materie einer Sternenfabrik ausmacht, genügt er, um den Ort der Ereignisse von der Erde aus zu verdecken. Schauen die Astronomen allerdings mit Infrarotteleskopen in solche Dunkelwolken hinein, können sie etwas Merkwürdiges beobachten: Die zunächst kugelförmige, kontrahierende Materieansammlung verwandelt sich allmählich in eine Scheibe, die den jungen Stern umgibt. Der Durchmesser einer Scheibe kann 100- bis 1000-mal so groß sein wie jener der Erdbahn. In solchen Scheiben bilden sich Planeten.

Den Geheimnissen auf der Spur

Was die rotierenden Scheiben abflacht, ist die Zentrifugalkraft. Diese Kraft wohnt einem System nicht inne (wie etwa die elektrische Ladung und die daraus resultierenden Kräfte), sondern beginnt erst zu wirken, wenn das System rotiert, und ihre Stärke nimmt mit der Rotationsgeschwindigkeit zu. Sie ist nach außen, vom Zentrum der Drehung weg, gerichtet; denken Sie an einen Ball auf einem Karussell, der an den äußeren Rand rollt, wenn sich das Karussell in Bewegung setzt. Die Zentrifugalkraft trägt auch ein Auto aus der Kurve, die der Fahrer zu forsch genommen hat.

Betrachten wir die Gas- und Staubwolke näher, aus der sich unser Sonnensystem gebildet hat. Die zunächst kugelförmig verdichtete Materie kontrahiert unter ihrer eigenen Gravitation und dreht sich dabei immer schneller, wie ein Eiskunstläufer, der bei einer Pirouette die Arme an den Körper zieht. Dadurch steigt die Zentrifugalkraft in der Äquatorebene der Kugel; sie wirkt der Gravitation entgegen und bremst entsprechend den Kollaps ab. Weiter vom Äquator entfernt fällt der Einfluss der Zentrifugalkraft weniger ins Gewicht; Gas- und Staubmassen stürzen halbwegs ungebremst nach innen. Aus der ursprünglichen Kugel ist ein pfannkuchenartig abgeflachtes Gebilde geworden. Innerhalb der Scheibe schließt sich die Materie allmählich zu Planeten zusammen, die sich folglich alle in mehr oder weniger einer Bahnebene um das Zentrum der Wolke, den jungen Stern, bewegen. Damit ist das erste Geheimnis gelüftet.

Die zweite Frage lautete, warum sich die Zusammensetzung der äußeren Planeten so drastisch von jener ihrer sonnennahen Kollegen unterscheidet. Die inneren Planeten ähneln der Erde, sie sind klein, bestehen aus festem Gestein und verfügen über dünne Atmosphären. Außen hingegen findet man die jupiterähnlichen Gasriesen mit ihren dichten Atmosphären. Die Erklärung dieses Phänomens lautet folgendermaßen: Während die junge Sonne auf ihre heutige Größe und Dichte schrumpfte, setzte sie Energie frei – lange noch nicht so viel wie später, nach der Zündung der Kernfusion, aber immerhin genug, um die umgebende Staubscheibe, die „protoplanetare Scheibe", kräftig aufzuheizen. Die Temperatur der Scheibe nahm nach außen hin ab. Innerhalb der Scheibe bildeten sich bestimmte chemische Verbindungen bevorzugt oder auch gar nicht, je nach dem Abstand von der Sonne und damit der Temperatur. Im Bereich der späteren Merkurbahn herrsch-

Wie entstand die Erde? | 49

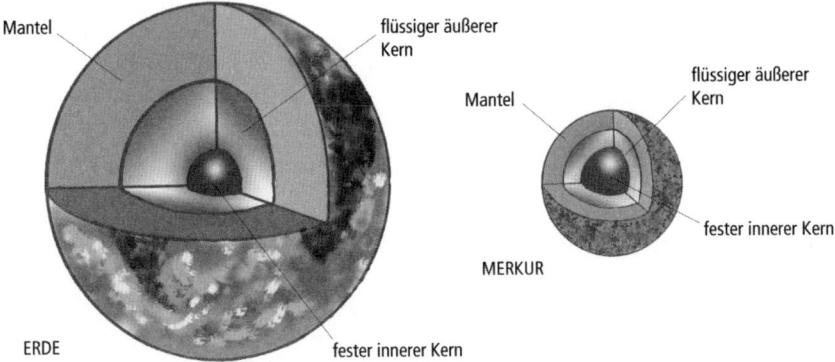

Erdähnliche Planeten: Die innere Struktur von Erde und Merkur liefert die wichtigsten Hinweise auf die Entstehungsgeschichte der Planeten

ten vermutlich mehrere tausend Grad, weshalb sich nur Metalle und etwas Silizium zu größeren Staubpartikeln zusammenschließen konnten, während andere Verbindungen von der Sonnenhitze sofort wieder verdampft wurden. (Der Merkur besteht jetzt zu einem großen Teil aus seinem metallischen Kern.) Auf der Erdbahn waren die Temperaturen bereits etwas moderater, weshalb hier mehr Silikate überlebten. (Die Erde hat einen kleineren Metallkern und eine dickere Silikatkruste.) Noch weiter außen, auf den kühleren Bahnen, waren auch andere Verbindungen stabil.

Jenseits der Schneegrenze

Bei einem Bahnradius, der fünfmal so groß ist wie die Entfernung der Erde von der Sonne, ist eine Zäsur sichtbar, die auch „Schneegrenze" genannt wird und etwa auf der heutigen Jupiterbahn liegt. Jenseits der Schneegrenze lag die Temperatur nicht mehr über 90 K. Moleküle wie Wasser, Methan und Ammoniak gefrieren dann zu Eis. (In der Astronomie wird, wie in der Naturwissenschaft überhaupt, die Temperatur in „Kelvin" gemessen. Am Nullpunkt der Kelvinskala, dem „absoluten" Nullpunkt, wird keinerlei Energie mehr zwischen den Teilchen eines Stoffes ausgetauscht. 0 K entspricht rund −273 °C.) Ungefähr im Bereich der Plutobahn, beim 40-fachen Radius der Erdbahn, war eine Temperatur von 20 K erreicht und es kondensierte jedes chemische

Element mit Ausnahme von Wasserstoff und Helium, die auch in dieser Eiseskälte noch gasförmig sind. Solche Überlegungen erklären, warum die Staubpartikel in der protoplanetaren Scheibe unterschiedlich zusammengesetzt waren und sich folglich zu ganz verschiedenartigen Planeten zusammenballen konnten. Dass die äußeren Planeten so groß sind, liegt vermutlich an den üppigen Materievorräten jenseits der Schneegrenze.

Im inneren Sonnensystem fand sich der Staub allmählich zu größeren Objekten zusammen, die man sich wie kleine Asteroiden vorstellen kann. Das frühe Sonnensystem wurde, so glaubt man, von einer großen Zahl solcher „Planetesimale" bevölkert. Um Merkur, Venus, Erde und Mars aufzubauen, brauchte es mindestens zehn Milliarden Planetesimale mit Durchmessern von etwa zehn Kilometern. Die Gesteinsbrocken stießen zusammen und blieben aneinander kleben, wobei dieser Prozess komplizierter ist, als er zunächst klingt.

Frontalzusammenstöße nutzten nichts; dabei wurde zu viel Energie freigesetzt, die Planetesimale zersprangen und die Trümmer verstreuten sich weit im Raum. Allerdings dürften solche Ereignisse selten gewesen sein, denn schließlich umkreisen die Brocken die Sonne alle in gleicher Richtung. Manchmal reichte die Energie des Aufpralls gerade aus, um die Stoßpartner miteinander zu verschmelzen. Manchmal entstanden auch Bruchstücke, die fortan gemeinsam, als kosmischer Schutthaufen, ihre Bahn um die Sonne zogen.

Diese intimen Begegnungen fanden völlig zufällig statt, bis einige Planetesimale so weit angewachsen waren, dass sie mit ihrer Gravitationskraft kleinere Exemplare an sich ziehen konnten – ein Effekt, der sich mit weiter zunehmender Größe verstärkte und schließlich zur Dominanz weniger Planetesimale – bildhaft „Oligarchen" genannt – in der protoplanetaren Scheibe führte. Es handelte sich dabei schon um kleine Planeten aus festem Gestein, deren Massen zwischen denen des Erdmondes und des Mars lagen. Computersimulationen lassen vermuten, dass sich 20–30 solche Brocken schließlich und endlich zu den vier erdähnlichen Planeten des Sonnensystems zusammengeschlossen haben müssen.

Gasriesen und darüber hinaus

Die Gasriesen unseres Sonnensystems (Jupiter, Saturn, Uranus und Neptun) haben sich wohl in prinzipiell ähnlicher Weise gebildet, sicherlich aus größeren, von den astronomischen „Eis"en (gefrorenes Ammoniak, Methan, Wasser) verstärkten Oligarchen. Nachdem Jupiter und Saturn die drei- bis fünffache Erdmasse erreicht hatten, genügte ihre Gravitation zur Anziehung von Gasen in ihrer Umgebung. So entstanden die dichten Atmosphären, deren Zusammensetzung die Häufigkeit der Elemente im Kosmos widerspiegelt. Uranus und Neptun sind etwas masseärmer, zogen weniger Wasserstoff und Helium an und enthalten in den Atmosphären größere Anteile der Eise.

Manche Astronomen vertreten eine alternative Auffassung: Die Gasriesen seien in ähnlicher Weise entstanden wie die Sterne selbst. In diesem Szenario muss eine Region der protoplanetaren Scheibe eine kritische Dichte (und Gravitation) erreicht haben, dass alle Materie gleichzeitig zusammengezogen wurde. Es hätte dann keine Oligarchen gegeben, nur einen einzigen Kollaps von Gasen zu einem Riesenplaneten. Momentan lässt sich noch nicht entscheiden, welcher der beiden Wege tatsächlich beschritten wurde. Beide Theorien sagen korrekt voraus, dass sich die Gasplaneten mit ihren eigenen Mini-Scheiben umgeben, die nach und nach zu zahlreichen Monden kondensieren.

Im Bereich der Plutobahn war die Dichte der um die Sonne kreisenden Materie deutlich geringer. Deshalb konnten sich dort nur kleine Objekte bilden. Pluto selbst ist nur zwei Drittel so groß wie der Erdmond, und seine Bahnebene ist deutlich gegen jene aller anderen Planeten geneigt. All diese Tatsachen – dazu die Entdeckung weiterer plutoähnlicher Objekte in den Außenbezirken des Sonnensystems – veranlassten die IAU (Internationale Astronomische Union) 2006, Pluto zu einem Zwergplaneten herabzustufen. Zu den erwähnten Objekten gehörten die eisigen Himmelskörper Haumea, Makemake und als eigentlicher Auslöser der Debatte 2003 UB313. Letzterer, Beobachtungen zufolge mindestens so groß wie Pluto selbst, hätte zum zehnten Planeten des Sonnensystems ausgerufen werden müssen, wenn Pluto nicht herabgestuft worden wäre. Im Verlaufe der hitzigen Diskussion erhielt 2003 UB313 auch einen Spitznamen, Xena (nach einer Kriegerprinzessin und TV-Heldin). Nach der endgültigen Entscheidung der IAU wurde Xena umbenannt, und zwar passenderweise in Eris (nach der griechischen Göttin der Zwietracht).

> *Ich rechne damit, dass die Planeten Nr. 10, 11, 12 und viele weitere in den entfernten äußeren Regionen des Sonnensystems gefunden werden, allesamt größer als Mars und vielleicht auch als die Erde.*
>
> ALAN STERN, ZEITGENÖSSISCHER PLANETOLOGE

Kein Zweifel: Im Sonnensystem warten noch viele Zwergplaneten auf ihre Entdeckung. Astronomen schätzen, dass Hunderte, ja sogar Tausende von ihnen jenseits des Pluto ihre Bann ziehen, darunter vielleicht ein paar vollwertige Planeten. Computersimulationen zeigen, dass die Materie eines ganzen Sonnensystems da draußen kreisen könnte, tausendmal so weit von der Sonne entfernt wie die Erde. Sie mögen so groß sein wie Mars oder gar die Erde, und sie haben sich gewiss nicht auf ihren heutigen Bahnen gebildet, sondern wurden von der Gravitation der Gasplaneten zu ihren entlegenen Orten geschoben: Fliegt ein Planetesimal schnell genug nahe an einem Gasriesen vorbei, so gelingt es dem großen Objekt nicht, das kleine an sich zu ziehen; stattdessen wird der kleine Brocken stark beschleunigt und auf eine Bahn mit größerem Radius katapultiert. Jupiter könnte Zwergplaneten nach diesem Mechanismus auf Bahnen gebracht haben, die 25- bis 250-mal so weit von der Sonne entfernt sind wie die Plutobahn.

Dermaßen weit abgelegene, verstreute Planeten sind extrem schwer zu entdecken, weil sie nur äußerst wenig Sonnenlicht reflektieren. Zudem kann ihre Bahn um die Sonne in irgendeiner beliebigen Ebene liegen. Den Astronomen bleibt nur, unermüdlich mit starken Teleskopen den ganzen Himmel abzusuchen. Auf dem Reißbrett gibt es solche Instrumente schon. Innerhalb der nächsten zehn Jahre sollen sie alle mit ihrer Suche beginnen.

Das Große Bombardement

Vor 4,6 Milliarden Jahren sah das Sonnensystem im Großen und Ganzen schon aus wie heute. Unsere vertrauten Planeten und ihre Monde waren vorhanden. Zwischen ihnen jedoch trieb noch allerlei Schutt, unzählige Gesteinstrümmer verschiedener Größe, durch den Raum – manche klein wie Kieselsteine, andere groß wie Felsen bis hin zu Planetesimalen, die den Klauen der „echten" Planeten entgangen waren. Jupiter fing mit seiner Gravitation ziemlich viele davon im „Asteroidengürtel" (zwischen der Jupiter- und der Marsbahn) ein, aber die meisten kosmischen Vagabunden befanden sich außerhalb seiner Reichweite. Im Laufe der folgenden 700 Millionen Jahre stürzten sie Stück für Stück auf Planeten und Monde, in die sie Krater aller Größen rissen. Alte Oberflächen von Himmelskörpern erkennt man heute sofort an ihrer pockennarbigen Struktur – das klassische Beispiel ist der Erdmond, dessen kraterzerfurchte Landschaft den Astronomen viel über diese Phase der Planetenenstehung, die man „Großes Bombardement" nennt, verraten hat. Auf der Erde wurden die ältesten Krater von Wind und Wetter ausradiert. Die heute bekannten, weniger als 200 Krater stammen allesamt von erdgeschichtlich verhältnismäßig jungen Einschlägen.

Die Erde befindet sich, wie oben erklärt, diesseits der Schneegrenze des Sonnensystems. Deshalb bildete sich hier kein Wasser, es wäre in der Sonnenglut sofort verdampft. Wie entstanden dann die Ozeane? Auch dieses Rätsel mussten die Astronomen lösen. Das Große Bombardement zeigt vielleicht einen Weg: Planetesimale aus dem äußeren Sonnensystem, die Wasser und andere Eise enthielten, stürzten auf die Erde und die anderen inneren Planeten und brachten ihnen nicht nur Wasser, sondern auch andere flüchtige Verbindungen mit – die Bausteine, aus denen sich auf unserem Blauen Planeten geschwind das Leben entwickelte (▶ *Sind wir Staub der Sterne?*).

Während des Großen Bombardements schleuderte der gewaltige Jupiter wahrscheinlich zahlreiche Planetesimale, die ihm zu nahe kamen, aus der Nachbarschaft der Sonne heraus, wie er auch Planeten umgelenkt hatte. Die kleinen Planetesimale flogen weit nach draußen; eine Billion oder noch mehr solche Restkörper sammelte sich in der Oort'schen Wolke, 10 000- bis 100 000-mal so weit von der Sonne entfernt wie die Erde. Gelegentlich besuchen Objekte der Oort'schen Wolke das innere Sonnensystem; wir nennen sie Kometen. Sie bestehen aus Eis und beginnen in Sonnennähe zu schmelzen,

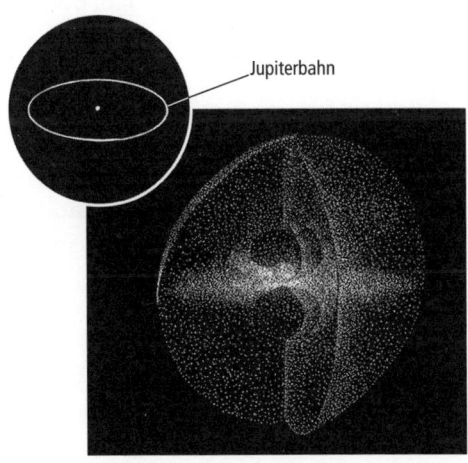

Die Oort'sche Wolke enthält den Schutt der Planetenentstehung

weshalb sie eine Spur aus Gasen hinter sich lassen, die wir – beleuchtet von der Sonne – als hellen Schweif wahrnehmen. Kometenstaub verteilt sich im Raum. Dringen solche Partikel in die Erdatmosphäre ein, verglühen sie. Wir beobachten dann Meteorschauer („Sternschnuppen"). Hin und wieder ist ein solcher Materieklumpen zu groß, um in der Atmosphäre vollständig zu verglühen, und seine Überreste fallen als „Meteorit" zu Boden.

Wie geht es weiter?

Nach 700 Millionen Jahren versiegten die Schauer der kosmischen Geschosse. Die Erde und alle anderen Objekte des Sonnensystems sahen so aus, wie wir sie heute noch beobachten. Von Zeit zu Zeit erhaschen wir aber doch noch einen flüchtigen Eindruck von den Verhältnissen während des Großen Bombardements. 1993 schlugen, über sechs Tage verteilt, insgesamt 21 Bruchstücke des Kometen Shoemaker-Levy 9 auf dem Jupiter ein. Die größten von ihnen hatten Durchmesser von bis zu zwei Kilometern. Mit einer Auftreffgeschwindigkeit von etwa 60 km/s bewirkte jedes Stück eine gewaltige Explosion, Fontänen schossen empor – manche höher als der Erddurchmesser – und waren noch Wochen nach dem Ereignis sichtbar.

Daten von Flugkörpern auf der Erdumlaufbahn deuten darauf hin, dass sich Kometen von der Größe eines zweistöckigen Hauses regelmäßig unserem Planeten nähern. Zum Glück sind sie nicht gefährlich, weil sie in der Atmosphäre zerplatzen. Nur ganz selten dringt ein großer Meteorit wirklich bis zum Boden vor. Ein solches Ereignis ist aus dem Jahr 1908 überliefert. In einem unbewohnten Waldgebiet von der Fläche einer modernen Großstadt wurden dabei nahe dem Fluss Steinige Tunguska in Sibirien sämtliche Bäume entwurzelt.

Potenziell bedrohliche Asteroiden behalten die Astronomen heute ständig im Auge. Die meisten Felstrümmer sind ohnehin sicher im Asteroiden-Gürtel zwischen Jupiter und Mars gefangen. Trotzdem steigt die Zahl der beobachteten „erdnahen Objekte". Fast 800 solche „Erdbahnkreuzer" mit Durchmessern von mehr als einem Kilometer werden gegenwärtig verfolgt. Keiner von ihnen ist eine aktuelle Bedrohung, wobei Berechnungen ergaben, dass im Schnitt alle halbe Million Jahre die Erde von einem solchen Brocken getroffen wird. Noch kleinere Asteroiden gibt es vermutlich in großer Zahl. Nur wenige werden kontinuierlich beobachtet. Eine leichte Gefahr könnte von 2007VK184 ausgehen, der mit einem Durchmesser von etwa 130 Metern kosmisch eher unbedeutend ist, beim Auftreffen auf der Erdoberfläche aber die Energie von 10 000 Hiroshima-Bomben freisetzen würde. Die Chance einer solchen Begegnung in den nächsten fünfzig Jahren liegt bei 1:3000, fällt aber wahrscheinlich deutlich, wenn die Astronomen die Bahn nach weiteren Beobachtungen genauer berechnen können. Um solche erdnahen Objekte aufspüren und verfolgen zu können, werden immer bessere Instrumente entwickelt.

Es ist eigentlich unvermeidbar, dass sich früher oder später ein Asteroid auf Kollisionskurs mit der Erde befindet. Sobald seine Bahnkurve zuverlässig ermittelt wurde, wird man versuchen, ihn abzulenken. Dafür ist eine ganze Reihe von Methoden angedacht. Keine Lösung ist es, den Brocken mit Kernwaffen in Stücke zu sprengen, weil sich dadurch die Bahn der Trümmer nicht ändern würde. Anstelle einer Kanonenkugel wurde dann ein Schauer von Schrotkugeln auf uns niedergehen. Atombomben in gewisser Entfernung von dem Asteroiden explodieren zu lassen, wäre vielleicht sinnvoller, aber knifflig. Dabei würde das Gestein zum Teil schmelzen und Gas freisetzen, sozusagen ein „natürliches Raketentriebwerk" bilden, das die Richtung des Geschosses in eine sicherere Bahn ändert. Es klingt ironisch, dass genau jene Himmelskörper, die Wasser zur Erde brachten und damit die Entstehung des Lebens erst ermöglichten, nun dieses Leben auszulöschen drohen. Wenn es gilt, die Erde vor zerstörerischen Einschlägen zu schützen, heißt es genau aufzupassen.

Was hält die Planeten auf ihren Bahnen?

Und warum fällt der Mond nicht herunter?

Die Frage ist einfach, die Antwort ist es weniger – und die Suche danach führte zu einem alles entscheidenden Moment der Naturwissenschaften: Die wissenschaftliche Revolution begann, das Zeitalter der Aufklärung wurde eingeläutet und die Weichen der Naturphilosophie stellten sich in Richtung der modernen Naturwissenschaft. Ihre Sprache war die Mathematik.

Warum die Planeten auf ihrer Bahn bleiben, geht aus Isaac Newtons Gravitationstheorie hervor, festgehalten in dem epochalen Werk *Philosophiae Naturalis Principia Mathematica*, kurz *Principia*. Zu Newtons Lebzeiten, im ausgehenden 17. Jahrhundert, wurde die Frage anders gestellt: Warum bleibt der Mond auf seiner Bahn und fällt nicht zur Erde? Aber die Antwort ist exakt dieselbe; es ist nur eine Frage des Maßstabs. Der Mond läuft um die Erde, die Erde läuft (wie alle anderen Planeten) um die Sonne. Der Rest ist ein mathematisches Modell der Gravitation.

Kern der *Principia* ist die „universelle Gravitation". Jedes massebehaftete Objekt übt eine Gravitationskraft aus: die Erde, der Mond, die Sonne, alle Planeten und ihre Monde, alle Sterne – alles. Die Stärke der Gravitationskraft ist proportional zur Masse des Objekts, und die Gravitation wirkt auf jede andere Masse. Anders gesagt: Alles zieht alles an. Newtons Gravitationstheorie sprengte den Rahmen des menschlichen Denkens. Zum Teil beruhte sie auf den wegbereitenden Vorarbeiten von Johannes Kepler, der bereits Jahrzehnte zuvor die Planetenbahnen beschrieben hatte.

Wie sich Planeten bewegen

Kepler formulierte drei Gesetze der Planetenbewegung. Das erste lautet: Jeder Planet läuft auf einer elliptischen Bahn um die Sonne, die sich in einem Brennpunkt der Ellipse befindet. (Eine Ellipse hat zwei Brennpunkte, die umso weiter voneinander entfernt sind, je länglicher die Figur ist.) Vor Kepler hatte man angenommen, dass sich die Planeten auf Kreisbahnen bewegen. Kepler kam zu seinem Schluss nach einer eingehenden Analyse ausführlicher Beobachtungsdaten, die der dänische Astronom Tycho Brahe hinterlassen hatte.

Das zweite Kepler'sche Gesetz besagt: Die Verbindungslinie Sonne-Planet überstreicht in gleichen Zeitabschnitten gleiche Flächen der Ellipse. Stellen Sie sich ein langes Gummiband vor, das einen Planeten mit der Sonne verbindet. Bewegt sich der Planet ein kleines Stück auf seiner Bahn, dann überstreicht das Band eine nahezu dreieckige Fläche (eine Ecke ist die Sonne). Ist die Entfernung des Planeten von der Sonne groß, muss die zurückgelegte Strecke nicht lang sein, damit sich eine große Dreiecksfläche ergibt. Befindet sich der Planet jedoch in Sonnennähe, ist das Gummiband kürzer und der Planet muss schneller unterwegs sein, damit in der gleichen Zeit die gleiche Dreiecksfläche überstrichen wird. Wir können die Aussage des Gesetzes also folgendermaßen formulieren: Je weiter der Planet von der Sonne entfernt ist, desto langsamer bewegt er sich. Das war ein wichtiger Gedanke, denn daraus folgt unmittelbar, dass die Kraft, die den Planeten bewegt – welche auch immer das sein mochte –, mit zunehmender Entfernung schwächer wird.

Das dritte Kepler'sche Gesetz folgt dem zweiten unmittelbar – es drückt den Zusammenhang zwischen der Größe einer Planetenbahn und der Zeit, die ein Himmelskörper für einen Umlauf benötigt, als mathematische Gleichung aus. Anders gesagt: Es gibt die mittlere Geschwindigkeit eines Planeten in Abhängigkeit von seinem Abstand zur Sonne an.

Wenn irgendetwas den himmlischen Geist des Menschen an das trostlose Exil seiner irdischen Heimstatt binden und uns mit unserem Schicksal versöhnen kann, sodass wir uns des Lebens freuen, dann ist es wahrhaftig das Vergnügen der mathematischen Wissenschaft und der Astronomie.

JOHANNES KEPLER, ASTRONOM, 17. JAHRHUNDERT

58 | Was hält die Planeten auf ihren Bahnen?

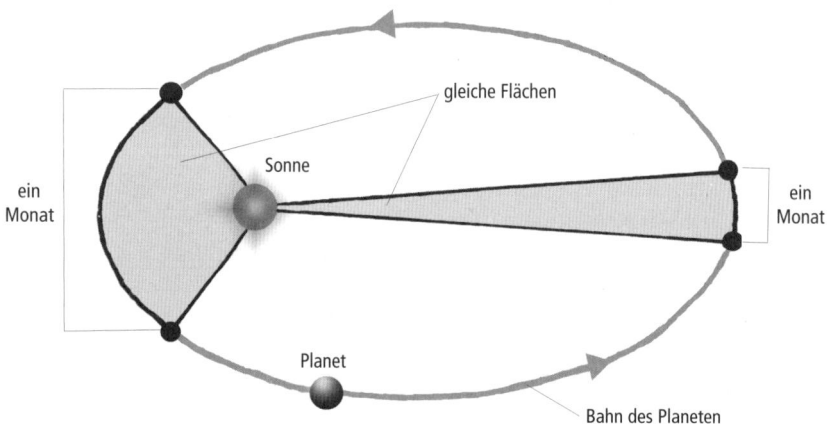

Das zweite Kepler'sche Gesetz besagt: Die Verbindungslinie Sonne-Planet überstreicht in gleichen Zeiten gleiche Flächen der Ellipse, entlang derer sich ein Planet um die Sonne bewegt

Eines konnte Kepler nicht erklären: *Warum* bewegen sich die Planeten so und nicht anders? Der griechische Philosoph Aristoteles vertrat die Ansicht, alles finde im Universum so seinen Platz, dass das Gleichgewicht aus „Schwere" und „Leichtigkeit" gewahrt bleibe. Der Mond blieb also offenbar auf seiner Bahn, weil nicht nur seine Schwere ihn nach unten zog, sondern die Leichtigkeit ihn gleichzeitig anhob. Das Problem dieser Interpretation war, dass der Mond bekanntlich keineswegs sorgfältig ausgeglichen im Raum hängt, sondern um die Erde läuft.

Äpfel und Kanonenkugeln

Newton wies nach, dass es tatsächlich zwei Kräfte sind, die den Mond auf seiner Bahn halten; allerdings wirken sie nicht in entgegengesetzten Richtungen, sondern senkrecht zueinander. Der Erste, dem dies auffiel, war eigentlich der englische Experimentator Robert Hooke, der aber nicht genug von Mathematik verstand, um seine Idee zu beweisen. Dazu brauchte es den genialen Geist eines Isaac Newton. An dieser Stelle wird gern erzählt, Newton habe seine Inspiration aus einem Apfel gezogen, der von einem Baum fiel, aber das ist eine Legende; jedenfalls lässt sich nicht belegen, ob etwas Wahres daran ist, denn der Gelehrte selbst schrieb nie ein Wort über diesen Vorfall nieder. Sehr wohl erwähnte er hingegen Kanonenkugeln.

Newton forderte seine Leser auf, sich eine Kanone auf einem unglaublich hohen Turm vorzustellen. Der Lauf zeigt geradeaus, und die Kugel wird abgefeuert – wenn man den Luftwiderstand ignoriert, fliegt sie exakt waagerecht über den Boden. Sofort beginnt aber die Gravitationskraft zu wirken und zieht sie nach unten. Je gewaltiger der Schuss (und je höher folglich die Anfangsgeschwindigkeit der Kugel), desto länger dauert es, bis das Projektil auf dem Boden auftrifft. Stellen Sie sich nun weiter vor, die Ladung ist so schlagkräftig und die Kugel fliegt so schnell davon, dass sie beim Fallen der Krümmung der Erdoberfläche folgt. Da wir verabredet haben, den Luftwiderstand zu ignorieren, behält die Kugel ihre Anfangsgeschwindigkeit, ohne bezüglich des Erdbodens an Höhe zu verlieren. Wann immer sie ein Stückchen absinkt, gleicht die Krümmung der Erde dies aus, und die Kugel fliegt ewig weiter. Auf einer Umlaufbahn!

Dieses Gedankenexperiment führt uns zur Antwort auf eine der Fragen dieses Kapitels. Der Mond fällt tatsächlich in Richtung Erde, aber er bewegt sich dabei so schnell vorwärts, dass er sozusagen darüber hinausschießt und eine (fast) kreisförmige Bahn beschreibt. Newton drückte in mathematischen Formeln aus, dass Gravitation und tangentiale Bewegung eines Himmelskörpers im Verein zu einer elliptischen Umlaufbahn führen. Die Tangentialbewegung ist den Planeten in die Wiege gelegt – sind sie doch in einer rotierenden Gas- und Staubwolke entstanden (▶ *Wie entstand die Erde?*)

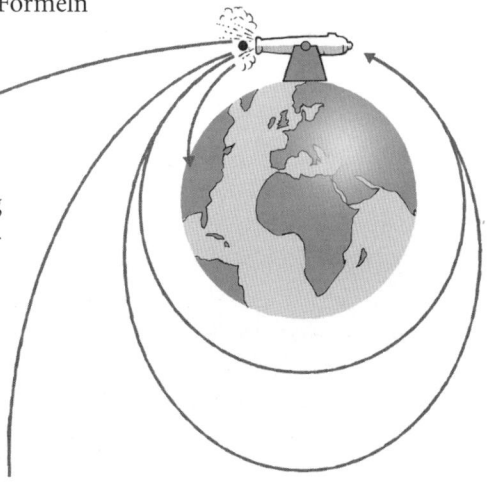

Kanonenkugeln und Umlaufbahnen: Die Menge des Schießpulvers bestimmt die Bahn des Geschosses

Offene und geschlossene Bahnen

Nach Newtons Gravitationsgesetz sahen die Astronomen den Himmel mit anderen Augen an. Waren sie zuvor damit zufrieden gewesen, Sternkarten als Navigationshilfen zu zeichnen (was tatsächlich als eigentlicher Zweck der Astronomie galt), konnten sie die Bewegungen der Himmelskörper jetzt nicht nur verstehen, sondern sogar vorausberechnen. Künftige Finsternisse, Konjunktionen, die Wiederkehr von Kometen: Alles stand in Newtons Theorie. Zudem folgten daraus vier mögliche Formen von Bahnkurven: Kreise, Ellipsen, Parabeln und Hyperbeln. Um die zugehörigen Situationen zu veranschaulichen, kommen wir zu unserer Kanone auf dem Turm zurück. Ist die Ladung gerade kräftig genug, um das Abstürzen der Kugel zu verhindern, beschreibt diese einen Kreis; ist die Anfangsgeschwindigkeit höher, dann steigt die Kugel ein bisschen in die Höhe, um dann wieder abzusinken und so fort bei jeder Runde (Ellipse). Je mehr Schießpulver man entzündet, desto weiter wird die Kurve in die Länge gezogen, bis sie sich schließlich öffnet und das Projektil aus dem Anziehungsbereich der Erde entlässt. Reicht die Anfangsgeschwindigkeit gerade eben dazu aus, beschreibt das Geschoss eine Parabel, ist sie aber noch höher, eine Hyperbel. In beiden Fällen kehrt die Kugel nie zur Erde zurück. Die Anfangsgeschwindigkeit, die benötig wird, um ein Geschoss auf eine parabelförmige Bahn zu bringen, heißt Fluchtgeschwindigkeit. Sie hängt von der Masse des Himmelskörpers ab. Für die Erde beträgt sie ca. 11 km/s, für Mars 5 km/s, für den massigen Jupiter 60 km/s. Auf dem Mond genügen schon 2,4 km/s, was erklärt, warum die Apollo-Astronauten nicht eine zweite große Rakete brauchten, um den Heimweg antreten zu können.

Auf einer geschlossenen Bahn ohne Luftwiderstand bewegt sich ein Himmelskörper bis in alle Ewigkeit. Die Planeten, Monde und Asteroiden im Sonnensystem folgen solchen Kreis- und Ellipsenbahnen. Auch einige Kometen haben geschlossene Bahnen, zum Beispiel der

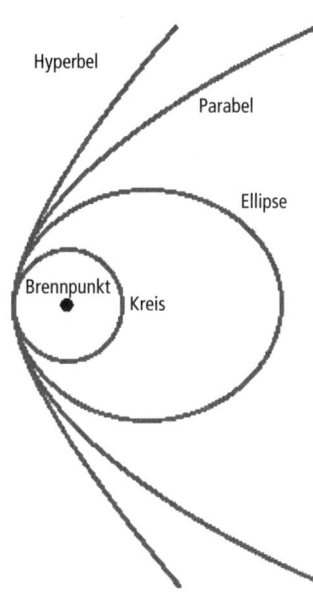

Die vier möglichen Formen von Bahnkurven

berühmte Halley'sche Komet, der sich alle 76 Jahre bei uns sehen lässt. Sterne umrunden die Mitte ihrer Galaxie auf geschlossenen Bahnen, und dies gilt auch für ganze Galaxien bei ihrer Bewegung um den Schwerpunkt von Galaxienhaufen.

Eine offene Bahn hingegen ist eine einmalige Angelegenheit. Solche Himmelskörper statten der Erde einen flüchtigen Besuch ab und verschwinden dann auf Nimmerwiedersehen in der Tiefe des Alls. Auf viele Kometen trifft das zu, und unbemannte Raumsonden werden absichtlich auf offene Bahnen gebracht, um die Oberfläche eines Planeten zu erkunden und zum nächsten weiterzuziehen.

Zurück zur Erde ...

Die Erklärung der Bahnkurven war zwar sehr wichtig, aber Newtons Theorie ließ sich darüber hinaus auf eine atemberaubende Palette von himmlischen ebenso wie irdischen Phänomenen anwenden. Die Naturphilosophen seiner Zeit hatten endlich eine Methode, um die Massen der Planeten und der Sonne zu berechnen, und sie fanden den Grund dafür, dass die Erde und andere Planeten an den Polen abgeplattet, aber am Äquator etwas verdickt sind. Wer eher die technischen Fragen im Sinn hatte, konnte nun die Bewegung fallender Körper auf der Erde beschreiben und nicht zuletzt die Flugbahn von Kanonenkugeln vorausberechnen – eine Fähigkeit, die im 17. Jahrhundert durchaus geschätzt wurde. Jegliche Bewegung schien von Newtons Gesetzen regiert zu werden – ja, das ganze Universum schien ihnen unermüdlich wie ein Uhrwerk Folge zu leisten.

Wenn ich weiter sehen konnte als andere, dann deshalb, weil ich auf der Schulter von Riesen stand.
ISAAC NEWTON, MATHEMATIKER, 17. JAHRHUNDERT

Angesichts dessen überrascht es nicht, dass die Gravitationstheorie alsbald zum „Weltsystem" an sich ausgerufen wurde (heute würden wir von einer „Theorie von allem" sprechen). Erst im Laufe der nachfolgenden Jahrhunderte wurde den Naturforschern bewusst, wie viel mehr es auf der Welt noch zu verstehen gab: Elektrizität und Magnetismus, Kernkräfte, Relativität und Quanteneffekte. Zu ihrer Zeit jedoch war Newtons Leistung ein blanker Triumph; zu den glänzendsten Siegen gehörte dabei die Erklärung der Gezeiten. Ebbe und Flut waren für eine Seefahrernation allgegenwärtig und von höchster Bedeutung, doch ihr Auslöser war ein Geheimnis ... bis Newton kam und sie in

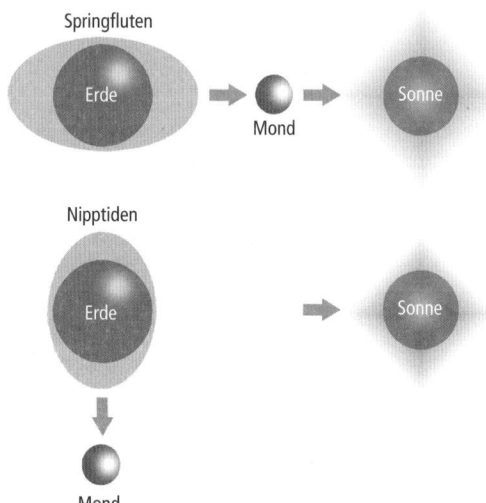

Die Gezeiten: Wie hoch das Wasser bei Flut aufläuft, hängt von der relativen Position von Erde, Sonne und Mond ab. Springfluten ereignen sich, wenn die drei Gestirne auf einer Linie liegen

den *Principia* auf die Gravitationskräfte zwischen Mond, Sonne und den Ozeanen zurückführte.

Überlegen wir, wie der Mond an der Erde zieht: Deutlicher bemerkbar macht sich die Kraft an der mondzugewandten Seite der Erde, weil die Gravitationskraft mit der Entfernung rasch abnimmt. Die Erde wird folglich in die Länge gezogen, und die beweglichen Wassermassen können dem viel besser nachgeben als das starre Gestein. (Trotzdem bewegt sich auch der Felsboden, aber um weniger als einen Meter pro Tag.) Auch die Gravitation der Sonne erzeugt Gezeiten. Ihre Wirkung überlagert sich mit jener des Mondes, wodurch die in Abhängigkeit von der Jahreszeit unterschiedlichen Höhen von Ebbe und Flut zustande kommen. Liegen Sonne, Erde und Mond ungefähr auf einer Linie (bei Vollmond und Neumond), so gibt es eine hohe Flut, eine „Springflut"; bei einer Anordnung im rechten Winkel (bei Halbmond) läuft die Flut niedrig, als „Nipptide", auf.

Umgekehrt deformiert auch die Erde den Mond, und zwar aufgrund ihrer größeren Masse viel deutlicher (um viele Meter). Diese Abweichungen von der Kugelgestalt wirken sich auf das Trägheitsmoment aus, das bedeutet, sie erschweren die Rotation. Dadurch geht unablässig Rotationsenergie verloren. Auf der Erde führt das zu einer langsamen, aber merklichen Verlängerung der Tage. Aus diesem Grund muss manchmal in der Neujahrsnacht Schlag zwölf Uhr eine Schaltsekunde eingefügt werden, die verhindert, dass sich solche Effekte summieren und die Tageszeit mit dem Sonnenstand aus dem Takt gerät. Die Rotation des Mondes hat sich im Laufe der Jahrmilliarden seit seiner Entstehung so weit verlangsamt, dass er heute nur noch einmal pro Umlauf um seine eigene Achse rotiert. Man nennt das „gebundene Rotation": Der Mond wendet der Erde nur noch eine Seite, die „Vorderseite", zu.

Astronomen beobachten Gezeiteneffekte, wo auch immer zwei große Objekte einander umkreisen. Der riesige Jupiter zum Beispiel übt enorme Gezeitenkräfte auf seine Sammlung von Monden aus. Am meisten zu leiden hat darunter der am weitesten innen gelegene Mond, Io. Mit einem Durchmesser von 3640 Kilometern ist Io, der vulkanisch aktivste Ort des Sonnensystems, nur ein bisschen größer als der Erdmond. Unablässig brechen die Vulkane aus, schweflige Lava ergießt sich über die Oberfläche des Trabanten. Die Triebkraft dieser gewaltigen Aktivitäten ist die Gravitation des Jupiters. Im Gezeitenrhythmus wird Io durchgeknetet, dabei entsteht Wärme, die das Innere des Mondes aufschmelzen lässt und die Eruptionen bewirkt. Der Jupitermond mit dem nächstgrößeren Bahnradius ist Europa. Hier sind die Gezeitenkräfte weniger extrem am Werk, und es gibt keine spektakulären Vulkane. Allerdings häufen sich die Hinweise darauf, dass unter Europas Eiskruste ein mondumspannender Ozean aus Wasser existiert, das von den Gezeitenkräften flüssig gehalten wird. Dieser Ozean könnte zehn, aber auch 100 Kilometer tief sein – dann enthielte er mehr Wasser als alle Weltmeere zusammengenommen.

Gezeitenkräfte wirken auch im ganz großen Maßstab. Befinden sich zwei Galaxien auf Kollisionskurs, dann ist die Anziehung auf den einander zugewandten Seiten besonders stark, weshalb die Himmelskörper darin beschleunigt und die Galaxien folglich „langgezogen" werden. Ein Extremfall tritt ein, wenn Materie in ein Schwarzes Lochs fällt: Sie wird dermaßen auseinandergezogen, dass man scherzhaft von Spaghettifizierung spricht (▶ *Was ist ein Schwarzes Loch?*).

Wackelnde Sterne

Nach wie vor schlachten die Astronomen Newtons Gravitationstheorie aus, um im Universum immer Neues zu entdecken. In den letzten beiden Jahrzehnten beispielsweise kamen sie über 400 sogenannten extrasolaren Planeten auf die Spur, die andere Sterne als die Sonne umrunden. Direkt beobachtet haben sie keinen von ihnen, aber dass es sie gibt, ist sicher: Ihre Zentralgestirne „wackeln". Normalerweise stellen wir uns vor, dass ein Planet einen (feststehenden) Stern umläuft, aber das ist nur die halbe Wahrheit. Wie der Stern den Planeten auf eine

Umlaufbahn zwingt, zieht umgekehrt der Planet an seinem Stern. Die große Masse des Sterns verhindert, dass er seinerseits ebenfalls in eine ausgedehnte Bahn einschwenkt, aber immerhin bewegt er sich geringfügig vom Fleck. Betrachten wir zum Beispiel den größten Planeten unseres Sonnensystems: Jupiter wird von der Sonne gezwungen, je einmal in zwölf Erdenjahren eine 750 Millionen Kilometer lange Runde zurückzulegen. In diesem Zeitraum schafft es Jupiter, die Sonne eine Pirouette um einen Punkt drehen zu lassen, der rund 50 000 Kilometer von ihrer feurigen Oberfläche entfernt ist. Aus der Entfernung betrachtet, sieht es so aus, als ob unser Stern nur hin- und herwackelt. Nach solchen Effekten halten die Astronomen Ausschau, wenn sie extrasolare Planeten suchen. Daraus, wie stark der Stern aus der mittleren Position ausgelenkt wird und wie lange ein kompletter „Wackelzyklus" dauert, berechnen die Astronomen die Masse und den Bahnradius des unsichtbaren Planeten. Überraschenderweise hat sich dabei herausgestellt, dass die meisten bisher gefundenen Planeten so groß sind wie Jupiter, aber ein „Umlauf" des Sterns nicht etwa Jahre dauert wie bei der Sonne, sondern nur einige Tage. Das bedeutet, dass der Abstand dieser Planeten von ihrem Zentralgestirn sehr gering ist (▶ *Gibt es andere vernunftbegabte Lebewesen?*). Die Astronomen erwarten, mit dem Fortschreiten der technischen Entwicklung Planetensysteme zu finden, die unserer kosmischen Heimat ähnlicher sind.

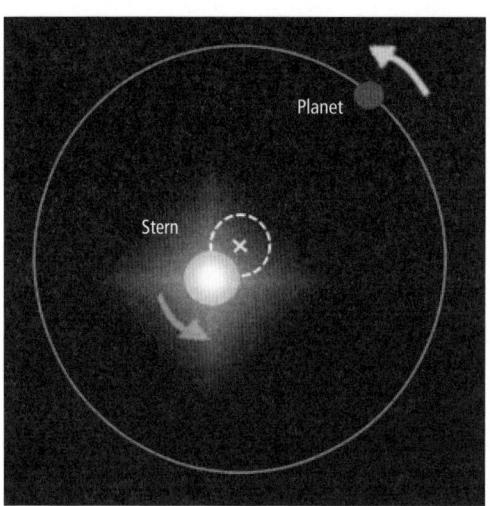

Wackelsterne: Die Gravitation eines Sterns zieht am Zentralgestirn und lässt es eine vergleichsweise geringfügige Bahnbewegung ausführen

Ein Dilemma

Newtons Leistung war bedeutend, ohne Zweifel, aber tief im Inneren seiner erfolgreichen Theorie schlummerte ein Paradoxon. Er wusste es und berief sich in späteren Lebensjahren sogar darauf, wenn ihm der Glaube an Gott abgesprochen wurde. Es geht um den Begriff der „universellen" Gravitation, der Idee, dass jede Masse im Universum, auch die Sterne, Gravitation erzeugt. Wenn aber jeder Stern an allen anderen Sternen zog, warum fiel das ganze Weltall dann nicht in sich zusammen? Alles deutete darauf hin, dass sich die Sterne seit Beginn der Aufzeichnungen am selben Fleck befanden. Seit den Tagen der Babylonier und Griechen hatten sich die Sternbilder nicht verändert. Das Universum musste also statisch sein. Wieso verlangte dann die vielfach bewährte Gravitationstheorie, dass es kollabierte?

Newtons Glaube wurde in Zweifel gezogen, weil seine Theorie ohne Gott auszukommen schien. Die Himmelskörper bewegten sich schließlich von selbst. Um mit einem Schlag sein wissenschaftliches Rätsel zu lösen und der Kritik an seiner Religiosität zu begegnen, sagte Newton, die Hand Gottes müsse es sein, die das Universum vor dem Einsturz bewahrt. Tatsächlich lautet die Antwort, wie mehrere hundert Jahre später herausgefunden wurde: Die Sterne bewegen sich um das Zentrum der Milchstraße und werden von der Zentrifugalkraft genauso auf ihrer Bahn gehalten wie die Planeten im Sonnensystem.

Nirgends in den *Principia* erklärt Newton, was Gravitation ist. Ihm gelang lediglich, sie mathematisch zu beschreiben. Nach ihm zerbrachen sich Naturphilosophen und Forscher den Kopf über den Ursprung der Gravitation, aber niemand kam auch nur in die Nähe einer sinnvollen Entdeckung. Die Welt musste bis zum zweiten Jahrzehnt des 20. Jahrhunderts warten, als Albert Einstein mit seiner Allgemeinen Relativitätstheorie eine Antwort vorlegte, die den Verstand herausforderte.

Hatte Einstein recht?

Gravitation gegen Raumzeit-Krümmung

Albert Einstein ist das Kultsymbol der Naturwissenschaft schlechthin. Seine Allgemeine Relativitätstheorie stopft die Lücken in Newtons Theoriegebäude, indem sie beschreibt, was Gravitation ist – oder, besser gesagt, was Gravitation nicht ist, nämlich eine Kraft. Anders ausgedrückt: Einstein erklärte die Gravitation, indem er sie loswurde.

Im 19. Jahrhundert, als die Messungen immer präziser wurden, tauchten böse Geister in Newtons Gravitationsmaschinerie auf, die Einstein keine Ruhe ließen. Astronomen sahen, wie die Planeten Merkur und Uranus allmählich von den Positionen wegdrifteten, die Newtons Mathematik vorhersagte. Anfänglich schoben sie die Schuld an den Abweichungen auf noch unentdeckte Planeten. Im Fall des Uranus hatten sie damit recht, denn am 23. September 1846 fand sich der Neptun fast exakt an der Stelle, die Urbain Le Verrier von der Pariser Sternwarte für ihn berechnet hatte. Zum ersten Mal war bewusst ein aus der Theorie vermuteter Himmelskörper gesucht und auch gefunden worden! In gewisser Hinsicht war es auch das erste Mal, dass die Astronomen eine Art „Dunkle Materie" postulierten, etwas Unsichtbares, das seine Anwesenheit nur durch den Einfluss seiner Gravitation auf benachbarte Objekte verrät. Im Sog der Entdeckung des Neptuns suchte man nun fieberhaft nach dem ganz gewiss existierenden Planeten, der die Merkurbahn störte. Die Astronomen waren so sicher, zwischen Sonne und Merkurbahn noch etwas zu finden, dass sie bereits einen Namen für dieses Etwas festlegten: Vulkan.

Es gibt aber keinen Planeten Vulkan. Die Bewegung des Merkur wird durch einen unvorhergesehenen Aspekt der Gravitation gestört, den Newtons Theorie nicht berücksichtigt. Erst Einstein kam ihm auf die Spur, als er sich daran machte, die Gravitation selbst zu erklären.

Das Gewebe des Raums

Einsteins große Leistung war das Konzept des „Raumzeit-Kontinuums", eines Gewebes (besser kann man dieses Phänomen nicht beschreiben), das sich in allen Richtungen durch den leeren Raum erstreckt und die Zeit als vierte Dimension einschließt. Newtons Gravitationstheorie betrachtete Raum und Zeit als starre Rahmen, absolut, unveränderbar und außerdem strikt voneinander getrennt. In der Allgemeinen Relativitätstheorie hingegen spannen Raum und Zeit ein flexibles Kontinuum auf, das von Materie oder Energie gedehnt und verformt wird. Diese Krümmung kann sowohl den Raum als auch die Zeit betreffen. Zu den schier unbegreifbaren Konsequenzen gehören solche Erscheinungen wie die Zeitdilatation (▶ *Können wir durch Raum und Zeit reisen?*).

Mit seinem Raumzeit-Kontinuum erklärte Einstein die Gravitation als eine Folge der Krümmung der Raumzeit in Anwesenheit von Materie. Stellen Sie sich ein waagerecht aufgespanntes Gummituch vor, auf das Sie eine schwere Kugel legen. Es entsteht eine Vertiefung mit gebogenen Wänden. Versuchen Sie nun, eine leichte Kugel dicht daneben zu legen, dann gelingt es Ihnen nicht, denn das kleine Objekt rollt sofort in die Mulde hinein und umrundet die schwere Kugel, bis es schließ-

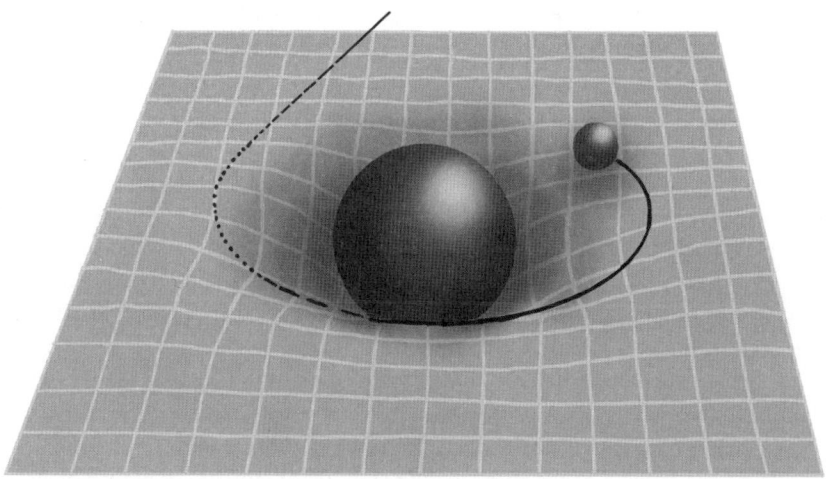

Das Raumzeit-Kontinuum: Raum und Zeit spannen ein Gewebe auf, das durch Materie und Energie verformt wird

lich mit ihr zusammenstößt. Analog wirkt die Gravitation – das Gummituch ist ein anschauliches Modell der vierdimensionalen Raumzeit.

Oft wird dieser Zusammenhang ähnlich formuliert wie: „Die Materie sagt der Raumzeit, wie sie sich krümmen soll, und die Raumzeit sagt der Materie, wie sie sich bewegen soll." Aber wer hat die Krümmung des Universums gesehen? An dieser Stelle wird es etwas verzwickt mit der Gummituch-Analogie. Die Krümmung muss in einer Dimension erfolgen, die wir nicht direkt wahrnehmen können. Für uns gibt es nur die drei Dimensionen des Raums (links/rechts, aufwärts/abwärts, vor/zurück). Einstein fügte die Zeit als vierte Dimension hinzu und forderte außerdem, dass wir akzeptieren, dass sich die gravitationserzeugende Krümmung einer zusätzlichen Dimension der Raumzeit bedient. Diese können wir nicht sehen, aber fühlen, nämlich in Form der Wirkung einer Kraft, der Gravitation. Im ersten Moment scheint dieses Kauderwelsch keinen Sinn zu ergeben, aber bei näherer Betrachtung erinnern Sie sich vielleicht an die Zentrifugalkraft – einen Effekt der Rotationsbewegung, dem wir im Zusammenhang mit der Planetenentstehung schon begegnet sind (▶ *Wie entstand die Erde?*).

Man spürt die Kraft

Wenn Sie im Auto um eine enge Kurve fahren, fühlen Sie sich nach außen gedrückt. Das ist die Wirkung der Zentrifugalkraft. Genau genommen haben Sie aber nur den Eindruck, als würde eine Kraft an Ihnen angreifen – eigentlich ist es Ihre Trägheit, die sich der Richtungsänderung entgegenstemmt. Viel lieber würde Ihr Körper sich geradeaus (in einer Dimension) weiterbewegen, aber das Auto zwingt ihn, sich seitlich (in einer zweiten Dimension) zu verschieben. Dieses Umlenken empfinden Sie als Wirkung einer Kraft. Stellen Sie sich vor, das Auto wäre ferngesteuert und alle Scheiben wären verdunkelt, sodass sie die empfundene Bewegung nicht mit der beobachteten Veränderung Ihrer Umgebung abgleichen können. Ohne Vorankündigung vollführt das Auto plötzlich eine Kurve. Sie können es nicht sehen, aber Sie fühlen, dass sich die Richtung ändert, weil Sie zu einer Seite gedrückt werden. Sehr wirkungsvoll sind solche unerwarteten Wendungen im Dunkeln in Geisterbahnen auf Rummelplätzen. Die Allgemeine Relativitätstheorie behauptet nun: Wir verspüren eine Gravitations„kraft", weil wir uns einer Krümmung der Raumzeit entlang in einer für uns nicht sichtbaren Dimension bewegen.

Ein verwandtes, für die Allgemeine Relativitätstheorie zentrales Konzept ist das „Äquivalenzprinzip". Es besagt, dass sich ein Gravitationsfeld nicht von einer Beschleunigung unterscheiden lässt. Schon im 16./17. Jahrhundert kamen die Philosophen diesem Prinzip auf die Spur: Galileo Galilei bewies, dass die Geschwindigkeit, mit der ein Körper zu Boden fällt, nicht von seiner Masse abhängt. Dazu ließ er unterschiedlich schwere Kugeln einen Abhang hinunterrollen und zeigte, dass alle Kugeln nach derselben Zeit unten ankamen. Daraus schloss er richtig, dass nicht die geringe Masse dafür verantwortlich ist, dass eine Feder langsamer zu Boden sinkt als ein Bleigewicht, sondern die Struktur der Feder, die dafür sorgt, dass sie von der Luft getragen wird. Eine wunderbare Demonstration dieses Zusammenhangs verdanken wir dem Apollo-Astronauten Dave Scott, der 1971 auf dem Mond einen Hammer und eine Feder gleichzeitig fallen ließ. Da dem Mond die Lufthülle fehlt, kamen beide Gegenstände auch gleichzeitig auf dem Mondboden an. So konnte sich jedermann davon überzeugen, dass die Beschleunigung im Schwerefeld nicht von der Masse und auch nicht von der Zusammensetzung des Körpers abhängt. Die 1907 von Einstein formulierte Erweiterung dieser Idee zur „Äquivalenz" von Gravitation und Beschleunigung lässt sich am besten an einem seiner berühmten Gedankenexperimente erklären, was im Folgenden geschehen soll.

Einsteins Fahrstuhl

Stellen Sie sich vor, Sie sitzen in der fensterlosen, vollständig verschlossenen Kabine eines Fahrstuhls. Solange der Fahrstuhl steht – egal, auf welcher Etage – sorgt die Gravitation dafür, dass Sie auf dem Boden stehen. Schneidet nun jemand die Halteseile durch, dann stürzt die Kabine ab und Sie fühlen sich plötzlich schwerelos. Jede geringste Bewegung Ihres Körpers würde Sie vom Boden abheben lassen, weil Sie mit der gleichen Geschwindigkeit fallen wie die Kabine. Genauso geht es Astronauten auf einer Erdumlaufbahn. Im Innenraum der Kabine würden Sie schweben, bis Sie samt umgebendem Kasten den Boden erreichen und Ihr Experiment ein schreckliches Ende finden würde.

Nun schaffen wir den Fahrstuhl in den Weltraum, weit weg von jedem Objekt mit Gravitation. Diesmal fühlen Sie sich schwerelos, weil keine Gravitationskraft auf Sie wirkt und Sie sich genauso schnell durchs All bewegen wie die Kabine. Das fühlt sich nicht anders an als beim Abstürzen des Lifts: Wenn Ihnen der Blick nach außen versperrt ist, können Sie nicht unterscheiden, in welcher Situation Sie sich befinden.

Der letzte Teil des Experiments besteht darin, am Boden Ihrer Kabine eine Rakete zu befestigen und das Triebwerk anzuwerfen. Die Kabine beschleunigt, aber Ihre Trägheit möchte verhindern, dass Sie sich mitbewegen. Sie werden auf den Boden geworfen, der seinerseits gegen Ihren Körper drückt, um Sie auf die gleiche Geschwindigkeit zu bringen wie die Kabine. Dies fühlt sich nun nicht anders an, als wenn Sie (im ersten Teil) auf der Erde im Fahrstuhl stehen: Je stärker er beschleunigt, desto größer ist die Kraft, die Sie verspüren, genauso wie eine sehr große Gravitationskraft. Bei stark beschleunigten Flugzeugen und Raketen spricht man tatsächlich auch von der „*g*-Kraft".

Das Äquivalenzprinzip vereinigt die Resultate der drei Teile dieses Gedankenexperiments zu der Feststellung, dass sich eine Beschleunigung nicht von der Wirkung eines Gravitationsfeldes unterscheiden lässt. Nachdem Einstein so weit gekommen war, fügten sich die Mosaiksteine zum großen Bild der Allgemeinen Relativitätstheorie zusammen. Bei schwacher Gravitation (oder, in der Sprache der Relativistik, geringfügiger Verformung der Raumzeit) sagen beide Theorien dasselbe voraus. Wird aber die Gravitation stärker (oder die Verformung ausgeprägter), so korrigiert die Relativitätstheorie die Wirkung der Gravitation auf Himmelskörper. Damit erklärte Einstein die eigensinnige Bahnbewegung des Merkurs: Im Unterschied zu den anderen Planeten kommt Merkur der massereichen Sonne so nahe, dass die Raumzeit-Krümmung an Bedeutung gewinnt und die Bahn relativistisch berechnet werden muss. Das war ein früher Erfolg für Einstein, aber noch kein endgültiger Beweis der Theorie. Eine offene Frage zu beantworten, ist nur ein Prüfstein; der andere, entscheidende, aber ist, ob sich etwas vollkommen Unbekanntes richtig vorhersagen lässt. Auch diesen Test bestand die Relativitätstheorie mit Bravour: Einstein vermutete, dass die Gravitation die Bahn des Sternenlichts verbiegt, was nach Newton unmöglich sein sollte. Wie aber sollte er diese Idee beweisen?

Gravitationslinsen

Newtons Theorie zufolge wirkt die Gravitation nur auf Objekte mit einer Masse. Licht, als masseloser Strahl aus reiner Energie, sollte Gravitationsfelder demnach ungehindert durchlaufen. Einstein jedoch war davon überzeugt, dass Licht, nicht anders als die Planeten und Monde, den Konturen der Raumzeit folgen muss. Seine Berechnungen ergaben, dass ein Lichtstrahl beim Durchgang durch ein Gravitationsfeld leicht verbogen wird – ähnlich wie die Bahn eines Golfballs, der das Loch knapp verfehlt.

Diesen Effekt nennt man heute „Gravitationslinse". Ein genauerer Blick auf die Zahlen zeigte, dass die Sonne als einziges Objekt im Sonnensystem in der Lage sein sollte, Licht messbar von seiner geradlinigen Bahn abzulenken. Normalerweise sieht man dicht neben der Sonne keinen Stern. Möglich ist dies nur während einer totalen Sonnenfinsternis, wenn die gleißende Strahlung durch den Mond ausgeblendet wird. 1919 führte Arthur Eddington eine Expedition zu der afrikanischen Insel Principe im Atlantischen Ozean an, wo sich die Sonne verfinstern sollte. Dort wollte er die nötigen Messungen vornehmen. Der Tag brach bei bedecktem Himmel an, aber in der dramatischsten Phase der Sonnenfinsternis klarte es auf. In der plötzlichen Dunkelheit fertigte Eddington Fotos an. Auf den entwickelten Platten vermaß er die Positionen der Sterne und verglich sie mit anderen Aufnahmen derselben Sterne am dunklen Nachthimmel. Tatsächlich: Die Sterne hatten sich anscheinend von ihren normalen Positionen wegbewegt. Genau diesen

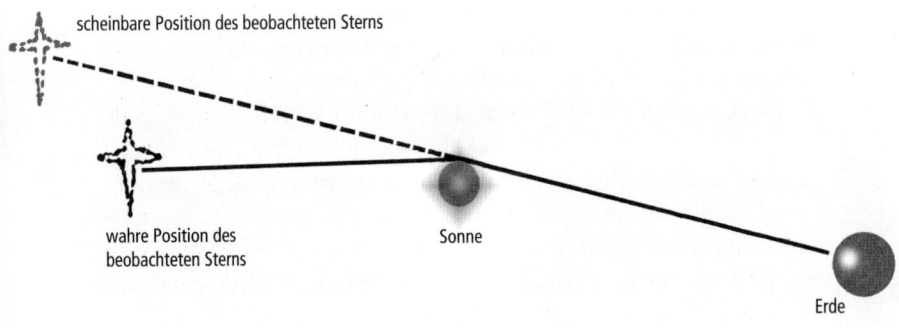

Der Gravitationslinsen-Effekt: Sternenlicht wird durch die Gravitation der Sonne von seiner geraden Ausbreitungsrichtung abgelenkt

Oh leave the Wise our measures to collate,
One thing at least is certain, light has weight.
One thing is certain and the rest debate,
Light rays, when near the Sun, do not go straight.

ARTHUR EDDINGTON, ASTROPHYSIKER, 20. JAHRHUNDERT

Effekt hatte Einstein vorhergesehen und der Ablenkung des Lichts durch die Gravitation zugeschrieben.

Die Schlussfolgerung war zwingend: Die Allgemeine Relativitätstheorie ist korrekt. Als sich die Kunde davon auf der ganzen Welt verbreitete, wurde Einstein zum Superstar, aber sein überwältigender Erfolg hatte einen Preis, den die moderne Physik noch immer zahlt: Noch ein Jahrhundert später können wir die Gravitation, wie sie die Relativitätstheorie erklärt, nicht mit allen anderen Naturkräften unter einen Hut bringen. Genau das versuchen die Physiker seit Jahrzehnten, und was sie zu finden hoffen, ist eine „Theorie von allem".

Ist die Gravitation überhaupt eine Kraft?

Wenn wir die Gravitation hinzunehmen, gibt es vier Grundkräfte („Wechselwirkungen") der Natur. Als erste zu nennen ist die allen vertraute elektromagnetische Wechselwirkung, verantwortlich für die alltäglichen elektrischen und magnetischen Phänomene und seit dem 19. Jahrhundert zu allen möglichen wissenschaftlich-technischen Zwecken benutzt. Zwei weiteren Kräften kamen die Physiker zu Beginn des 20. Jahrhunderts auf die Spur, als sie den Atomkern erforschten. Sie heißen (etwas langweilig) „starke Wechselwirkung" und „schwache Wechselwirkung". Die starke Wechselwirkung hält die Bausteine des Atomkerns zusammen. Sie muss überwunden werden, wenn der Atomkern sich spalten oder mit einem anderen Atomkern verschmelzen soll. Der starken Wechselwirkung verdanken wir also, dass in Sternen und bei der Explosion von Atombomben so viel Energie freigesetzt wird. Die schwache Wechselwirkung ist für bestimmte Arten des radioaktiven Zerfalls zuständig.

In dieser Reihe wäre die Gravitation die schwächste aller Kräfte. Das lässt sich ganz einfach zeigen, indem man einen Magneten über einen am Boden liegenden Eisennagel hält: Der Nagel springt nach oben, also erzeugt der kleine Magnet mehr Kraft als die riesige Erdkugel mit ihrer Gravitation. Trotzdem ist es die Gravitation, die die Strukturen des Universums in größtem Maßstab festlegt, denn sie wirkt über große Entfernungen hinweg, während die anderen Kräfte nur begrenzte Reichweiten haben: Die Kernkräfte sind auf die Dimensionen von Atomkernen beschränkt, und die elektromagnetische Kraft nimmt zwar nicht ganz so schnell ab, dafür heben sich aber positive und negative Ladungen in ihrer Wirkung auf (gleichnamige Ladungen stoßen einander ab, ungleichnamige ziehen sich an).

Die Kraftfelder, die mit den drei letztgenannten Wechselwirkungen zusammenhängen, erklären die Physiker mit dem Austausch winziger, kurzlebiger Teilchen, sogenannter virtueller Teilchen. Die Gravitation hingegen lässt sich nur anhand der Krümmung der Raumzeit erklären. Viele Physiker vermuten – und hoffen, um der Symmetrie und Vollständigkeit ihrer Theorie willen –, dass sich auch die Gravitation als echtes Kraftfeld mit eigenen Austauschteilchen, den Gravitonen, erweist. Einsteins Raumzeit-Krümmung wird dann nur mehr als wissenschaftliche Metapher gelten, als nützliches Mittel zur Veranschaulichung der Gravitation, bevor ihre wahre Natur geklärt war.

Ein besonders aussichtsreicher Kandidat für die Vereinigung der Gravitation mit den anderen Naturkräften ist die „Stringtheorie". Sie ersetzt die subatomaren Teilchen durch winzige Stückchen schwingender „Saiten", aus denen sie alle nötigen Bausteine der Natur erzeugt, auch die Gravitonen. Die Stringtheorie führt Einsteins Gedanken an andere Dimensionen fort, denn die Strings schwingen in höheren Dimensionen der Raumzeit. Für uns sind sie als punktförmige Teilchen sichtbar, weil wir diese höheren Dimensionen nicht wahrnehmen können. Auch wenn die Stringtheorie mit viel Zuversicht betrachtet wird, bewiesen ist sie ganz und gar nicht. Die zugehörige Mathematik ist so detailreich und verwirrend, dass selbst die Experten Mühe haben, ihre Ideen mit Phänomenen zu verknüpfen, die vielleicht beobachtet werden könnten – denn nur so ließe sich die Theorie beweisen. Es ist also nicht leichter geworden, die Gravitation mit den anderen Kräften in Einklang zu bringen. Der Unterschied der Maßstäbe – hier winzige virtuelle Teilchen, dort gekrümmte Raumzeit im All – ist offenbar einfach zu groß. Wir brauchen irgendeine neue Idee, um den Abgrund zu überbrücken. Deshalb halten die Astronomen Ausschau nach Fällen, in denen die Vorhersagen der Allgemeinen Relativitätstheorie nicht zutreffen. Denken Sie an die beobachtete Abweichung des Merkurs von der berechneten Bahn, die die Weichen zur Erarbeitung der Relativitätstheorie stellte: Wegweiser dieser Art können uns zu einer neuen Erklärung der Gravitation im Rahmen aller Naturkräfte führen. Leider hat bisher niemand eine Situation gefunden, in der die Allgemeine Relativitätstheorie ihre Gültigkeit verlor.

Kleine grüne Männchen

Einstein selbst hatte den Verdacht, dass seine Theorie in extrem starken Gravitationsfeldern versagen würde. In den 1950er Jahren wurde eine Klasse von Himmelskörpern entdeckt, die solche Felder erzeugen. Damals begann man gerade, das All intensiv mit Radioteleskopen zu beobachten. Jocelyn Bell, die in Cambridge an ihrer Doktorarbeit schrieb, fiel ein pulsierendes Radiosignal auf, das unzweifelhaft kosmischen Ursprungs war, weil es Nacht für Nacht von derselben Region des Himmels ausging. Regelmäßig wie ein Uhrwerk schaltete es sich an und ab. Bell nannte die Quelle LGM-1 (nur halb scherzhaft für *Little Green Men*). Schon kurze Zeit später zeigten jedoch Theoretiker, dass die Strahlung von einem rotierenden, enorm dichten Überrest eines explodierten Sterns ausgehen musste. Ein solcher Neutronenstern ist sogar noch kleiner als ein Weißer Zwerg (▶ *Woraus sind die Sterne gemacht?*).

Weiße Zwerge haben, wie weiter vorn erklärt, ungefähr die Masse der Sonne und sind so groß wie die Erde. Ein Neutronenstern hingegen hat einen Durchmesser von gerade einmal zehn bis 20 Kilometern, enthält aber ein Mehrfaches der Sonnenmasse. Die Materie in einem solchen Stern ist so dicht gepackt wie in einem Atomkern. Daher rührt die ungeheure Dichte und folglich das unglaublich starke Gravitationsfeld. Die Radioastronomen bevorzugen die Bezeichnung „Pulsar", weil der Neutronenstern bei der Rotation kräftige Radiostrahlen in den Raum sendet wie ein Lichtkegel eines Leuchtturms. Beobachtern auf der Erde scheint es dann so, als würde das Signal periodisch an- und ausgeschaltet.

2003 wurde noch etwas Wichtiges entdeckt: ein Doppelpulsar. Das sind zwei Pulsare, die einander umkreisen. Bemerkenswert ist das Paar, weil der Abstand zwischen den Sternen nur 800 000 Kilometer beträgt, fast 90-mal weniger als der Abstand zwischen Sonne und Merkur. Eine Umrundung des Doppelpulsarsystems dauert gerade einmal 2,4 Stunden. Einstein sagte voraus, dass Objekte in einem dermaßen starken Gravitationsfeld einen Teil ihrer Energie verlieren und in Form einer Gravitationswelle in das Raumzeit-Kontinuum aussenden würden (wie ein Stein, der eine Welle in einem Teich erzeugt). Man hat inzwischen gemessen, wie stark der Radius der Bahn schrumpft, die die Sterne umeinander beschreiben, und dies in einen Energieverlust umgerechnet. Tatsächlich kam man so auf den Betrag, den Einstein vermutet hatte (jedenfalls im Rahmen der Messgenauigkeit der Teleskope). Die beiden Pulsare kommen einander jeden Tag um sieben Millimeter näher. Je geringer ihr Abstand wird, umso schneller nimmt ihre Energie ab. In schätzungsweise 85 Millionen Jahren werden die beiden ineinander stürzen; diese katastrophale Explosion wird große Teile der Galaxie in Gammastrahlen tauchen. Wieder kann die korrekte Vorhersage des Energieverlusts als Bestätigung der Allgemeinen Relativitätstheorie gelten, aber die Physiker sind trotzdem enttäuscht. Ihrem Ziel, die Gravitation mit den anderen drei Naturkräften zu vereinigen, sind sie noch keinen Schritt näher gekommen.

> *Auch noch so viele Experimente können nicht beweisen, dass ich recht habe; ein einziges Experiment hingegen kann mich widerlegen.*
>
> ALBERT EINSTEIN, PHYSIKER, 20. JAHRHUNDERT

Der ultimative Prüfstein

Die meisten neueren Unternehmungen zur Überprüfung der Relativitätstheorie konzentrieren sich auf das Äquivalenzprinzip: Man hofft, irgendeinen Unterschied zwischen der Wirkung der Gravitation und der einer nicht gravitativen Beschleunigung zu finden. Nur in der Allgemeinen Relativitätstheorie gilt das Äquivalenzprinzip exakt; in der Stringtheorie und anderen Ansätzen zur Vereinheitlichung der Naturkräfte gilt es nur näherungsweise. Mit hinreichend empfindlichen Messungen müssten sich demnach früher oder später Abweichungen finden lassen.

Zu den am meisten versprechenden Experimenten zählt eines, das schon seit über 40 Jahren läuft und durch die Apollo-Mondlandemissionen ins Rollen gebracht wurde: Lunar Laser Ranging, kurz LLR. Der Mond ist ein sehr nützliches Gravitationslabor – eine riesige Testmasse, die noch dazu in unserer Reichweite liegt. LLR verläuft folgendermaßen: Astronomen am Apache Point Observatory in New Mexico schicken einen Laserstrahl mit hoher Leistung zum Mond. Dabei zielen sie auf sogenannte Retroreflektoren von der Größe eines Koffers, die von drei amerikanischen Apollo- und zwei russischen Lunochod-Missionen installiert worden sind. Dieses Unterfangen erfordert Ausdauer und Geduld, weil nur jeweils fünf von 300 Billiarden Photonen („Lichtteilchen"), die die Astronomen nach oben gesendet haben, wieder nach unten in ihre wartenden Teleskope fallen. Der Rest geht in der Erdatmosphäre verloren, verfehlt die Reflektoren und trifft den Mondboden oder wird in irgendeine andere Richtung in den Raum reflektiert. Diese winzig kleinen Ausbeuten genügen aber, um die Bewegung des Mondes auf ein bis zwei Zentimeter genau zu berechnen. Daraus ergab sich, dass die Bahn des Mondes exakt (mit einer Genauigkeit von $1:10^{13}$) Einsteins Vorhersagen entspricht. Die Allgemeine Relativitätstheorie gilt also *noch immer*!

In neuester Zeit wurde die technische Ausrüstung dieses Experiments so weit verfeinert, dass die Mondbahn auf Millimeter genau berechnet werden kann – ein beispielloser Härtetest für die Allgemeine Relativitätstheorie, dessen Ausgang von vielen Physikern mit Spannung erwartet wird. Bis jetzt aber scheint Einstein erstaunlich richtig gelegen zu haben, sozusagen enttäuschend richtig: Solange die Relativitätstheorie unangetastet bleibt, wird es, so meinen viele, keinen entscheidenden Fortschritt beim tieferen Verständnis des Kosmos geben.

Was ist ein Schwarzes Loch?

Gefräßige Monster, verdampfende Nadelstiche und Wollknäuel

„Schwarzes Loch" – schon allein der Begriff weckt Neugier und stürzt in Verwirrung, beides in gleichem Maße. Das Konzept entsprang den Formeln von Einsteins Allgemeiner Relativitätstheorie, findet aber erst seit relativ kurzer Zeit starke Beachtung in der Öffentlichkeit. Oft werden Schwarze Löcher als die großen Zerstörer dargestellt, die alles um sich herum zerquetschen und verschlingen. Das stimmt so nicht ganz – was ein Glück für das Universum ist.

Schwarze Löcher sind, könnte man sagen, die verrücktesten Dinge, von deren Existenz man weiß. Dass es sie theoretisch geben könnte, wird schon seit etwa hundert Jahren vermutet, und seit 30 Jahren häufen sich aussagekräftige Beobachtungen. Trotzdem ist den Astronomen immer noch nicht richtig klar, was sie da vor sich haben.

Ein Schwarzes Loch, das die Massen von vier oder fünf Sonnen in sich vereinigt, würde in eine Kugel von wenigen Kilometern Durchmesser passen. Ohne Zweifel hätte das so gravierende Auswirkungen auf das Raumzeit-Gewebe (▶ *Hatte Einstein recht?*), dass sich die Gravitation in unmittelbarer Nähe eines Schwarzen Lochs schon auf der Länge eines Menschen außerordentlich stark ändern müsste: Ihre Füße würden sehr viel mehr beschleunigt als Ihr Kopf, und Sie würden sich fühlen wie auf einer mittelalterlichen Folterbank. Was Sie da verspüren würden, ist die Extremversion der Gezeitenkräfte (▶ *Was hält die Planeten auf ihren Bahnen?*) – und das Ende vom Lied wäre (mit Galgenhumor, aber schön bildlich ausgedrückt) die völlige „Spaghettifizierung". Nachdem Ihre atomaren Bestandteile Stück für Stück die unsichtbare Grenze („Ereignishorizont" genannt) passiert hätten, jenseits derer es kein Zurück mehr gibt, wären Sie selbst Teil des Rätsels, das bisher jedem Lösungsversuch hartnäckig widersteht: Was ist drin in einem Schwarzen Loch?

78 | Was ist ein Schwarzes Loch?

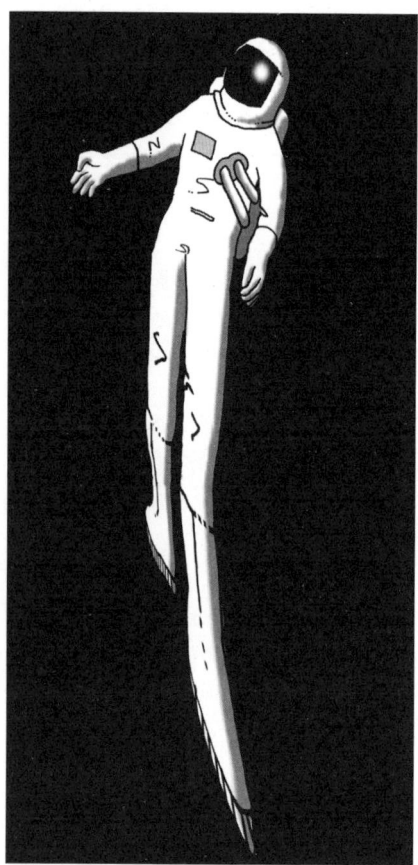

Spaghettifizierung: So muss man sich ein Objekt vorstellen, das beim Sturz in ein Schwarzes Loch langgezogen wird

Dunkle Sterne

Eine leise Ahnung, dass es Schwarze Löcher geben könnte, hatte bereits im 18. Jahrhundert der Geologe John Michell (der den Terminus aber noch nicht prägte). Michell wandte sich an die Royal Society in London mit der Überlegung, dass ein Stern mit der 500-fachen Sonnenmasse genügend Gravitation erzeugen müsse, um nicht einmal Licht von seiner Oberfläche entkommen zu lassen. Auf diesen Gedanken gebracht hatten Michell die Naturphilosophen seiner Zeit, denen es kurz zuvor gelungen war, die endliche, konstante Geschwindigkeit des Lichts zu ermitteln.

Der dritte englische Hofastronom, James Bradley, berechnete als Erster den noch immer akzeptierten Zahlenwert der Lichtgeschwindigkeit. 1728 hatte er eine seltsame Verschiebung der Positionen der Sterne (um gerade einmal 1/200 Grad) bemerkt. Zunächst vermutete er, eine Parallaxe entdeckt zu haben (▶ *Wie groß ist das Universum?*) – bis er feststellte, dass sämtliche Sterne dieselbe Winkelverschiebung aufwiesen. Um eine Parallaxe konnte es sich also nicht handeln, denn diese hätte sich mit dem Abstand zwischen Stern und Erde ändern müssen. Bradley kam dann auf die Idee, die Abweichung mit der endlichen Lichtgeschwindigkeit in Zusammenhang zu bringen: Er musste sein Teleskop einfach etwas schräg ausrichten, um die Bewegung der Erde durch den Raum zu kompensieren – ähnlich, wie Sie Ihren Regenschirm etwas schräg halten müssen, wenn Sie durch einen Regenschauer gehen, weil durch Ihre Vorwärtsbewegung die Regentropfen nicht exakt senkrecht zu fallen scheinen. Aus dem Drehwinkel des Teleskops berechnete Bradley das Verhältnis zwischen der Geschwindigkeit des Lichts und der Geschwindigkeit der Erde und daraus einen Wert von rund 300 000 km/s für die Lichtgeschwindigkeit selbst.

Michell steckte Bradleys Zahl in Newtons Gravitationstheorie und rechnete aus, welche Masse ein Körper haben muss, damit die Fluchtgeschwindigkeit (▶ *Was hält die Planeten auf ihren Bahnen?*) gleich der Lichtgeschwindigkeit ist, und kam auf die schon erwähnte 500-fache Sonnenmasse. Daran entzündete sich eine Debatte, die jahrelang weiterschwelte. Die Astronomen überlegten hin und her, ob man die Existenz solcher „dunklen Sterne" in Erwägung ziehen sollte, bis sie schließlich zu einem Schluss kamen: Newton zufolge, sagten sie, unterliegt Licht nicht der Gravitation, und deswegen muss das Licht jeden Himmelskörper verlassen können, wie groß seine Masse auch sein mag.

Knapp zwei Jahrhunderte lang ruhte die Sache. Dann kam Einstein 1915 mit seiner Allgemeinen Relativitätstheorie (▶ *Hatte Einstein recht?*), aus der hervorging, dass die Ausbreitung des Lichts sehr wohl von Gravitationsfeldern beeinflusst wird. Nach der Veröffentlichung der Theorie waren noch nicht einmal zwei Monate vergangen, als der deutsche Mathematiker Karl Schwarzschild bereits herausgefunden hatte, dass Einsteins Feldgleichungen durchaus eine Verdichtung von Himmelskörpern zulassen, die genügt, damit Gravitationsfallen entstehen. Wie weit im Raum eine solche Falle ausgedehnt ist – anders gesagt, wie groß der „Schwarzschild-Radius" ist – hängt von der Masse des Objekts ab. Ein Schwarzes Loch mit der Masse der Erde hätte einen Schwarzschild-Radius von der Größe einer kleinen Münze, ein Schwarzes Loch mit Milliarden Sonnenmassen wäre so groß wie das ganze Sonnensystem. Jedes Objekt – ob Lichtstrahl oder Materie –, das den Schwarzschild-Radius oder, besser gesagt, die von ihm aufgespannte Kugelschale (den Ereignishorizont) einmal überschritten hat, ist unwiderruflich darin verschwunden.

Die Astronomen sahen sich also gezwungen, die *mögliche* Existenz Schwarzer Löcher hinzunehmen. Wie aber sollte man je etwas beobachten, das definitionsgemäß kein Licht oder andere Strahlung aussendet? Eine Antwort auf diese Frage fand sich erst zu Beginn der 1970er Jahre, als die ersten Röntgenteleskope auf Umlaufbahnen geschickt wurden und eine außergewöhnlich helle Röntgenquelle im Sternbild Schwan (Cygnus, rund 8000 Lichtjahre von uns entfernt) ausmachten. Nach langwierigen Analysen deutete man diese Strahlung als Emission einer superheißen Gaswolke, die gerade spiralförmig in ein „Cygnus X-1" getauftes Schwarzes Loch hineingezogen wurde. Durch die Beschleunigung im unvorstellbar starken Gravitationsfeld direkt vor dem Ereignishorizont wurde das Gas auf Millionen Grad aufgeheizt und sendete Röntgenstrahlung aus.

Seitdem wurden zahlreiche Schwarze Löcher beim „Fressen" beobachtet, zum Beispiel beim Zerlegen eines benachbarten Sterns. Der Blaue Überriese HDE 226868 ist rund 30-mal massereicher und 400 000-mal heller als die Sonne. In seiner Nachbarschaft lauert ein Schwarzes Loch, das zwar nur fünf bis zehn Sonnenmassen enthält, aber eine Gravitationskraft erzeugt, die den heißen Riesenstern zum Ei verformt und nun allmählich Gas von ihm abzieht, das in eine kurze Spiralbahn um das Loch herum einschwenkt – es bildet die sogenannte Akkretionsscheibe. In diesem Mahlstrom komprimieren Magnetfelder einen Teil des Gases zu Jets, die in den Raum schießen, als wollten sie verzweifelt dem ewigen Vergessensein zu entkommen suchen. Der größte Teil des Gases aber wird verschluckt wie Wasser, das in einem Strudel im Ausguss verschwindet.

Kleine, mittelgroße und supermassereiche Schwarze Löcher

Phänomene wie Cygnus X-1 heißen „stellares Schwarzes Loch". Sie enthalten einige Sonnenmassen und entstehen nach der Supernova-Explosion von Sternen mit sehr großer Masse (▶ *Woraus sind die Sterne gemacht?*). Die Supernova wird ausgelöst, wenn der Eisenkern, in dem die Fusion zum Erliegen gekommen ist, zu einem Neutronenstern kollabiert. Daraufhin stürzen die äußeren Schalen auf den Kern hinunter, die Supernova zündet und der Neutronenstern nimmt einen Teil der herabstürzenden Materie auf, wodurch seine Masse noch weiter anwächst – unter Umständen so weit, dass er sich zum Schwarzen Loch entwickelt.

Stellare Schwarze Löcher sind die häufigsten „dunklen Sterne". Es gibt darüber hinaus andere, größere Formen. Da wären zunächst die mittelgroßen Schwarzen Löcher, die wie ihre stellaren Verwandten das Zentrum ihrer Galaxie umrunden. Sie enthalten einige hundert bis mehrere tausend Sonnenmassen. Wie sie entstehen, wissen die Astronomen nicht genau, vielleicht durch den Zusammenschluss mehrerer stellarer Schwarzer Löcher.

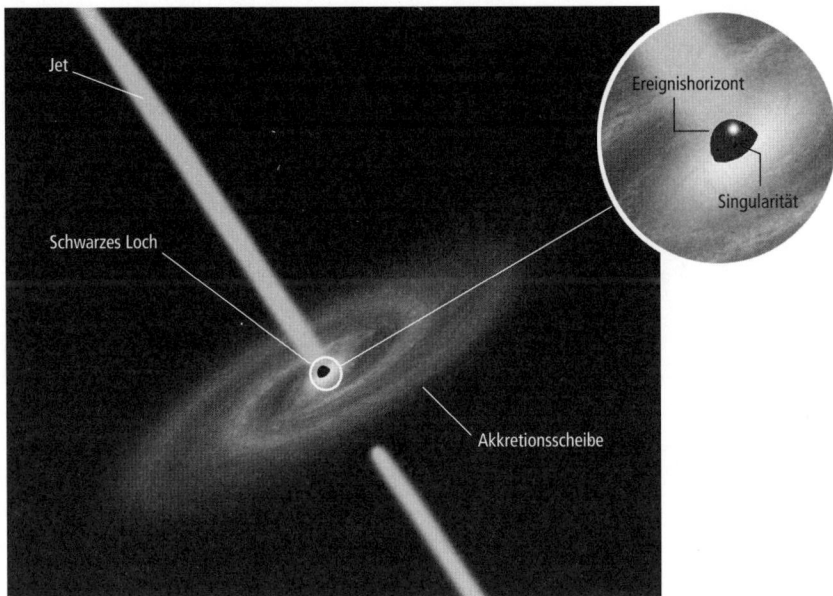

Die Anatomie eines Schwarzen Lochs ist nicht einfach, sondern umfasst mehrere verschiedene Komponenten

Drittens gibt es supermassereiche Schwarze Löcher, die millionen- bis milliardenmal so viel Masse enthalten können wie die Sonne. Ein solches Objekt wird im Zentrum *aller* Galaxien vermutet, wo es ein Volumen einnimmt, das dem Planetensystem eines durchschnittlichen Sterns vergleichbar ist. 90 % aller Galaxien beherbergen ein inaktives supermassereiches Schwarzes Loch – die restlichen zehn Prozent aber verschlingen ohne Unterlass Himmelskörper in ihrer Umgebung und entfalten dabei eine ungeheuerliche Aktivität, die man über Milliarden Lichtjahre hinweg im All sehen kann.

Aktive Galaxien

Aktive Galaxien senden enorme Mengen von Strahlung aus, erzeugt von Materie, die beim Hineinstürzen in das supermassereiche Schwarze Loch in ihrem Zentrum aufgeheizt wird. Die aktivsten Vertreter senden sekündlich mehr Energie in den Raum als eine Billion Sonnen!

[Das Schwarze Loch] lehrt uns: Raum lässt sich wie ein Stück Papier zu einem unendlich kleinen Punkt zusammenknüllen, Zeit lässt sich auslöschen wie eine Kerzenflamme und die Gesetze der Physik, die wir als „heilig", unveränderlich, betrachten, sind nichts weniger als das.

JOHN WHEELER, PHYSIKER, 20. JAHRHUNDERT

Dadurch überstrahlt ihr Zentralbereich den Rest der Galaxie um das Hundertfache oder mehr. Eine Zeit lang verdeckte dieses Gleißen die wirkliche Natur aktiver Galaxien; die Astronomen, die solche sternähnlich leuchtende Zentralbereiche in den 1950er Jahren als Erste entdeckten, hielten sie für eine besondere Art von Sternen in der Milchstraße und sprachen von „quasistellaren Objekten", was später zu der heutigen Bezeichnung „Quasar" verkürzt wurde.

Was Quasare wirklich sind, fanden die Astronomen 1962 heraus. Zunächst stellten sie fest, dass diese Objekte so unglaublich weit von der Erde entfernt sind, dass es sich nicht um einzelne Sterne handeln kann, sondern dass man es mit extrem aktiven Galaxien zu tun haben muss. Ihre Verteilung im All wurde kartiert, und es zeigte sich, dass es in unserer Nähe nicht ein einziges solches Objekt gibt. Weil das Licht so lange Zeit braucht, um von ihnen bis zu uns zu kommen, müssen Quasare sehr alt sein. Ihre Blütezeit dürfte vor ungefähr 10 Milliarden Jahren gelegen haben. Der Schluss der Astronomen lautet: Jede Galaxie macht irgendwann eine derart aktive Phase durch, wenn dem supermassereichen Loch im Zentrum noch genügend Materie zum Aufsaugen zur Verfügung steht.

Weniger intensive, aber noch aktive Galaxien findet man weit im Universum verstreut und in allen möglichen Entfernungen. Manche mögen alternde Quasare sein, deren Materievorrat fast aufgezehrt ist. Hat das Schwarze Loch schließlich alle Materie verschluckt, die in seiner Reichweite liegt, dann beruhigt es sich. Die Galaxie wird inaktiv wie die Milchstraße. Das bedeutet aber nicht, dass das Schwarze Loch nicht jederzeit wieder zum Leben erwachen kann, wenn erneut Materie hineingerät. Berechnungen zeigen, dass es schon genügen würde, wenn ein mittelgroßer Stern wie die Sonne dem galaktischen Zentrum zu nahe käme, um die Aktivität neu zu entzünden und das Schwarze Loch ein Jahr lang Energie abstrahlen zu lassen. Der Zustand einer Galaxie ist also niemals endgültig; könnten wir eine Million Jahre weit in die

Zukunft schauen, dann wären manche gegenwärtig aktiven Galaxien still geworden und dafür andere, heute inaktive Galaxien wieder tätig.

Der Schattenriss eines Schwarzen Lochs

Ein Schwarzes Loch, das *nicht* gerade Materie verschluckt, zu beobachten, wurde lange für unmöglich gehalten. Heute beginnt man, die Sache anders zu sehen – dank der technischen Fortschritte bei den Radioteleskopen. Noch innerhalb dieses Jahrzehnts erwarten die Astronomen, den „Schattenriss" eines Schwarzen Lochs vor dem Hintergrund der leuchtenden Sterne ausmachen zu können. Das ist schwieriger, als es klingt. Das supermassereiche Schwarze Loch unserer eigenen Galaxie, Sagittarius A*, enthält schätzungsweise 4,5 Millionen Sonnenmassen, zusammengequetscht innerhalb eines Ereignishorizonts mit einem Durchmesser von 27 Millionen Kilometern (etwa der halben Entfernung zwischen Sonne und Merkur). Von unserem irdischen Aussichtspunkt würden wir die Silhouette von Sagittarius A* nicht größer als einen Fußball auf der Oberfläche des Mondes wahrnehmen.

Die Astronomen hoffen aber, durch simultane Beobachtungen mit mehreren, an verschiedenen Orten der Welt stationierten Radioteleskopen nicht nur den Umriss zu sehen, sondern auch verfolgen zu können, wie das Schwarze Loch Gaswolken in sein unersättliches Gravitationsmaul saugt. Dann wollen sie messen, auf welchem Weg sich die Gaswolken ihrem Schicksal in die Arme stürzen, und daraus schließen, wie schnell Sagittarius A* rotiert. Wenn sich – wie die Theorie besagt – ein Schwarzes Loch um seine eigene Achse dreht, dann muss es in seiner unmittelbaren Umgebung, der „Ergosphäre", einen Strudel in der Raumzeit erzeugen. (Denken Sie zum Vergleich an den Wirbel, der entsteht, wenn Sie einen Löffel schnell in einem Glas Honig drehen.) Könnte man das Verhalten einer Gaswolke in der Ergosphäre beobachten, dann ließen sich nicht nur neue Erkenntnisse über Schwarze Löcher selbst gewinnen, sondern auch die Gültigkeit der Allgemeinen Relativitätstheorie in einer extremen Situation nachprüfen.

Schwarze Löcher verdampfen

Vielleicht gibt es eine vierte Form Schwarzer Löcher am anderen Ende der Skala. Die Rede ist von winzigen „primordialen" Schwarzen Löchern, deren Entstehung man in der Zeit des Urknalls vermutet – als das Raumzeit-Kontinuum so stark verformt war, dass sich kleine Bereiche vom Rest des Alls abkapseln konnten. Niemand hat bisher ein primordiales Schwarzes Loch gesehen, aber der gefeierte Physiker Stephen Hawking schlug schon in den 1970er Jahren eine Methode dafür vor; gleichzeitig ließe sich so beweisen, dass Schwarze Löcher doch nicht völlig schwarz sind. Hawking nahm dazu einen anderen Grundpfeiler der modernen Physik zu Hilfe: die Quantentheorie.

Die Quantentheorie ist ein Kind der 1920er Jahre. Sie beschreibt die Welt im allerkleinsten, subatomaren, Maßstab. Eine ihrer Kernaussagen ist, dass die Energie „gequantelt" ist. Das bedeutet, es gibt eine kleinste, nicht teilbare Energiemenge. Licht könnte man sich zum Beispiel als einen Strom winziger Teilchen (Photonen) vorstellen, die jeweils eine wohldefinierte Energiemenge mitführen. (Ein Photon aus blauem Licht trägt ungefähr doppelt so viel Energie wie ein Photon aus rotem Licht.) Die Quantentheorie sagt auch etwas über das Verhalten der Teilchen aus, zum Beispiel, dass es sehr schwierig ist, den Aufenthaltsort eines Teilchens exakt festzulegen, weil es sich überall in einem kleinen Gebiet um die berechnete Position herum befinden kann. Teilchen, die einer Wand nahe kommen, geraten manchmal offenbar spontan durch die Wand hindurch und halten sich auf der anderen Seite auf; dies nennt man Tunneleffekt. Den Tunneleffekt kann man tatsächlich beobachten. Er sorgt dafür, dass die Kernfusion in Sternen auch bei niedrigeren Temperaturen stattfinden kann, als eigentlich notwendig wären: Die dicht zusammengedrückten Atomkerne sind einander gelegentlich so nahe, dass sie spontan miteinander verschmelzen und dabei Energie freisetzen.

Hawking zufolge können Teilchen aus dem Inneren eines rotierenden Schwarzen Lochs „heraustunneln" und entkommen. Bei jedem solchen Ereignis verliert das Schwarze Loch Masse. Dieser Prozess setzt sich immer weiter fort und beschleunigt sogar, bis das ganze Loch in einem plötzlichen Gammastrahlenausbruch verschwindet. Die aussichtsreichsten Kandidaten für dieses „Verdampfen" sind die primordialen Schwarzen Löcher, weil sie sich schneller auflösen, als sie neue Materie verschlucken können. Seit einiger Zeit halten Gammateleskope an Bord von Satelliten Ausschau nach Anzeichen dieses Verhaltens, ohne bisher Erfolg zu haben. Vielleicht erzeugt der neue Teilchenbeschleuniger LHC in der Schweiz bei der Kollision von Teilchen winzigste Schwarze Löcher, die dann in Sekundenbruchteilen verdampfen und flüchtige Einblicke in das Geschehen zulassen.

Die Frage der Singularität

Schwarze Löcher sind heute als Mitglieder des kosmischen Zoos akzeptiert, aber wenn die Rede auf sie kommt, ist es vielen Astronomen nach wie vor unbehaglich zumute. Besonders unheimlich ist dabei die augenfällige mathematische Ähnlichkeit mit dem Urknall. Was aber sollte ein Schwarzes Loch, das Materie aus der Gegenwart hinauszieht, gemein haben mit dem Urknall, der die Materie (noch dazu ein expandierendes All) in die Welt setzte? Es geht hier um das mathematische Phänomen eines Punktes mit unendlich hoher Dichte und verschwindendem Volumen, eine sogenannte Singularität. Im Inneren eines Schwarzen Lochs, so nimmt man an, ist die Singularität die letzte Ruhestätte der Materie, die von der Gravitation auf ein immer kleineres und kleineres Volumen zusammengepresst wird. Für die Physiker ist das ein großes Problem, denn etwas mit einem Volumen von null kann man nicht physikalisch untersuchen.

Theoretiker diskutieren außerdem, dass am Ereignishorizont Information „verlorengeht". Für das umgebende Universum sind nur drei Eigenschaften des Schwarzen Lochs erkennbar: seine Masse, seine elektrische Ladung und sein Drehimpuls (die Kenngröße seiner Drehbewegung). Alle anderen Informationen – zum Beispiel darüber, welche Art von Materie hineingeraten ist – scheinen niemals wieder zugänglich zu sein. Das widerspricht einem grundsätzlichen physikalischen Prinzip, der Reversibilität. Wenn Sie einen Löffel Salz in einem Glas Wasser lösen, könnte jeder nach Ihnen mit einer chemischen Analyse herausfinden, was Sie da ins Wasser geworfen haben – ja, das Salz ließe sich sogar in seiner ursprünglichen Form zurückgewinnen, indem man das Wasser verdampft. Der Vorgang ist also umkehrbar (reversibel). Überquert dagegen etwas den Ereignishorizont, dann haben Sie keine Chance, nachträglich festzustellen, was das war, geschweige denn, es wieder herauszuholen. Alle Sterne und Planeten, die ein Schwarzes Loch verschlingt, sind förmlich aus dem Universum ausradiert: ihre

Zusammensetzung, ihre Temperatur, ihre Dichte ... alles dahin. Nicht einmal die heraustunnelnden Teilchen, sagt Hawking, können diese Information zurückbringen.

Die Physiker hoffen, dass sie bei der Lösung dieses Rätsels einen Schritt weiterkommen, wenn es ihnen gelingt, die Gravitation mit den anderen drei Naturkräften zu vereinheitlichen (▶ *Hatte Einstein recht?*). Vielleicht hat die Stringtheorie den ersten Hinweis bereits gegeben.

Schwarzes Loch oder Wollknäuel?

Die Stringtheorie kommt ohne Singularität im Inneren der Schwarzen Löcher aus. Stattdessen sieht sie das Volumen innerhalb des Ereignishorizonts erfüllt von dicht ineinander verknäuelten „Strings", den Grundbausteinen der Natur, die uns der Theorie zufolge auch die Elementarteilchen der Materie bescheren. In diesem Gewirr von Fädchen wäre die Information über alle Objekte gespeichert, die jemals in das Schwarze Loch geraten sind. Die Information würde also nicht verlorengehen.

Wenn wir im Rahmen der Stringtheorie weiterdenken, fällt die Materie auch nicht durch den Ereignishorizont *hindurch*, sondern sie schmiegt sich einfach dicht an die Oberfläche des Wollknäuels an und vereinigt sich mit den anderen Strings – als ob man schichtweise Lack auf eine Kugel aufträgt und jede neue Schicht mit den schon vorhandenen untrennbar verschmilzt. Dabei nimmt der Schwarzschild-Radius ständig zu, um Raum für die hinzukommende Materie zu schaffen. In der Relativitätstheorie sagt man, die Krümmung der Raumzeit wird etwas steiler, weil die Masse des Schwarzen Lochs zunimmt; in der Stringtheorie dehnt sich das Schwarze Loch einfach ein bisschen aus, um mehr Information fassen zu können.

Schwarze Löcher sind die extremsten Objekte, die man bisher im All gefunden hat. Nach wie vor fordern sie unseren Verstand heraus, wenn es um die Interpretation der Grundgesetze der Physik geht. Selbst wenn ein Schwarzes Loch nicht ganz schwarz sein sollte und auch kein Loch, sondern ein Knäuel aus Quantenfäden, sind in einem Punkt alle einig: Niemand ist scharf darauf, hineinzufallen.

Wie ist das Universum entstanden?

Wie sah der Urknall aus?

In seiner Bedeutung überragt der Urknall jedes andere Ereignis in der Geschichte des Universums. Er ist, so stellt man sich vor, der „Moment", in dem alles – Raum und Zeit selbst – begann. Wer oder was das Universum erschaffen hat und warum das geschah, kann kein Physiker sagen. Verleitet von der unserem Wesen eigenen Neugier versuchen wir aber trotzdem, uns den Anbeginn des Alls vorzustellen.

Es klingt kaum glaublich, aber der definitive Beweis für den Augenblick der Schöpfung unseres Universums wurde zunächst Taubenmist zugeschrieben. 1964 fingen zwei Forscher von den Bell Laboratories in New Jersey mit ihrem Radioteleskop ein merkwürdiges Signal auf, das sie anfangs auf irgendwelche Interferenzen des Funkverkehrs aus dem nahegelegenen New York City schoben. Als sie dies durch eine Umorientierung der Antenne ausschließen wollten, entdeckten sie ein Paar Tauben, das im Reflektor nistete und dessen empfindliche Oberfläche mit einem „weißen, dielektrischen Material" verziert hatte. Die Forscher säuberten ihr Teleskop und siedelten die Vögel viele Kilometer weit um. Tauben (so auch dieses Pärchen) haben es nun aber an sich, immer wieder nach Hause zurückzukehren – eine endgültige Lösung musste her: ein Mann mit einer Schrotflinte. Die Tiere wurden beseitigt, der Reflektor auf Hochglanz poliert ... aber das mysteriöse Signal verschwand nicht. Arno Penzias und Robert Wilson, so hießen die beiden Männer, kamen schließlich auf die Idee, die Quelle im Weltraum zu suchen.

Was sie nicht wussten: Eine Gruppe theoretisch arbeitender Astrophysiker hatte exakt so ein Signal bereits zwei Jahrzehnte zuvor vorausgesagt. 1948 befasste sich der ukrainische Physiker George Gamow mit den Folgen des 1927 von Georges Lemaître ins Gespräch gebrachten

Szenarios für die Entstehung des Universums (▶ *Wie alt ist das Universum?*). Lemaître vertrat den Standpunkt, das Universum sei irgendwann in ferner Vergangenheit aus einem einzelnen „Ur-Atom" durch eine Explosion hervorgegangen. Gamow schloss an diese Urknall-Hypothese eine Erklärung für das Vorhandensein großer Mengen Wasserstoff und Helium im All an: Wenn am Anfang nur das einfachste Element, nämlich Wasserstoff, dagewesen sei, so hätte die ungeheure Hitze des Urknalls gerade ausgereicht, um ein Viertel aller Wasserstoffkerne zu Helium zu verschmelzen. Fast exakt dieses Verhältnis sehen wir heute im Universum. Aus seinen Berechnungen schloss Gamow außerdem, dass die Strahlung des Feuerballs, in dem das Helium geschmiedet wurde, nach wie vor vorhanden sein und das ganze All in Form eines Mikrowellenteppichs durchziehen sollte.

> Wer beim Backen eines Apfelkuchens ganz von vorn anfangen will, muss zuerst das Universum erschaffen.
> CARL SAGAN, ASTRONOM, 20. JAHRHUNDERT

Als Penzias und Wilson mit ihrer statischen kosmischen Mikrowellenstrahlung an die Öffentlichkeit traten, war die Sensation perfekt. Es dauerte nicht lange, bis die Kosmologen den Strahlungshintergrund als den gesuchten Überrest des Urknalls identifiziert hatten.

Am Anbeginn der Zeit

Die moderne Physik ist noch nicht in der Lage zu beschreiben, wie der Urknall begann – mit den winzigen Zeit- und Raumabschnitten, die dabei wohl eine Rolle gespielt haben, kann sie nicht umgehen. Die kleinste noch handhabbare Zeiteinheit ist 10^{-43} Sekunden, null Komma 42 Nullen und dann eine Eins. Nach Max Planck, dem Vater der Quantentheorie (▶ *Was ist ein Schwarzes Loch?*), nennt man diese Zahl „Planck-Zeit". Über die ersten 10^{-43} Sekunden nach dem Urknall, die „Planck-Ära", können wir nichts weiter sagen, als dass der gesamte Inhalt des Universums in einem winzigen „Punkt" zusammengequetscht war, einem Volumen kleiner als das eines Atomkerns. Die vier Grundkräfte der Natur (starke, schwache, elektromagnetische Wechselwirkung und Gravitation) waren noch vereinigt, und der „Punkt" hatte bereits begonnen anzuschwellen. Um die Planck-Ära vollständig zu beschreiben, braucht man eine Quantengravitationstheorie wie die Stringtheorie (▶ *Hatte Einstein recht?*).

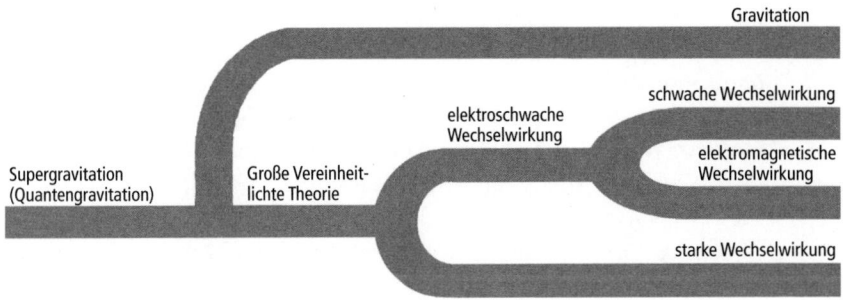

Vereinheitlichung der Naturkräfte: Am Beginn der Zeit waren die vier Kräfte nicht zu unterscheiden

Nach Beendigung der Planck-Ära trennte sich die Gravitation von den anderen Naturkräften ab, und die Gesetze der Physik, wie wir sie heute kennen, übernahmen das Ruder. Noch aber waren Temperatur und Druck unermesslich hoch, sodass Materie und Energie vollkommen austauschbar waren. Aus dem brodelnden Energieozean bildeten sich spontan Teilchen, und zwar jedes Mal gleich zwei: Zu einem Materieteilchen entstand auch immer ein Antimaterieteilchen.

Antimaterie

Die Antimaterie begann in den Köpfen der Physiker herumzugeistern, als es dem britischen Physiker Paul Dirac 1928 gelang, das Verhalten schneller Elektronen mathematisch richtig zu beschreiben. In seinen Gleichungen tauchte ein „Spiegelbild" des Elektrons auf. Dieses „andere" Elektron sollte sich von seinem „normalen" Vorbild nicht in der Masse, sondern nur im Vorzeichen der Ladung unterscheiden. Bereits vier Jahre darauf wurden solche positiv geladenen Elektronen (später „Positronen" genannt) in einem kosmischen Teilchenschauer nachgewiesen. Dirac erweiterte seine Idee auf sämtliche Elementarteilchen der Materie und prägte für die Spiegelbilder den Oberbegriff „Antimaterie". Die spektakulärste Eigenschaft von Antimaterie ist folgende: Sobald ein Teilchen seinem Antiteilchen begegnet, verwandeln sich beide in reine Energie. Diesen Vorgang nennt man Annihilation.

> *Warum ist etwas und nicht nichts?*
> GOTTFRIED LEIBNIZ, PHILOSOPH, 17. JAHRHUNDERT

Ein Positron und ein Elektron beispielsweise annihilieren unter Aussendung zweier Gamma-Photonen. (Photonen sind „Lichtteilchen" und keine Materie.)

Das führt uns zu einer der kniffligsten Fragen der modernen Kosmologie: Warum ist im Universum überhaupt noch Materie vorhanden? Wenn gleichzeitig mit jedem Teilchen ein Antiteilchen erschienen ist, warum annihilierten nicht alle paarweise? Dass dies nicht geschah, ist offensichtlich – Sie brauchen nur in den Himmel zu schauen mit all seinen Sternen, Planeten und Galaxien.

Die Antwort ist reichlich bizarr. Die Mathematik zeigt, dass nach dem Urknall pro Milliarde Materieteilchen nur 999 999 999 Antimaterieteilchen entstanden sind. Das heißt, nach der großen Annihilation blieb von der Milliarde ein einsames Teilchen gewöhnlicher Materie übrig. Im frühen Universum fand dies wieder und wieder statt, die Materieteilchen häuften sich und schlossen sich irgendwann zu den Himmelskörpern zusammen. Für jedes einzelne heute noch vorhandene Materieteilchen muss demnach eine Milliarde Teilchen im frühen Universum zerstrahlt sein – und die Energie, die dabei freigesetzt wurde, macht sich heute als kosmischer Mikrowellenhintergrund bemerkbar.

Die kosmische Inflation

Nach der Planck-Ära, als die Materie erschaffen wurde, soll das Universum den Kosmologen zufolge eine Phase der plötzlichen, unfassbar schnellen Expansion durchgemacht haben. Diese „Inflation" blies das All wie einen Luftballon innerhalb von nur 10^{-32} Sekunden um einen Faktor von 10^{50} auf. Zu diesem Schluss wurden die Forscher von Beobachtungen geführt, die in zwei heiklen kosmologischen Problemen verpackt sind.

Das Universum ist ein großer Ort, vielleicht der größte.

KURT VONNEGUT, SCIENCE-FICTION-AUTOR, 20. JAHRHUNDERT

Da ist als Erstes das „Horizontproblem". Was damit gemeint ist, verstehen Sie am besten, wenn Sie an den gleichmäßigen kosmischen Mikrowellenhintergrund denken: Er beweist, dass die Temperatur an allen Enden des Universums gleich hoch ist. Wie warm es im All ist, bestimmt die Mikrowellenstrahlung, deren Energie sämtliche Moleküle und Atome, die des Wegs kommen, auf 2,7 Kelvin (−270,3 °C)

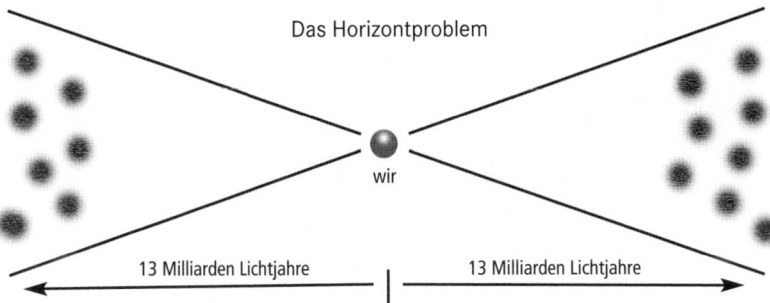

erwärmt. Die Frage ist nur: Warum sollte es überall gleich warm sein, wenn die beiden Enden des Universums gar nichts voneinander wissen können oder, in der Sprache der Astrophysiker formuliert, füreinander jenseits des Beobachtungshorizonts liegen? Die mindestens 26 Milliarden Lichtjahre, vielleicht noch viel weiter, voneinander entfernt liegenden Ränder des Universums (▶ *Wie groß ist das Universum?*) hatten während der 13,7 Milliarden Lebensjahre des Alls noch gar keine Gelegenheit, Energie auszutauschen und so ihre Temperatur anzugleichen. Trotzdem ist es, wohin die Astronomen auch schauen, überall gleich warm. Niemand weiß, warum; so wurde die Frage „Horizontproblem" genannt. Eine mögliche Antwort liefert die Inflationstheorie: Wenn nämlich das gesamte Volumen des Universums unfassbar schnell aus einem winzigen Gebiet herangewachsen ist, hat sich dabei auch eine einheitliche Temperatur im Raum verbreitet.

Zweitens zu nennen ist das „Flachheitsproblem". Aus Einsteins Theorie der Raumzeit-Krümmung in Anwesenheit von Materie folgt unmittelbar, dass der ganze Raum gekrümmt sein muss, und zwar in Abhängigkeit von seinem gesamten Materie- und Energiegehalt (▶ *Welches Schicksal erwartet das Universum?*). Soweit sich aber bisher feststellen ließ, ist das Universum völlig „flach" – das ist ein extrem unwahrscheinliches Ergebnis von Einsteins Gleichungen, weil es bedeutet, dass der Kosmos sorgfältig ausbalanciert ist. Auch dafür hat die Inflationstheorie eine Lösung parat: Jede anfängliche Krümmung des Raums wird bei der enormen Ausdehnung geglättet, sodass wir sie nicht mehr wahrnehmen. Dieses Argument können Sie mit der Beobachtung veranschaulichen, dass der Boden unter Ihren Füßen eben zu sein scheint, obwohl jeder weiß, dass die Erde eine Kugel ist.

92 | Wie ist das Universum entstanden?

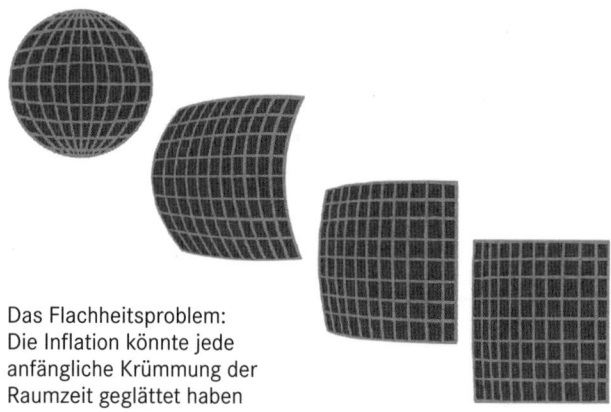

Das Flachheitsproblem: Die Inflation könnte jede anfängliche Krümmung der Raumzeit geglättet haben

Obwohl die Inflation, wie man sieht, durchaus sinnvolle Antworten geben kann, bleibt vor allem eine Frage: Was sollte das Universum veranlasst haben, sich solcherart aufzublasen? Vielleicht hat das etwas mit der Abspaltung der starken von der elektroschwachen (der vereinigten elektromagnetischen und schwachen) Wechselwirkung zu tun. Dieser Prozess könnte Energie zum Antrieb der Inflation freigesetzt haben, aber das Argument ist eher vage und in Fachkreisen heftig umstritten.

Nach der Inflation

Wenn das Universum eine millionstel Sekunde lang existiert hat, betritt die Physik wieder festeren Boden. Schließlich kann man in leistungsfähigen Teilchenbeschleunigern, wie dem LHC (Large Hadron Collider) in der Schweiz, extreme Temperatur- und Druckbedingungen nachstellen, indem man Teilchen mit furchtbar hoher Energie aufeinanderkrachen lässt und die Überbleibsel analysiert.

Das eine Mikrosekunde alte Universum war erfüllt von subatomaren Teilchen namens Quarks, dazu Antiquarks und Gamma-Photonen. Quarks sind die kleinsten Bestandteile gewöhnlicher Materie. Allmählich schlossen sie sich zu Protonen und Neutronen zusammen, aus denen wiederum die heutigen Atomkerne entstanden. Die Zeit lief, und das All dehnte sich weiter aus, wenn auch bei weitem nicht mehr so schnell wie während der Inflationsära. Materie- und Energiedichte sanken, Temperatur und Druck gingen zurück. Etwa zwei Sekunden nach dem Urknall trennten sich die elektromagnetische und die schwache Wechselwirkung; nun lagen alle vier Naturkräfte einzeln vor, ausgerüstet mit ihren charakteristischen Merkmalen. Damit begann, drei Minuten nach dem Punkt null, die nächste große Etappe des Urknalls: die Nukleosynthese. Sie dauerte vielleicht reichlich zehn Minuten und wurde in den 1940er Jahren von George Gamow mathematisch untersucht.

Während dieser Minuten muss das ganze Universum wie das Innere eines gigantischen Sterns funktioniert haben: Im heißen, dichten Mahlstrom schlossen sich Protonen und Neutronen zu Helium- und Lithiumkernen zusammen. Zunächst war Gamow davon ausgegangen, dass direkt nach dem Urknall bereits alle Elemente entstehen können. Bei näherer Betrachtung seiner Zahlen stellte er aber fest, dass sein Mechanismus nur für Wasserstoff-, Helium- und Lithiumkerne funktioniert. Auch spätere Berechnungen bestätigten, dass der Urknall kein schwereres Element als Lithium unmittelbar hervorgebracht haben kann. Woher all die anderen Elemente gekommen sind, blieb ein Rätsel, bis der britische Physiker Fred Hoyle 1954 erkannte, dass als Ursprung nur die Schmelzöfen im Inneren von Sternen infrage kommen (▶ *Sind wir Staub der Sterne?*). Wir wissen also, dass die schweren Elemente erst rund eine Milliarde Jahre nach dem Urknall zu erscheinen begannen. Dies hatte Folgen für die Zusammensetzung der frühesten Himmelskörper (▶ *Welche Himmelskörper erschienen zuerst?*).

Das Universum folgt einem in sich schlüssigen Plan, aber ich weiß nicht, wofür der Plan gedacht ist.
FRED HOYLE, ASTRONOM, 20. JAHRHUNDERT

An all diese Aufregungen schloss sich nun eine relativ ruhige Periode an. Das Universum war ein wogendes Meer, gefüllt mit Materieteilchen und Energiepaketen (Photonen). Die bei unzähligen Annihilationen freigesetzten Photonen stießen ständig an Elektronen und verhinderten, dass diese sich sofort mit den positiv geladenen Atomkernen zusammenschlossen. Diesen Zustand nennt man Plasma. Heute existiert Plasma noch im Inneren von Sternen und in Gaswolken, die massereiche Sterne umgeben. Das frühe Universum war erfüllt davon.

Ein Jahr verging, und die Zusammenstöße zwischen Photonen und Materieteilchen wurden seltener, weil durch die fortschreitende Expansion mehr Platz geschaffen wurde. So bekam die Gravitation Gelegenheit, die Materie allmählich zu Klümpchen zusammenzuballen. Noch mehr Zeit ging ins Land, die Dichte des Plasmas nahm immer weiter ab, und rund 380 000 Jahre nach dem Urknall war einer der wichtigsten Scheidepunkte der kosmischen Geschichte erreicht: die „Entkopplung" von Energie und Materie. Plötzlich wurden die Elektronen selten genug von Photonen getroffen, dass Atomkerne sie einfangen und festhalten konnten. Neutrale Atome gewöhnlicher Materie entstanden, und der Teilchennebel im All lichtete sich. Manche Kosmologen behaupten, zu diesem Zeitpunkt sei der Raum „durchsichtig" geworden, weil die Photonen nun große Strecken zurücklegen konnten, ohne von einem Teilchen absorbiert zu werden. In diesem Stadium herrschte im Universum noch energiereiche Röntgenstrahlung; seitdem hat die Expansion des Alls die Strahlung kontinuierlich rotverschoben, weshalb Penzias und Wilson den Hintergrund im Mikrowellenbereich finden konnten. Das ist noch nicht das Ende – in fernerer Zukunft wird man nur noch Radiowellen empfangen, die energieärmste elektromagnetische Strahlung überhaupt.

Babyfotos vom Universum

Inzwischen wurde der Mikrowellenhintergrund in allen Richtungen kartiert und vermessen. Dabei zeigten sich winzigste Schwankungen der Temperatur. Diese „Anisotropien" entsprechen Temperaturunterschieden von nicht mehr als einem hunderttausendstel Grad, aber ihre Bedeutung ist immens: Sie werden als „Abdrücke" interpretiert, die Materieballungen im frühen Universum (ca. 380 000 Jahre nach dem Urknall) auf dem Mikrowellenhintergrund hinterlassen haben. Diese Zusammenballungen sind die Samenkörner der Galaxien und anderen großräumigen Strukturen des Universums.

Einen Schnappschuss des jungen Universums können die Astrophysiker möglicherweise bestimmten winzigen Teilchen abluchsen, den Neutrinos. Neutrinos erscheinen bei Prozessen, an denen die schwache Wechselwirkung beteiligt ist. Rund zwei Sekunden nach dem Urknall, als sich die schwache und die elektromagnetische Wechselwirkung trennten, muss es einen gigantischen Neutrino-Ausbruch gegeben haben. Eigentlich sollten diese Neutrinos wie der Mikrowellenhintergrund auch heute noch allgegenwärtig sein. Das Problem ist nur, dass man Neutrinos wesentlich schwerer nachweisen kann als Mikrowellen. Die geisterhaften Teilchen schlüpfen durch die Netze jedes Detektors – ja, sie fliegen durch die ganze Erde, ohne eine Spur zu hinterlassen.

Während Sie den Text auf dieser Seite lesen, schwirren Billionen davon durch Sie hindurch, in den Erdboden hinein, auf der anderen Seite der Erdkugel wieder heraus und weiter in den Raum.

Die flüchtigen Winzlinge tauchten erstmals in den 1930er Jahren in mathematischen Gleichungen auf. Bevor ein Neutrino in einem speziell dafür gebauten Nachweisinstrument gefangen wurde, vergingen aber noch fast drei Jahrzehnte. Die ersten Detektoren erinnerten an riesige unterirdische Planschbecken; sie wurden tief unter Felsmassen installiert, weil das Gestein einen Schutzschild gegen unerwünschte andere Teilchen bildet. Man füllte Wasser oder eine andere Flüssigkeit hinein und kleidete die Wände mit Sensoren aus, die jeden Blitz registrieren sollten, den ein anfliegendes Neutrino beim Zusammenstoß mit einem Molekül im Becken verursachen würde. Solche Detektoren fanden typischerweise ein bis zwei Neutrinos im Monat. Moderne Neutrino-Observatorien werden zum Beispiel unter der Eisdecke der Antarktis oder in den Tiefen des Mittelmeers betrieben. Nach wie vor halten sie nach den verräterischen schwachen Blitzen Ausschau, aber das Medium, in dem sie stattfinden, ist jetzt die Eismasse oder das Meerwasser selbst. Innerhalb eines Jahrzehnts hofft man, mit solchen Detektoren die Neutrinos im gesamten Universum kartiert zu haben. Zum Leidwesen der Kosmologen werden aber nicht die energiearmen Neutrinos erfasst, die zwei Sekunden nach dem Urknall entstanden sind, sondern nur die energiereichen Exemplare, die aus der Explosion von Sternen stammen. Trotzdem ist es ein Schritt in Richtung des ersehnten Abbilds eines zwei Sekunden alten Universums.

Damit sind die Kosmologen aber keineswegs schon zufrieden. Sie hoffen auf eine ultimative Beschreibung des Urknalls, wenn erst die Naturkräfte vereinigt sind und die Natur der Gravitonen (der Trägerteilchen der Quantengravitation) aufgeklärt ist. Die Abspaltung der Gravitation am Ende der Planck-Ära müsste einen Gravitonen-Hintergrund erzeugt haben, so wie für die schwache Wechselwirkung und die Neutrinos argumentiert wird. Man spekuliert bereits auf das erste Gravitonenteleskop, das diesen Hintergrund abbilden und so ein Bild des 10^{-43} Sekunden alten Universums liefern kann. Das wäre, könnte man sagen, ein Foto des Urknalls.

Welche Himmelskörper erschienen zuerst?

Der Anfang des Universums, wie es uns vertraut ist

Die Astronomen nennen sie „Dark Ages": die Zeit des dunklen Universums, die 380 000 Jahre nach dem Urknall begann. Soeben hatten sich die Atome gebildet, und Röntgenstrahlung erfüllte den Raum. Es gab noch keine Galaxien, keine Sterne, keine Planeten – nichts im ganzen Kosmos leuchtete. Sehr, sehr langsam zog die Gravitation Materiewolken zusammen, bis schließlich die ersten Himmelskörper geboren wurden. Wir schreiben 200 Millionen bis eine Milliarde Jahre nach dem Urknall ...

Was für Objekte auch immer als Erste entstanden sein mögen, sie müssen ein so gewaltig helles Licht abgestrahlt haben, dass sie die Elektronen von den Atomkernen bliesen und jedes Atom in ihrer Umgebung ionisierten. So entstanden riesige leuchtende Gaswolken, die die Tiefen des Raums erhellten. Weil Licht eine gewisse Zeit braucht, um die ungeheuren kosmischen Entfernungen zurückzulegen, können wir die ersten Lichtquellen – von denen einige mehr als 13 Milliarden Lichtjahre weit entfernt sind – mit großen Teleskopen noch heute als winzige Lichtpünktchen wahrnehmen.

Tief ins All geblickt

Der erste ernsthafte Versuch, die fernsten Gebiete des Universums genauer anzuschauen, startete 1995 mit der Entwicklung der Deep-Field-Astronomie. Zehn Tage lang wurde das Hubble-Weltraumteleskop auf einen Ausschnitt des Himmels gerichtet, der nicht größer war als ein aus 100 Metern Entfernung betrachteter Tennisball und in der Nähe des Sternbilds Ursa Major lag (Großer Bär; die sieben hellsten Sterne

Welche Himmelskörper erschienen zuerst? | 97

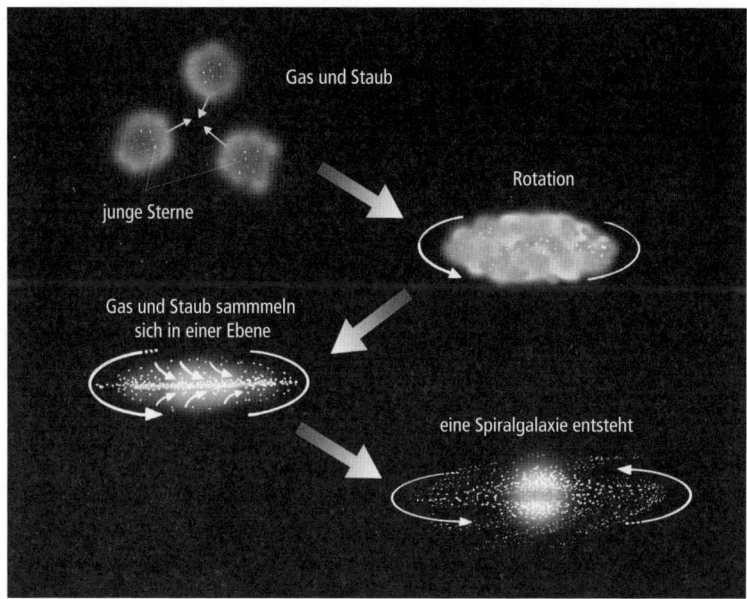

Die Entstehung von Galaxien

nennt man auch Großer Wagen). Ausgewählt wurde ein scheinbar leerer Bereich, in dem zuvor noch niemand einen Stern entdeckt hatte. Die im Verlauf der zehn Tage aufgenommenen Fotos wurden zu einem Bild überlagert, auf dem 3000 verschiedene Objekte gezählt wurden, überwiegend kleine Galaxien, die weiter als zehn Milliarden Lichtjahre von der Erde entfernt sind.

Als „Hubble Deep Field" bekannt geworden, ließ die Aufnahme zum ersten Mal einen Blick in die fernen Tiefen des Alls zu. Von der Erde aus konnte man auch mit großen Teleskopen zuvor nur Galaxien in einem Umkreis von sieben Milliarden Lichtjahren (etwa der halbe Weg bis zur Grenze des beobachtbaren Universums) aufspüren, die sich nicht merklich von den heutigen Galaxien zu unterscheiden schienen. Daraus schlossen die Astronomen, dass die Entstehung von Galaxien – wie auch immer sie im Einzelnen vonstatten gehen mag – ein relativ rascher Prozess ist, denn nach sechs Milliarden Lebenszeit des Universums waren offenbar alle Galaxien „ausgewachsen". Die momentan im All auffindbaren Galaxien werden nach ihrer Form (▶ *Was ist das Universum?*) in vier Gruppen geordnet: Elliptische Galaxien sehen aus wie in die Länge gezogene Kugeln aus Sternen; Spiralgalaxien sind flach mit einem kugelig gewölbten Kern („Bulge") und zwei darum gewundenen Spiralarmen; bei Balkenspiralen sind die Spiralarme durch einen geraden Streifen aus Sternen verbunden, der durch den Bulge verläuft, und irreguläre Galaxien haben verschiedene unregelmäßige Formen.

Hubble Deep Field zeigt sehr viele kleine, weit entfernte Galaxien. Daraus kann man entnehmen, dass wohl auch die heutigen Galaxien anfänglich deutlich kleiner waren und ihre Laufbahn als elliptische oder unregelmäßig geformte Anhäufungen nur weniger Millionen Sterne begannen. Im Laufe der Zeit verschmolzen sie miteinander zu immer größeren Strukturen, deren Gravitationsfelder schließlich so stark wurden, dass sie Gas aus dem intergalaktischen Raum an sich ziehen konnten. Die Gasteilchen schwenkten dabei auf eine Ebene, eine Scheibe um den Bulge, ein. Sobald sich genügend Gas angesammelt hatte, begannen sich in der Scheibe spontan neue Sterne zu bilden, die in den Spiralarmen um das galaktische Zentrum kreisten.

Die Spiralarme nehmen in den allermeisten Fällen eines von zwei bei genauem Hinsehen unterscheidbaren Mustern an, die von den Eigenschaften der Gasscheibe abhängen. Grand-Design-Spiralen haben zwei klar abgegrenzte Spiralarme, die man durchgängig vom Bulge aus nach außen verfolgen kann. Verursacht wird diese Struktur von Dichtewellen, in die die Materie auf ihrer Bahn um das Zentrum periodisch hineingerät. Dabei werden Staub und Gas zusammengepresst und neue Sterne zünden. Flocculent-Spiralen sehen wie ein vielfach zerrissener Strudel aus Sternen aus. Bei ihrer Bildung spielen Dichtewellen vermutlich keine Rolle. Von vielen ungefähr gleichzeitig entstehenden hellen Sternen brauchen solche, die nicht weit vom galaktischen Zentrum entfernt sind, weniger Zeit für einen Umlauf um den Bulge als solche, die weiter draußen liegen. Deshalb ordnen sich die Sterne zu losen Spiralen, die gemeinsam, oft zu Tausenden, zu dem „flockigen" Aussehen der Galaxie beitragen.

Fusionieren oder akquirieren?

Eine ungestörte Spiralgalaxie zieht unablässig intergalaktische Gas- und Staubwolken an sich. Irgendwann ist vielleicht auch eine ganz kleine Galaxie dabei, deren Einverleibung die Struktur der Spiralarme

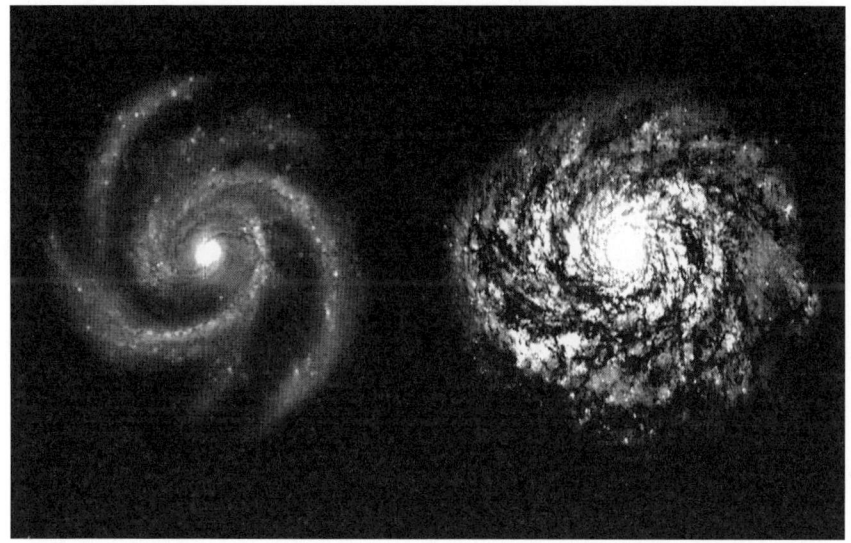

Muster von Spiralgalaxien: „Grand-Design"-Spiralen (links) besitzen klar abgegrenzte Spiralarme, „Flocculent"-Spiralen nicht

nicht wesentlich durcheinanderbringt. Dramatisch wird es erst, wenn zwei ähnlich große Galaxien einander zu nahe kommen. Der Zusammenstoß zerstört die geordneten Spiralen, zurück bleibt eine chaotische, verschwommene Wolke von Sternen – eine elliptische Galaxie. Während der gewaltigen Kollision wird alles noch vorhandene Gas zu Sternen gepresst, die Anzahl der Sterne in der vereinigten Galaxie nimmt deshalb explosionsartig zu (man spricht auch von einem „Starburst"). Innerhalb weniger hundert Millionen Jahre strahlen viele helle Sternhaufen auf, bis das Gas endgültig verbraucht ist.

In den Zentren der verschmelzenden Galaxien überstürzen sich die dramatischen Ereignisse. Beide enthalten ein supermassereiches Schwarzes Loch (▶ *Was ist ein Schwarzes Loch?*), und beide Schwarzen Löcher machen sich auf den Weg in die Mitte der neuen Galaxie, wo sie einander zwingen, sich zu umkreisen. Ihre unermesslich starken Gravitationsfelder überlagern sich, verschlucken Sterne und schleudern andere auf exzentrische Bahnen. Irgendwann krachen die Schwarzen Löcher ineinander, eine gigantische Sturzflut von Energie in Form von Strahlung über die Galaxie ergießend. Das neue, riesige Schwarze Loch frisst gierig Gaswolken, Sterne und Planeten, alles, was hilflos in seine Nähe kommt. In den ersten Millionen Jahren nach der Kollision zweier Galaxien kann das ungeheuer viel Materie sein; deshalb ist es sehr wahrscheinlich, dass ein Quasar entsteht, eine extrem aktive, blendend helle Galaxie. Vor langer Zeit haben Quasare das ganze Universum bevölkert. Inzwischen sind die meisten von ihnen erloschen, zweifellos deshalb, weil die darin lauernden Schwarzen Löcher schon sämtliche Materie verschlungen haben, die irgend in der Reichweite ihrer Gravitation lag.

Wenn sich der Quasar allmählich beruhigt, entsteht eine gewöhnliche Galaxie, in deren Zentrum ein Schwarzes Loch schläft. Die Kosmologen vermuten, dass sich die meisten heute sichtbaren Galaxien in dieser Weise gebildet haben. Rätselhaft bleibt dabei aber der erste Schritt – der Zusammenschluss mehrerer Millionen Sterne auf engerem Raum.

Tiefer als tief

Nachdem das Hubble-Weltraumteleskop mit einer neuen Kamera ausgerüstet worden war, wagten sich die Astronomen 2003/2004 an ein noch tieferes Bild, das „Hubble Ultra Deep Field". Der gewählte Himmelsausschnitt hat etwa ein Zehntel des Vollmond-Durchmessers. Gezählt wurden darauf um die 10 000 kleine Galaxien, die überwiegend so aussehen wie 800 Millionen Jahre nach dem Urknall. Für sich genommen ist das ein umwerfendes Ergebnis; was aber nach wie vor fehlt, ist eine Spur der allerersten, noch vereinzelten Himmelskörper. Sie müssen noch weiter von uns entfernt sein, so weit, dass sie nicht einmal das Hubble-Teleskop aufspüren kann.

Vorerst müssen die Astronomen sich also an die Theoretiker halten, die mit ihren Computermodellen auszurechnen versuchen, wie die ersten von der Gravitation erschaffenen Objekte im All ausgesehen haben könnten. Dabei scheint es zwei Möglichkeiten zu geben: Entweder handelte es sich um Sterne (viel, viel größere, als wir sie heute kennen), oder um Schwarze Löcher, die schon emsig Gas einsogen, das grimmig aufstrahlend der Vergessenheit anheimfiel. Was auch immer es da genau gab – aus diesen ersten Objekten bauten sich irgendwann die Galaxien auf, und der Weg zur Entstehung anderer Himmelskörper war geebnet. Die Einzelheiten dieser Geschichte und auch deren Fortgang hängen natürlich davon ab, ob es Sterne oder Schwarze Löcher waren, die sich anfangs zusammenfanden; deshalb bleibt diese Frage von höchstem Interesse für die Kosmologen.

Riesige Sterne oder Schwarze Löcher?

Es sind die Sterne, die von allen Himmelsobjekten den weitaus größten Einfluss auf die chemische Zusammensetzung des Alls haben (▶ *Woraus sind sie Sterne gemacht?*), und dies gilt in besonderem Maße für die frühesten Sterne. In den „Dark Ages", als es noch keinen leuchtenden Himmelskörper gab, wogte im Raum eine dünne Atomsuppe, die zu drei Vierteln aus Wasserstoff, zu einem Viertel aus Helium bestand und mit etwas Lithium gewürzt war. Andere Elemente gab es noch nicht. Computermodelle legen nahe, dass diese Eintönigkeit die Entstehung der Sterne entscheidend bestimmte.

Gas, das von der Gravitation zusammengezogen wird, heizt sich umso mehr auf, je näher die Atome einander kommen. Die Wärme wirkt der Verdichtung entgegen und muss irgendwohin abgeführt werden – sonst kann sich die Materie nicht weiter ballen. Aus Berechnungen weiß man, dass die schweren chemischen Elemente Wärme deutlich besser abstrahlen als die leichten, gasförmigen Elemente. Beobachtet man heute die Geburt von Sternen, so stellt man deshalb auch fest, dass die Anwesenheit schwererer Elemente als Lithium die Zusammenballung beschleunigt; es können dann Sterne aus relativ kompakten Gasmengen entstehen. Folglich haben die meisten „modernen" Sterne eine geringere Masse als die Sonne. Damals jedoch, in den Dark Ages, fehlte die Unterstützung der schweren Elemente. Den sich verdichtenden Gasmassen fiel es schwer, ihre Wärme loszuwerden; damit die Gravitation das Ruder übernehmen konnte, musste sich noch immer mehr Gas sammeln. Aus diesem Grund waren die frühen Sterne viel massereicher als jene, die man heutzutage im Universum findet; sie dürften mehrere hundert bis tausend Sonnenmassen auf sich vereinigt haben. Könnte man einen solchen Stern an die Stelle unserer Sonne setzen, dann würde er alle Planeten verschlingen.

Zunächst hielt man diese Megasterne für die chemischen Fabriken des Universums, in deren riesigen nuklearen Schmelzöfen ein Teil des Wasserstoffs und Heliums in andere Elemente umgewandelt wird, um dann als Baustoff für die nächste Generation kleinerer Sterne im Raum verstreut zu werden. Diese Theorie hat aber einen Schwachpunkt. Wasserstoff wird auf zwei verschiedenen Fusionswegen umgewandelt. Der erste umfasst eine Reihe von Stoßprozessen und heißt „Proton-Proton-Reaktion", die andere Reaktionsfolge heißt „CNO-Zyklus" (C steht für Kohlenstoff, N für Stickstoff und O für Sauerstoff). Die Proton-Proton-Reaktion ist zwar der weniger effiziente Weg, aber in den frühen Sternen gab es bekanntlich noch keinen Kohlenstoff, um den CNO-Zyklus zu starten. Das Problem ist nun, dass die Proton-Proton-Kette nicht genügend Energie freisetzt, um der Gravitation eines Sterns der vermuteten Größe entgegenzuwirken. Der Stern hätte stattdessen zu einem Schwarzen Loch zusammenfallen müssen. Ein auf diese Weise entstandenes Schwarzes Loch hätte über mehrere hundert bis tausend Sonnenmassen verfügt und wäre damit sicher in der Lage gewesen, als eine Art Keim eine Galaxie um sich zu versammeln (man kann sich das vorstellen wie einen im Bau befindlichen Quasar). Diese Hypothese ist jedoch auch nicht ohne Haken: Licht, das von einer Hand voll extrem weit entfernter und deshalb uralter (nur 900 Millionen Jahre nach dem Urknall bereits existierender) Quasare aufgefangen wurde, zeigt die verräterischen Absorptionslinien von Eisen (▶ *Woraus sind die Sterne gemacht?*), einem Element, das man nur im Inneren massereicher Sterne findet. Einige solcher Sterne muss es demnach schon vor diesen Quasaren gegeben haben.

Wahrscheinlich war es einfach ein Gemisch aus Sternen und Schwarzen Löchern, das einst das junge Universum bevölkerte. Genaueres werden wir nur erfahren, wenn es uns gelingt, bis unmittelbar in die Dark Ages zurückzuschauen.

Alle Wahrheiten sind leicht zu verstehen, wenn sie gefunden worden sind. Aber man muss sie erst einmal finden.
GALILEO GALILEI, ASTRONOM, 17. JAHRHUNDERT

Gammablitze

2006 ließen Astronomen einen Stratosphärenballon aufsteigen, mit dem sie die Infrarotstrahlung (Wärme) der ersten Sterne messen wollten; aufgrund der Rotverschiebung infolge der Ausdehnung des Universums (▶ *Wie groß ist das Universum?*) hatten sie die Strahlung im Radiowellenbereich zu suchen. Was die überraschten Forscher fanden, war ein intensiver Radiowellenhintergrund, sechsmal so intensiv wie alles, was sie zu finden gehofft hatten. Die Wärmestrahlung der ersten

Sterne konnten sie vor diesem Hintergrund nicht wahrnehmen. Kosmologen halten die geheimnisvolle Strahlung für den Todesschrei der ersten Sterne. Diese Hypothese ist durchaus begründet: Wenn massereiche Sterne explodieren, werden sie kurzzeitig Milliarden Mal heller als zuvor. Es ist nicht ausgeschlossen, dass wir vom Rand der Dark Ages zuerst nicht einen großen gewöhnlichen Stern aufspüren, sondern die gleißende Explosion, in der er zugrunde ging.

Das am weitesten entfernte derzeit bekannte Objekt ist in der Tat ein bestimmter Typ kosmischer Explosion, ein Gammablitz (oder GRB von *gamma ray burst*). Hinsichtlich ihrer Energie scheinen Gammablitze die Supernovae des neuzeitlichen (nahegelegenen) Universums zu übertreffen; damit stützen sie den Gedanken, dass die erste Generation der Sterne über mehr Masse verfügte als ihre Nachfolger und deshalb auch mit gewaltigeren Ereignissen unterging. Die Explosion eines solchen Sternenriesen muss, so wird berechnet, so viel Energie freigesetzt haben wie zehn Billionen sonnenähnliche Sterne. Ein großer Teil der Energie schoss in Form eines plötzlichen Gammastrahlenausbruchs quer durch den Raum. Die Astronomen haben keine Ahnung, in welcher Richtung von der Erde aus gesehen sich der nächste Gammablitz ereignen wird. Pro Tag passiert das ein- bis zweimal, jeweils in einer unvorhersehbaren Region des Himmels, und noch dazu ist die Erscheinung schnell vorüber: Nach einer Reisezeit von Milliarden Jahren fliegt der Blitz in ein paar Sekunden an uns vorbei. Die Astronomen müssen also wirklich schnell sein, um ein solches Ereignis zu erwischen. Ausgeklügelte Raumsonden liegen auf der Lauer; sobald sie einen Gammablitz registrieren, können sie ihn orten, und innerhalb einer Sekunde setzen sie andere Sonden und erdgebundene Teleskope auf die richtige Spur.

Den Entfernungsrekord hält der Gammablitz GRB090423, dessen Quelle wohl 13,1 Milliarden Lichtjahre von uns entfernt ist. Der Strahlungsausbruch wurde am 23. April 2009 nachgewiesen. Wie die Astronomen berechneten, muss die dazugehörige Explosion gerade einmal 600 Millionen Jahre nach dem Urknall stattgefunden haben. Damit sind wir den Dark Ages schon ziemlich nahe gekommen.

Was der Wasserstoff erzählt

Eine andere Strategie der Erforschung der Dark Ages besteht darin, nach Signalen des damals im ganzen Raum verteilten Wasserstoffgases zu suchen. Wasserstoffatome können spontan Radiowellen mit einer Wellenlänge von 21 Zentimetern aussenden. Beim Durchqueren des expandierenden Universums wird eine solche Welle auf zwei Meter Länge gedehnt, sodass sie mit einem gewöhnlichen Radioempfänger aufgefangen werden kann. Um die Daten sinnvoll zu verarbeiten, braucht man Zehntausende zusammenarbeitender Radios und dazu einen Supercomputer. Mittlerweile sind die Astronomen dabei, solche „Wasserstoffteleskope" zu bauen. Damit wollen sie die Verteilung der ersten Himmelskörper in der Wasserstoffwolke kartieren. Die 21-Zentimeter-Wellen kann nur ein neutrales, also vollständiges Wasserstoffatom (mit einem Elektron, das um den Kern kreist) aussenden. Weil nun die Elektronen von der ionisierenden Strahlung der ersten leuchtenden Objekte davongeblasen worden sind, muss das 21-Zentimeter-Signal am Ende der Dark Ages verstummt sein. Um jeden neu gebildeten Himmelskörper bildet sich eine radiowellenfreie „Blase", die mit den neuen Radioteleskopen, so hoffen die Astronomen, als dunkle Insel im 21-Zentimeter-Ozean wahrzunehmen sein sollte.

In der Mitte eines jeden Flecks, so die Theorie, befindet sich ein Sternenriese oder ein Schwarzes Loch. Computermodelle deuten an, dass sich die „Blasen" Schwarzer Löcher ein bisschen von jenen der Megasterne unterscheiden, weshalb die Astronomen davon träumen, tatsächlich die Natur jedes einzelnen Objekts herausfinden zu können, wenn die Daten erst komplett sind. Die Analysen sollen etwa 2015 beginnen.

Da wir bei Träumen sind: Irgendwann wollen die Astronomen ein richtiges Bild dieser ersten Objekte in der Hand haben, aus dem sie die chemische Zusammensetzung und die physikalischen Kenngrößen ablesen können. Erst dann werden sie mit großer Sicherheit sagen können, was zuerst im Universum war und woher die schweren chemischen Elemente kommen; dann können sie überlegen, wie sich die einzelnen Objekte zu den kleinen in Hubble Deep Field und Ultra Deep Field sichtbaren Galaxien zusammengefunden haben. Unser Wissen über die Bildung von Galaxien ist momentan noch sehr lückenhaft. Es sind Schwierigkeiten aufgetreten, die darauf hindeuten, dass entweder die Galaxien unsichtbare („Dunkle") Materie enthalten oder unsere Gravitationstheorie falsch ist.

Was ist Dunkle Materie?

Der Stoff, der das Universum zusammenhält

Niemand hat je ein Stück Dunkler Materie gesehen. Trotzdem ist diese rätselhafte Substanz ein entscheidender Baustein moderner astronomischer Theorien. Ohne Dunkle Materie würde die Kosmologie im wahrsten Sinne des Wortes zerfallen.

Die Überzeugung, dass es irgendwo im All eine unsichtbare Materieform geben muss, geht bis in die 1930er Jahre zurück, als der schweizerische Astronom Fritz Zwicky den 320 Millionen Lichtjahre entfernten Komahaufen beobachtete. Die Galaxien darin bewegten sich, wie Zwicky feststellte, so schnell, dass sie eigentlich aus dem Haufen ausbrechen sollten – die Gravitation genügte nicht, um sie zu halten. Trotzdem existierte der Sternhaufen, und noch dazu viele ähnliche über das ganze Universum verteilt. Keiner von ihnen sah so aus, als ob er gleich auseinanderfliegen würde. Was war also die Ursache dieser Stabilität? Mehr Materie, meinte Zwicky, die unsichtbar in den Galaxien verborgen ist und zusätzliche Gravitationskraft bewirkt. Als Versteck der fehlenden Masse vermutete Zwicky ausgedehnte kalte Wasserstoff- und Heliumwolken, in denen die Sternentstehung noch nicht begonnen hat. So intensiv er aber auch suchte, er konnte solche Wolken nicht finden.

Rotierende Galaxien

Vierzig Jahre später hatten die Astronomen ihre Instrumente so weit verfeinert, dass sie nicht nur die Geschwindigkeit einer Galaxie auf ihrer Bahn durch den Raum messen konnten, sondern auch, wie schnell sie sich dabei um sich selbst dreht. Zudem konnten sie die Rotation abschnittsweise betrachten, also feststellen, inwiefern die Bahngeschwindigkeit der Sterne mit ihrer Entfernung vom Zentrum der Galaxie zusammenhängt. Dabei erwarteten sie, umso geringere Geschwindigkeiten zu finden, je näher ein Stern dem Rand der Galaxie kommt – ähn-

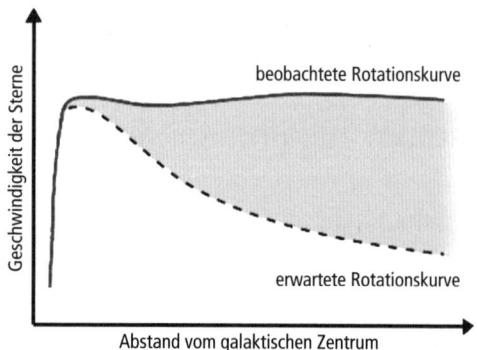

Die Rotation der Galaxien

lich, wie sich die äußeren Planeten des Sonnensystems langsamer bewegen als die inneren, was wir seit Johannes Kepler wissen (▶ *Was hält die Planeten auf ihren Bahnen?*). Der Grund dafür ist, dass die Gravitation mit zunehmendem Abstand zweier Körper abnimmt. Was die Astronomen in den 1970er Jahren beobachteten, sah jedoch ganz anders aus: Die Sterne bewegten sich offenbar alle gleich schnell, gleichgültig, wie weit sie vom galaktischen Zentrum entfernt waren! Dieses Problem ist mit Zwickys unerklärlichen Galaxienhaufen verwandt; die äußeren Sterne waren eigentlich zu schnell, um von der Gravitation gehalten zu werden, aber keiner konnte begründen, warum sie nicht davonflogen. Nirgends im All hat man je eine Galaxie gesehen, die sich selbst zerlegt. Der zwingende Schluss lautet also wieder: Irgendwo muss es große Mengen versteckter Materie geben.

Damit sich die Sterne, wie beobachtet, alle mit etwa gleicher Geschwindigkeit um das galaktische Zentrum bewegen können, muss diese Masse von innen nach außen anwachsen, um die erwartete Abnahme der Gravitation in dieser Richtung zu kompensieren. So eine Masseverteilung müsste kugelförmig aussehen; man spricht von einem „Halo", das jede Galaxie umgeben müsste. Während aber die Indizien, die auf das Vorhandensein dieser Extra-Materie hindeuten, nicht mehr ignoriert werden können, ist es bis heute nicht gelungen, irgendetwas zu finden, was auch nur annähernd die erforderliche Masse beisteuern kann. Diese Unstimmigkeit drohte die ganze Kosmologie in eine Krise zu stürzen – bis die Teilchenphysiker einen Ausweg fanden.

Die Dunkle Materie kommt ins Spiel

Die theoretischen Physiker, bekanntlich damit beschäftigt, die vier Naturkräfte zu verstehen und zu vereinheitlichen, erwogen die Einführung neuer, energieübertragender Teilchen. Solche rein theoretisch begründeten Vorhersagen der Existenz von Teilchen hatten sich bereits in der Vergangenheit als sinnvoll erwiesen – man denke nur an die Antimaterie und die Neutrinos: Erstere wurde von Paul Dirac 1928 postuliert und vier Jahre später experimentell nachgewiesen, Letztere erfand der Teilchenphysiker Wolfgang Pauli 1930, um einen fehlenden Energiebetrag bei bestimmten unter Beteiligung der schwachen Wechselwirkung ablaufenden Kernreaktionen unterzubringen. Pauli nannte seine Idee selbst einen „verzweifelten Ausweg", aber er schien keine Wahl zu haben: Entweder musste es ein neues Teilchen geben, oder Energie konnte mir nichts, dir nichts aus dem Universum verschwinden. Ganze 26 Jahre brauchten die Experimentatoren, um ein Gerät zu bauen, mit dem man ein Neutrino nachweisen konnte.

Solche Erfolge ermutigten die Teilchenphysiker ganze Schwärme neuartiger Partikel einzuführen, mit deren Hilfe sich vielleicht die Vereinheitlichung der Naturkräfte zustande bringen lässt. Gewöhnlicher Materie ähneln diese Teilchen überhaupt nicht; wenn es sie denn geben sollte, dann erzeugen sie Gravitation, treten ansonsten aber kaum mit der uns vertrauten Welt in Wechselwirkung. Auf diesen Zug sprangen die Astronomen sofort auf – waren das nicht die Teilchen, die dem Universum die fehlende Masse liefern konnten? Tatsächlich ergaben nachfolgende Berechnungen, dass die neue, unsichtbare Materie zehn- bis hundertmal so viel Masse wie die sichtbare haben und deshalb problemlos all die Gravitation erzeugen kann, die die Galaxien zusammenhält.

Von „Dunkler Materie" sprechen wir so wie die frühen Kartographen von „Terra incognita". Wir wissen einfach nicht, was das ist.
MICHAEL CRISLER, ZEITGENÖSSISCHER KOSMOLOGE

Natürlich hat die Sache einen Haken: Wie soll man die geheimnisvollen Teilchen nachweisen, wenn sie doch nur so schwach mit normaler Materie wechselwirken, dass sie in gigantischen Wolken alle Galaxien umgeben, ohne dass man sie nur im Geringsten wahrnimmt? Die Astronomen prägten den Begriff „Dunkle Materie" und schmuggelten diese Substanz nach und nach überall dort in ihre Gleichungen, wo Masse fehlte. Gleichzeitig versuchten die Physiker herauszufinden, was Dunkle Materie eigentlich ist. Im Laufe der Jahre diskutierten und verwarfen sie viele Ideen. Heute ist man sich halbwegs einig, dass es nicht nur eine Art Dunkler Materie gibt, sondern einen ganzen Zoo dunkler Teilchen, wie auch die sichtbare Materie aus vielen verschiedenen Teilchen besteht.

Kandidaten im Wandel der Zeit

Zu den ersten aussichtsreichen Kandidaten zählte das Axion, 1977 zur Modifikation der starken Wechselwirkung eingeführt. Erreichen wollten die Physiker damit, dass Materie mit einer etwas höheren Rate entstehen kann als Antimaterie (▶ *Wie entstand das Universum?*) – sie benannten das Teilchen nach einem Reinigungsmittel, weil sie hofften, es werde das Materie-Antimaterie-Problem „bereinigen". 2005 glaubten die Experimentatoren schon, das Axion gefunden zu haben, aber sie mussten ihre Ankündigung wieder zurückziehen. Die Suche dauert noch an.

In den 1970er Jahren hielt das Konzept der Supersymmetrie Einzug in die Teilchenphysik. Die bekannten Elementarteilchen lassen sich in zwei Kategorien einteilen, Fermionen und Bosonen. Fermionen sind die Materieteilchen; niemals besetzen zwei von ihnen denselben Ort, was zu einer gegenseitigen „Abstoßung" führt, wie wir sie von Materie gewohnt sind. Zu den Fermionen gehören die Quarks, die Elektronen und die Neutrinos; Quarks schließen sich zu Protonen und Neutronen zusammen und diese wiederum zu Atomkernen, die von den Elektronen umgeben sind. Bosonen dagegen sind die Vermittlerteilchen von Kräften. Sie können einander beliebig nahe kommen, ja sogar an ein und demselben physikalischen Ort sitzen. Beispiele sind das Photon (Vermittler der elektromagnetischen Wechselwirkung), das W- und das Z-Boson

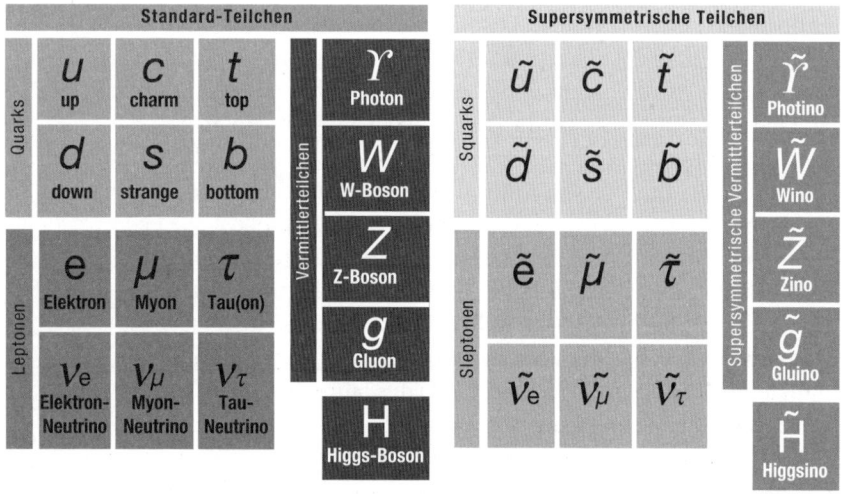

Die Elementarteilchen in der Natur: Ihre Anzahl wird durch die Supersymmetrie verdoppelt

(gemeinsam Vermittler der schwachen Wechselwirkung) und das berühmte Higgs-Boson, dem man die Verantwortung für die Masse der Teilchen zuschreibt. Die Supersymmetrie ordnet jedem Teilchen einen „Superpartner" zu – und schon hat sich die Anzahl der in der Natur erwarteten Elementarteilchen verdoppelt. Zu jedem Fermion gehört ein Boson und umgekehrt. Als Kandidaten für die Dunkle Materie werden die Superpartner der Bosonen gehandelt – schließlich sind das Fermionen, also massebehaftete Materieteilchen. Der Sammelbegriff für diese Superpartner-Fermionen lautet „Neutralinos".

Wenn der Teilchenbeschleuniger LHC in der Schweiz energiereiche Teilchenstrahlen ineinanderkrachen lässt, könnten Neutralinos eigentlich in großer Menge entstehen. Die Instrumente sind aber nicht in der Lage, sie nachzuweisen, denn Neutralinos scheren sich so wenig um normale Materie, dass sie spurlos durch die Wände fabrikhallengroßer Detektoren fliegen können. Allerdings kann man indirekt auf ihre Anwesenheit schließen: Nach der Kollision rechnen die Physiker die Energie der übrig gebliebenen Teilchen zusammen und vergleichen die Summe mit der Energie, die sie in den Zusammenstoß hineingesteckt haben. Je mehr Neutralinos (samt Energie) unbemerkt entkommen sind, desto größer müsste die Abweichung der beiden Zahlen sein. Jede unbegründete Differenz zwischen Vorher und Nachher könnte bedeuten, dass bei dem Experiment supersymmetrische Teilchen entstanden sind.

Falls sich aber eine solche Abweichung zeigt, stehen die Physiker vor der zeitintensiven Aufgabe, herauszufinden, welchem der vielen möglichen Neutralinos sie da auf die Schliche gekommen sind. Von den Astronomen können sie keine Hilfe erwarten – deren Computermodelle befassen sich mit riesigen Wolken Dunkler Materie, nicht mit einzelnen Teilchen. Schon die kleinste solche Wolke hat mehr Masse als die Sonne. Aus Simulationen in diesem Maßstab lassen sich keinerlei Eigenschaften individueller Teilchen ableiten. Wer wirklich wissen will, was ein Neutralino ist, dem bleibt nur das fast Unmögliche übrig: ein solches Teilchen zu fangen.

Wie man Dunkle Materie fängt

Dunkle Materie tritt, wie bereits gesagt, mit normaler Materie nur sehr, sehr geringfügig in Wechselwirkung. Ihre schiere Menge könnte dies jedoch ausgleichen, wenn es um den Nachweis geht: Unablässig werden die Detektoren von solchen Strömen Dunkler Materie überschwemmt, dass es zumindest nicht abwegig erscheint, hin und wieder ein Teilchen einzufangen. Gegenwärtig gibt es weltweit rund ein halbes Dutzend Experimente mit diesem Ziel. Jedes von ihnen ist hinreichend empfindlich ausgelegt, um Dunkle-Materie-Partikel zu „sehen", *wenn es sie denn gibt*. Manche konzentrieren sich auf die Wärme, die ein im Detektor hängenbleibendes dunkles Teilchen erzeugen müsste, manche halten nach dem schwachen Lichtblitz Ausschau, der beim Zusammenstoß eines dunklen Teilchens mit einem Atom aufleuchten könnte. Hat nur ein einziges dieser Geräte Erfolg, dann könnten die Physiker die Eigenschaften dieser Teilchenart herausfinden. Die Frage ist allerdings, wie lange wir auf gesicherte, reproduzierbare Ergebnisse warten müssen angesichts dessen, dass pro Jahr maximal einige wenige Treffer erwartet werden. Und wer weiß, wie viele verschiedene Arten Dunkler Materie es tatsächlich gibt!

Wenn man Neutralinos gefunden hat, ist jedoch nicht automatisch geklärt, ob sie auch für die fehlende Masse des Universums verantwortlich sind. Vielleicht gibt es nicht genügend davon oder sie sind nicht stabil genug, um das Gravitationsdefizit auszugleichen. An diesem Punkt werden sich die Astronomen in die Diskussion einschalten. Dass supersymmetrische Teilchen nicht viel mit gewöhnlicher Materie zu tun haben wollen, bedeutet nämlich keineswegs, dass sie auch nicht miteinander in Wechselwirkung treten. Modelle deuten auf eine Annihilation hin, wenn zwei identische Dunkle-Materie-Teilchen zusammenstoßen, wobei zwei Gamma-Photonen freigesetzt werden. Solche Gammasignale erwarten die Astronomen aus dem Zentrum unserer Galaxie, wo sie große Ansammlungen Dunkler Materie vermuten, oder aus benachbarten Zwerggalaxien. Sie suchen sogar schon konkret mit Satelliten nach Gammastrahlung dieser Art.

Nachdem die Astronomen dann irgendwann festgestellt haben, wie viele Axionen, Neutralinos oder anderweitige Teilchen in der Dunklen Materie stecken, müssen sie sich auch noch mit den Neutrinos befassen (▶ *Wie entstand des Universum?*). Neueste Experimente haben nämlich gezeigt, dass diese sehr flüchtigen, kaum wahrnehmbaren Teilchen im Gegensatz zu früheren Überzeugungen doch eine Masse aufweisen, wenn auch nur eine ganz kleine. Damit tragen sie zur Gravitation bei, wo auch immer sie sich aufhalten.

Verborgene Annahmen

Viele Astronomen haben sich mittlerweile mit der Dunklen Materie angefreundet, aber bei machen wächst die Skepsis. All diese Dunkle-Materie-Theorien haben nämlich eine Achillesferse in Form einer stillschweigenden Voraussetzung: Newtons Gravitationsgesetz muss richtig und noch dazu auch auf sehr schwache Gravitationsfelder anwendbar sein. Dass Newtons Formeln in starken Gravitationsfeldern versagen, ist schon lange bekannt; dort braucht man Einsteins Allgemeine Relativitätstheorie. Wer sagt, dass es am anderen Ende der Skala, bei extrem schwachen Feldern, nicht ähnlich ist?

1981, als die Dunkle Materie ihren Siegeszug antrat, schlug der israelische Physiker Mordehai Milgrom eine Alternative vor: Das Gravitationsgesetz könnte so modifiziert werden, dass sich die Rotation der Galaxien auch ohne neuartige Teilchen erklären ließ. Milgrom ging von der Tatsache aus, dass die Gravitation Objekte beschleunigt (▶ *Hatte Einstein recht?*), und postulierte, die Gravitation werde unterhalb einer bestimmten Beschleunigung ihre Eigenschaften ändern: Die Kraft würde dann nicht mehr nach einem quadratischen Abstandsgesetz abfallen (also mit dem Kehrwert des Abstandsquadrats – doppelter Abstand bedeutet ein Viertel der Beschleunigung), sondern nach einem einfachen reziproken Gesetz (doppelter Abstand bedeutet halbe Beschleunigung). Die kritische Beschleunigung, bei der das Gesetz umschlagen sollte, ist winzig (nicht größer als die, die das Gravitationsfeld eines Papierblatts erzeugt), aber weit draußen am Rand von Galaxien ist diese Zahl durchaus realitätsnah.

Milgroms Formel lässt schwache Gravitationsfelder also, kurz gesagt, ein bisschen stärker ziehen, als man nach Newton erwartet. Mit diesem Ansatz fiel es nicht schwer, die Sterne über ganze Galaxien hinweg mit gleicher Geschwindigkeit rotieren zu lassen, was den Beobachtungen entspricht. In den allermeisten Fällen stimmten die Berechnungen sogar besser mit der Wirklichkeit überein als jedes Dunkle-Materie-Modell. Milgrom nannte seine Theorie MOND (Modifizierte Newton'sche Dynamik). Ihre Anhänger bilden vorerst eine Minderheit. Wenn aber die Dunkle-Materie-Detektoren kein passendes Teilchen einfangen und auch bei den Experimenten am LHC kein Neutralino gefunden wird, könnte es sein, dass noch mehr Astronomen darüber nachdenken, Newtons Theorie zu modernisieren.

MOND hat natürlich auch einen gravierenden Nachteil: Es fehlt die theoretische Basis. Deshalb fällt es vielen Astronomen schwer, diesen Ansatz ernst zu nehmen, aber es gibt durchaus historische Vorbilder für Entdeckungen, deren Erklärung erst viel später nachgereicht wurde. Dazu zählen Keplers Gesetze der Planetenbewegung; als sie im frühen 17. Jahrhundert formuliert wurden, konnten sie noch lange nicht theoretisch begründet werden. Kepler nahm einfach seine Daten genau unter die Lupe und schrieb Formeln auf, die dazu passten. Erst 1687 lieferte Newton mit seiner Gravitationstheorie auch die Erklärung dafür, dass Keplers Gesetze so gut funktionierten. Durch die Geschichte der Astronomie ziehen sich etliche Gesetze, die zunächst rein empirisch, aus den Daten von Himmelsbeobachtungen, gefolgert wurden.

Und MOND ist nicht ohne Schwächen – sie werden sichtbar, wenn man auf der Basis dieser Hypothese die Bewegung von Galaxienhaufen zu erklären versucht. Dann braucht man erneut mehr Materie, als sichtbar ist. Sind wir also wieder bei der exotischen Dunklen Materie angekommen? Vielleicht nicht; Astronomen halten es nicht für ausgeschlossen, dass sich in Galaxienhaufen eine große Menge normaler Materie versteckt, und zwar in Form warmer Gase. Sie könnten ultraviolettes Licht aussenden und so mit entsprechend empfindlichen Teleskopen aufgespürt werden. Dann wäre zumindest das Problem der Galaxienhaufen gelöst.

Die Debatte geht weiter

Für ihre Suche nach Dunkler Materie haben die Astronomen seit kurzem ein neues Werkzeug in der Hand, die schwachen Gravitationslinsen. Ursprung dieser Idee ist die Krümmung des Raums, die von der Allgemeinen Relativitätstheorie behauptet wird (▶ *Hatte Einstein recht?*). Die Methode funktioniert wie folgt: Man suche einen relativ nahegelegenen Galaxienhaufen, der das Raumzeit-Gewebe stark verformt, und schaue durch diesen Haufen hindurch auf das Licht weiter entfernter Objekte. Beim Durchgang durch das Gravitationsfeld des Galaxienhaufens wird das Licht abgelenkt. Die entfernten Objekte erscheinen dadurch verzerrt (stellen Sie sich das vor wie das kosmische Äquivalent eines Spiegelkabinetts). Indem sie diese Verformungen kartieren, hoffen die Astronomen, eine Karte der Raumzeit-Krümmung in der Umgebung der Galaxie zu erhalten. Ist die Krümmung stärker, als sich durch die Verteilung der Materie im betrachteten Galaxienhaufen erklären lässt, dann könnte man Dunkle Materie vermuten und kartieren. Stattdessen könnte man die stärkere Krümmung allerdings auch auf die MOND-Korrektur schieben.

Ein exquisites Schlachtfeld, auf dem sich die konkurrierenden Theorien aneinander messen können, ist der Galaxienhaufen 1E 0657-558 („Bullet Cluster"), wo eine große Galaxie von einer kleineren durchquert wird. Dabei ist das intergalaktische Gas bereits verloren gegangen, doch zeigt ein schwacher Gravitationslinseneffekt, dass um die Galaxien trotzdem noch eine beträchtliche Krümmung der Raumzeit herrscht. Dort befindet sich entweder ein gewaltiger Halo Dunkler Materie, der die beiden Galaxien zusammenhält, oder Gebiete, in denen MOND anzuwenden ist. Bei Kollisionen anderer Galaxien wurde Ähnliches beobachtet. In der Debatte „MOND gegen Dunkle Materie" hilft all das nicht viel weiter. Die Entscheidung könnte jedoch von einem spektakulären Objekt kommen, das erst in letzter Zeit entdeckt wurde. Die Rede ist von Abell 520, einem System mehrerer verschmelzender Galaxienhaufen.

In dieser kosmischen Mischtrommel scheint Dunkle Materie irgendwie von den Galaxien abgelöst worden zu sein; darauf deuten jedenfalls schwache Gravitationslinseneffekte hin. Das widerspricht den Vorhersagen der aktuellen Dunkle-Materie-Theorien grundlegend. Die einzige Möglichkeit, dieses Verhalten zu erklären, scheint eine Wechselwirkung der Dunkle-Materie-Teilchen untereinander vorauszusetzen. Dabei wirkt eine Kraft, die nur Dunkle Materie verspürt. Diese Hypothese beantwortet auch eine offene Frage im Zusammenhang mit dem Bullet Cluster: Computermodelle sehen keinen Sinn in der Geschwindigkeit, mit der die Galaxien ineinanderfliegen, aber eine unerwartete Konzentration Dunkler Materie könnte den letzten benötigten Schubs liefern.

Gegenwärtig herrscht mehr Verwirrung denn je. MOND funktioniert nicht in allen Situationen und braucht zudem doppelt so viel Materie, wie wir im Universum sehen; die Dunkle Materie dagegen braucht eine neue, exklusiv wirkende Kraft, damit die Zahlen stimmen. Summa summarum weiß also nach wie vor niemand, ob es Dunkle Materie gibt und, falls ja, wie sie beschaffen sein mag. In den kommenden Jahren versprechen sich die Astronomen Ergebnisse von der Vielzahl darauf ausgerichteter Experimente (LHC mit den Neutralinos, Dunkle-Materie-Detektoren, Satelliten zum Empfang der Annihilationssignale), die die Existenz der Dunklen Materie – hoffentlich – ein für allemal beweisen oder widerlegen.

Was ist Dunkle Energie?

Die geheimnisvollste Substanz des Universums

Aktuelle Beobachtungen führten die Astronomen und Kosmologen zu dem Schluss, dass unser Universum durch und durch mit einer bislang unbekannten Substanz angefüllt ist – und das in einer riesigen, drei Viertel aller Masse und Energie des Raums entsprechenden Menge. Weil niemand weiß, wie man sich diese Substanz vorstellen soll, wurde ihr der Name „Dunkle Energie" gegeben. Keine moderne physikalische Theorie hat bisher eine Erklärung dafür.

„Vor langer Zeit in einer weit, weit entfernten Galaxie ..." – diese Anleihe bei *Star Wars* mag nicht der originellste Auftakt zu einem neuen Kapitel sein, aber in den Ohren jedes Astronomen hat sie einen ganz besonderen Klang. Vor langer Zeit strahlte in einer weit, weit entfernten Galaxie eine Supernova auf. Ihr Licht legte Milliarden von Lichtjahren zurück, bis ein kleiner Rest davon in den späten 1990er Jahren in ein Teleskop auf der Erde fiel und unsere Sicht des Universums auf den Kopf stellen sollte. Zunächst kam den Astronomen diese Supernova höchstens etwas seltsam vor; sie war jedenfalls schwächer als erwartet. Man befasste sich nicht näher damit, vermutete Fehler in den Messungen. Als aber andere, ebenso weit entfernte Supernovae beobachtet wurden, wiederholte sich diese Abweichung, und eine wissenschaftliche Kuriosität verwandelte sich in eine der größten Herausforderungen an unsere modernen Theorien des Kosmos.

Zwei unabhängige Teams von Astronomen hatten bei der Untersuchung der Supernovae, um die es hier geht, eigentlich im Sinn, die Ausdehnungsgeschwindigkeit des frühen Universums zu messen und mit der (sehr gut bekannten) heutigen Ausdehnungsgeschwindigkeit zu vergleichen, um zu berechnen, wie stark die Expansion im Laufe der Zeit abbremste. Dass sich das Universum früher schneller ausdehnte als heute, davon waren alle überzeugt; dass die Gravitation der Himmelskörper dem ungezügelten Auseinanderfliegen des Kosmos entgegenwirkt, erschien allzu logisch. Als aber die Berechnungen fertiggestellt waren, kam die große Überraschung: Die Expansion des Alls ist heute *schneller* als früher – sie bremst keineswegs ab, sondern im Gegenteil, sie beschleunigt! Bei genauerer Betrachtung ihrer Zahlen kamen die Forscher zu dem Schluss, dass irgendwann eine Art „Antigravitationskraft" eingeschaltet worden sein muss, die alle Himmelskörper voneinander wegdrängt. Die angesehene Wissenschaftszeitschrift *Science* bezeichnete diese Erkenntnis als „Durchbruch des Jahres" 1998. Nachdem sich die Astronomen einmal daran gewöhnt hatten, fanden sie den Gedanken sogar ganz nett, erklärte ein beschleunigt expandierender Kosmos doch einen ständig wachsenden Haufen scheinbar unsinniger Beobachtungen.

Unerklärbare Beobachtungen

In den 1990er Jahren war die Stimmung unter Astronomen und Kosmologen gemischt. Einerseits waren endlich alle ernsthaften Einwände gegen die Urknall-Hypothese ausgeräumt, andererseits nagten rätselhafte Beobachtungen sachte, aber stetig am Fundament des Weltbilds. Da gab es die Alterskrise (▶ *Wie alt ist das Universum?*): Manche Himmelskörper waren offenbar älter als das Universum selbst – ein Ding der Unmöglichkeit. Dann ergab die Bestandsaufnahme der Materie kein stimmiges Bild: Aus der Mikrowellen-Hintergrundstrahlung hatten die Astronomen abgeleitet, dass Materie und Energie 380 000 Jahre nach dem Urknall fein ausgewogen verteilt waren, sodass sich insgesamt keine Krümmung der Raumzeit ergab. Diese Situation nennt man „flaches Universum" (▶ *Wie ist das Universum entstanden?*).

Damit das Universum „flach" ist, muss die Massendichte im Mittel 10^{-26} kg/m^3 betragen. Das ist scheinbar eine winzige Menge, aber beim Zusammenrechnen aller im All beobachteten Materie, sozusagen einer kosmischen Inventur, kamen die Astronomen einfach nicht auf diese Zahl. Genauere Analysen des Mikrowellenhintergrunds, diesmal mithilfe von Raumsonden, bestätigten, dass dem Kosmos Masse fehlt, und zwar nicht nur ein bisschen: Nur vier Prozent der für ein flaches Universum nötigen Masse ließen sich aufspüren. Selbst wenn sie all die hypothetische Dunkle Materie hinzunahmen, die man für den Zusammenhalt und das Rotationsverhalten von Galaxienhaufen verant-

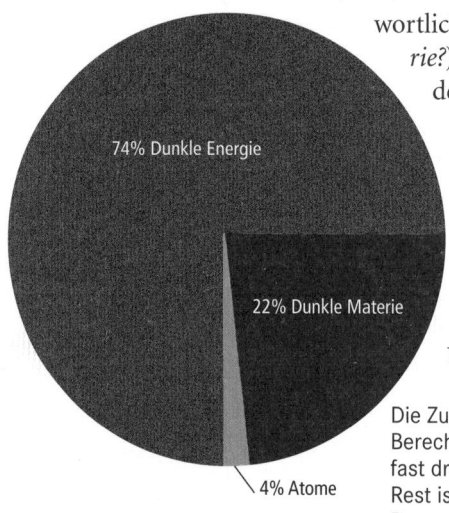

wortlich macht (▶ *Was ist Dunkle Materie?*), kamen sie auf nicht mehr als 26 % der erforderlichen Masse.

Die Entdeckung der beschleunigten Expansion wies den Weg aus der Alterskrise; nun konnte man erklären, warum das All jünger wirkt, als es tatsächlich ist. Darüber hinaus eröffnete sie den Astronomen aber auch die Chance, das Universum zu „ebnen".

Die Zusammensetzung des Universums. Berechnungen legen nahe, dass Dunkle Energie fast drei Viertel des Universums ausmacht, der Rest ist Dunkle Materie und – zu einem kleinen Prozentsatz – sichtbare, „gewöhnliche" Materie

Dunkle Energie ist gleich fehlende Masse

Zu den frühesten Schlüssen, die Einstein aus seiner Speziellen Relativitätstheorie zog, gehört die Gleichwertigkeit von Masse und Energie. Mathematisch untersuchte der geniale Forscher die Wirkung von Energie im Raum und stellte fest, dass sie das Raumzeit-Kontinuum in gleicher Weise verformt wie Masse (▶ *Hatte Einstein recht?*). Die der Raumzeit von Natur aus innewohnende Energie nannte Einstein „kosmologische Konstante". Sie existiert ebenso wie die innere Energie eines Glases Wasser bei Zimmertemperatur: Mag sie auch nicht direkt erkennbar sein, muss sie doch entzogen werden, bevor das Wasser zu Eis gefrieren kann.

Als Einstein seine Berechnungen begann, hatte Edwin Hubble noch nicht entdeckt, dass sich das Universum ausdehnt. Einstein bestimmte deshalb den Wert seiner kosmologischen Konstante, also der Energiemenge des Raums, für den Fall, dass die Gravitation der Himmelskörper dadurch gerade aufgehoben wird, das Universum folglich statisch ist und nicht in sich zusammenfällt. Als Einstein von Hubbles Arbeiten erfuhr, verwarf er die nun augenscheinlich überflüssige kosmologische Konstante; es wird sogar behauptet, er habe sie als seine „größte Eselei" bezeichnet. Nachdem man heute aber weiß, dass das Universum beschleunigt expandiert, halten die Kosmologen das Vorhandensein unsichtbarer und unerkannter Energie im Raum wieder für möglich.

Sollte der leere Raum – das „Vakuum" – genügend Energie enthalten, so kann diese der Gravitation entgegenwirken und das Universum immer schneller auseinandertreiben. Die Physiker sprechen in diesem Zusammenhang gern von „Vakuumenergie", die Astronomen lieber von „Dunkler Energie", weil sie betonen wollen, dass noch niemand weiß, um was es sich eigentlich handelt. Der Begriff erinnert zwar an „Dunkle Materie" und einige Forscher versuchen auch, beides miteinander zu verknüpfen, aber nach heutigem Kenntnisstand sind die meisten überzeugt, dass eines nichts mit dem anderen zu tun hat, weil die Dimensionen, in denen sie sich zu offenbaren scheinen, völlig verschieden sind. Mit Dunkler *Materie* will man die Bewegung von Galaxien erklären; bei Dunkler *Energie* geht es um die Bewegung des ganzen Kosmos.

Das Universum besteht überwiegend aus Dunkler Materie und Dunkler Energie, und wir wissen nicht, was das ist.

SAUL PERLMUTTER, ZEITGENÖSSISCHER KOSMOLOGE

Um die gemessene Ausdehnungsgeschwindigkeit erklären zu können, muss die Dichte der Dunklen Energie nur klitzeklein sein. Wahrscheinlich sehen wir ihre Auswirkungen deshalb nicht im kleinen kosmischen Maßstab des Sonnensystems oder auch der Milchstraße. Nur wenn sehr viel Raum zwischen uns und einem entfernten Objekt liegt, summiert sich die Wirkung in beobachtbarem Maß, und für das ganze Universum zusammengenommen wird sie schier überwältigend: drei Viertel des kosmischen Inventars ist Dunkle Energie, die dafür sorgt, dass das Universum fast ideal flach ist.

Einsteins Theorie enthält zwar die Dunkle Energie in Form der kosmologischen Konstanten, gibt aber keinerlei Auskunft über ihren Ursprung, sondern drückt lediglich ihre Wirkung mathematisch aus. Seit der Entdeckung der beschleunigten Expansion wurde oft versucht, eine positive kosmologische Konstante zu erklären – erfolglos. Vor allem ist es problematisch, eine kosmologische Konstante aus einem physikalischen Formelgebäude hervorzuzaubern, das teilweise überhaupt erst zu dem Zweck errichtet wurde, sie überflüssig zu machen. Während die Quantentheorie eine ungeheuer große Konstante vorhersagt, nämlich 10^{120} (das ist eine Eins mit 120 Nullen), viel größer als zur Erklärung der Beschleunigung erforderlich ist, wurde die Supersymmetrie (▶ *Was ist Dunkle Materie?*) eigens konzipiert, um die Konstante auf null zu bringen – was ihr mit ihrer Flut an Spiegelbildteilchen tatsächlich gelingt. Aber die Supersymmetrie kam vor allen Überlegungen zur Dunklen Energie; sollten wir Einsteins kosmologische Konstante nun doch brauchen, müssen wir die Supersymmetrie in den Papierkorb werfen oder in einer Weise umschreiben, die sich vorerst noch niemand vorstellen kann. Vor diese Wahl gestellt, suchten die Forscher nach Alternativen. Dabei kamen sie zum Beispiel auf eine „Quintessenz" – keine Vakuumenergie (also keine kosmologische Konstante), sondern eine neue Kraft mit langer Reichweite.

Die Quintessenz

Im Laufe der Jahrhunderte haben sich die Physiker viel Mühe gegeben, die verschiedenen in der Natur wirkenden Kräfte zu verstehen. Schließlich einigten sie sich darauf, dass gerade einmal vier Kräfte die ganze Welt regieren: die Gravitation sowie die elektromagentische, die starke und die schwache Wechselwirkung (▶ *Hatte Einstein recht?*). Gelegentlich wurde über eine fünfte Naturkraft spekuliert, aber schlüssig bewiesen wurde sie nie. Neue Nahrung bekommen diese Überlegungen, seitdem die beschleunigte Expansion des Alls entdeckt wurde. Ist dafür die mysteriöse fünfte Kraft verantwortlich? Zu Ehren des fünften Elements der Philosophen der griechischen Antike „Quintessenz" benannt, hat diese Kraft eine Eigenschaft, die der kosmologischen Konstante offensichtlich fehlt: Sie ist variabel. Wie der Name schon sagt, ist die kosmologische Konstante immer und überall gleich groß. Die Quintessenz dagegen kann sich im Prinzip zeitlich und örtlich ändern. Je nachdem, wie schnell diese Änderung in der Zeit vor sich geht, unterscheidet man mehrere Varianten der Quintessenz-Theorie. So gibt es Modelle mit einem Folgeschema: Die Quintessenz folgt der Masse- und Energiedichte in einer Weise, dass die Ausdehnungsgeschwindigkeit des Universums allmählich zunimmt. Die extremste Version ist die „Phantomenergie", die sich über alle Maßen aufbaut und die Ausdehnung immer mehr antreibt, bis das Universum förmlich zerrissen wird (▶ *Wie wird das Universum enden?*).

Die Quintessenz ist eine Kraft. Man nimmt deshalb an, dass sie von den Himmelskörpern selbst erzeugt wird, wie die elektromagnetische Kraft oder auch die Gravitation. Dabei entsteht ein alles durchdringendes, das Universum in größtem Maßstab auseinandertreibendes Kraftfeld. Auf kleinerer Skala wirkt das Feld dann ebenfalls auf die Bewegung der Himmelskörper, wie es das Gravitationsfeld tut. Anders gesagt: Sollte es die Quintessenz geben, dann müssten wir Bewegungen im All sehen, die sich nicht durch die Gravitation erklären lassen.

Bei einigen Bewegungsanomalien wurde bereits mit Dunkler Materie oder MOND (modifizierter Newton'scher Dynamik, ▶ *Was ist Dunkle Materie?*) argumentiert. Manche Forscher untersuchen weiterhin hartnäckig, ob sie vielleicht auch zu den Erwartungen an die Quintessenz passen könnten; so ließen sich Dunkle Materie und Dunkle Energie auf einen Streich als Manifestationen der Quintessenz deuten. Die meisten ihrer Kollegen gehen jedoch davon aus, dass es diesen Zusammenhang nicht gibt. Eine Form der Quintessenz zu finden, die zwar die Expansion des Universums insgesamt beeinflusst, aber die Bewegung der einzelnen Himmelskörper unangetastet lässt, ist alles andere als trivial. Eine Fraktion der Physiker sucht deshalb die Lösung in einer Modifikation einer der vier bekannten Kräfte, statt eine neue, fünfte Kraft ins Spiel zu bringen. Vielleicht wirkt die Gravitation über gigantische Entfernungen hinweg ja ein bisschen anders, als Einsteins Allgemeine Relativitätstheorie behauptet.

Die Gravitation zerfällt

Wie sich herausstellt, ist die Modifizierung der Gravitation nicht weniger anspruchsvoll als die Formulierung einer funktionierenden Quintessenz. Alle Abwandlungen, die auf großem Maßstab wirken, machen sich unweigerlich auch im Kleinen irgendwie bemerkbar; das heißt, sie beeinflussen die Planetenbahnen in einem Maß, das man beobachten können sollte. Mit der besten derzeit verfügbaren Technik sehen wir aber keine Abweichungen von dem, was uns Newtons Gravitations- oder Einsteins Relativitätstheorie vorhersagen. Eine fantasievolle neuere Variante der Gravitation stammt von dem amerikanischen Theoretiker Gia Dvali. Dvali schreibt in seiner DGP-Theorie den hypothetischen Vermittlerteilchen der Gravitation, den Gravitonen, eine kleine eigene Masse zu, durch die sie der Raumzeit eine inhärente Krümmung verleihen sollen.

Um die beobachtete Ausdehnung des Universums zu reproduzieren, sieht die DGP-Theorie einen Zerfall der Gravitonen mit einer Halbwertszeit von 15 Milliarden Jahren vor. (Das bedeutet, nach dieser Zeit ist die Hälfte einer gegebenen Zahl von Gravitonen zerfallen.) Da die Anzahl der Gravitonen in unserem Universum demnach ständig abnimmt (Dvali zufolge verschwinden sie in Paralleluniversen; ▶ *Gibt es viele Universen?*), nimmt auch die Gravitationskraft zwischen den Himmelskörpern ab und das Universum dehnt sich immer schneller aus. Falls diese Überlegung richtig ist, müsste sich die Bahn des Erdmondes jährlich um etwa einen Millimeter erweitern. Dies nachzuweisen sind die modernen, lasergestützten Abstandmessgeräte gerade so in der Lage. Sollten sie nichts Derartiges finden, ist die DGP-Theorie falsch.

Mauern um leere Räume

Der vielleicht unerhörteste, aber paradoxerweise auch konservativste Ansatz, die Dunkle Energie zu erklären, verlangt den Abschied von einer Annahme, die den Kosmologen dermaßen in Fleisch und Blut übergangen ist, dass sie mehrheitlich vergessen haben, dass es sich eben nur um eine Annahme handelt: das „kosmologische Prinzip". Im Wesentlichen besagt es: In hinreichend großem Maßstab betrachtet, gibt es im Universum weder Vorzugsrichtungen noch ausgezeichnete Orte. Die astronomischen Fachbegriffe dafür lauten „homogen" und „isotrop" – in allen Richtungen von gleicher Zusammensetzung und mit gleichen Eigenschaften. Das kosmologische Prinzip führte 1923 Alexander Friedman ein, um die Gleichungen der Allgemeinen Relativitätstheorie lösen zu können. Auf seiner Grundlage konnte er das Universum als ein gleichförmiges, fluides, raumerfüllendes Medium behandeln. Die Kosmologen untersuchten damit die Relativität und wurden weitergeführt zur Urknall-Hypothese. Seitdem klammert sich die Fachwelt an diese Idee, obwohl im Laufe der Zeit immer deutlichere Unregelmäßigkeiten der Dichte im All gefunden wurden.

Dass das Universum auch im großem Maßstab strukturiert ist, stellte als Erster Clyde Tombaugh fest, der 1937 nicht nur Pluto entdeckte, sondern auch rund 30 000 Galaxien beobachtete und bemerkte, dass viele von ihnen zu Galaxienhaufen zusammengeschlossen sind. Dazwischen sah er riesige leere Räume ohne jede Galaxie. Insgesamt betrachtet, sind die Dichteunterschiede in Form solcher Anhäufungen und Leeren nicht mit dem kosmologischen Prinzip vereinbar – es sei denn, man schaut von einer noch größeren Skala aus, damit sich die Unterschiede herausmitteln. Das taten die Astronomen, aber je weiter nach oben in die Hierarchie sie sich bewegten, umso mehr Struktur fanden sie. Inzwischen ist allgemein bekannt, dass Galaxienhaufen ihrerseits zu Superhaufen organisiert sind, die hunderte Millionen Lichtjahre weite Raumabschnitte überdecken.

Das erste Beispiel einer solchen Monsterstruktur wurde 1989 gefunden. Die „Große Mauer" (aus Galaxien) ist rund 500 Millionen Lichtjahre lang und 200 Millionen Lichtjahre breit, aber nur 15 Lichtjahre tief. Diese Entdeckung gab den Startschuss für eine wahre Flut von Himmelsdurchmusterungen in den 1990er Jahren. Mit immer leistungsfähigeren Instrumenten zeichneten die Astronomen simultan das Licht von Dutzenden, ja Hunderten von Galaxien auf. Hunderttausenden von Beobachtungen aus jener Zeit verdanken wir ein zuverlässiges Bild der Verteilung der Galaxien im All. Dabei stellt sich heraus, dass man erst auf Skalen von über 300 Millionen Lichtjahren von Homogenität und Isotropie sprechen darf – neuesten Beobachtungen zufolge nicht einmal das. 2003 wurde eine noch viel größere „Große Mauer" aufgespürt, die sich 1,37 Milliarden Lichtjahre weit durch den Raum erstreckt, und in jüngster Zeit registrierten die Astronomen Anzeichen auf eine riesige Leere, die sich im Mikrowellenhintergrund als „kaltes" Gebiet mit einem Durchmesser von rund einer Milliarde Lichtjahren offenbart. Radioteleskope stützten den Eindruck, dass es in diesem unfassbar großen leeren Abschnitt (40-mal größer als jeder bisher bekannte Leerraum) nur sehr wenige Galaxien gibt.

Warum das so ist, weiß man vorerst nicht. Werfen wir das kosmologische Prinzip über Bord und gestehen ein, dass wir das Universum nicht als homogen und isotrop behandeln dürfen, dann würden einige von der Allgemeinen Relativitätstheorie vorhergesagte Effekte, die man bisher für vernachlässigbar hielt, plötzlich interessant. Allermindestens ist zu erwarten, dass sich das Universum nicht überall gleich schnell ausdehnt. Unser Sonnensystem befindet sich vermutlich in einem Raumabschnitt vergleichsweise niedriger Dichte. Dann könnte es sein, dass sich unsere lokale „Blase" einfach ein bisschen schneller ausdehnt als der umgebende Raum, was uns zu dem Eindruck führt, dass sich die Expansion des gesamten Universums beschleunigt.

Ärgerlich aber ist: Sollten wir uns vom kosmologischen Prinzip verabschieden und eine kompliziertere Verteilung der Materie zulassen, dann wird die Mathematik der Allgemeinen Relativitätstheorie unlösbar. Wie sollen wir also weitermachen? Um je zu einer Entscheidung für eine der vier Optionen – kosmologische Konstante, Quintessenz, modifizierte Gravitation, ungleichmäßige Dichteverteilung – zu kommen, bleibt uns nur eines: ausgedehntere, genauere Durchmusterungen der Galaxien.

Alle Augen blicken zum Himmel

Solche Himmelsdurchmusterungen sind nicht gerade das, was man sich unter „spannender Forschung" vorstellt. Sie sind notwendige Routinearbeit, mit denen man Objekte zu finden hofft, deren nähere Untersuchung sich lohnt. Bei der Suche nach der Natur der Dunklen Energie sind die Durchmusterungen aber Kern des Ganzen. Die Galaxien sind wie Blätter, die auf der Oberfläche des kosmischen Ozeans dahintreiben, bewegt von Gravitationskräften und von der Ausdehnung des Raumes selbst. Je weiter hinaus in den Raum wir blicken, desto mehr gewinnt die allgemeine Expansion gegenüber den individuellen Bewegungen an Bedeutung. Dieses Wogen des kosmischen Ozeans ist es, was uns interessiert.

Durch systematische Beobachtung der abgelegensten Winkel des Alls werden die Astronomen die Entwicklung der Expansionsgeschwindigkeit im Laufe der Geschichte des Universums verfolgen können – sie werden herausfinden, ob die Ausdehnung immer schneller wurde, konstant blieb oder vielleicht in einem kritischen Moment plötzlich beschleunigt wurde. Es ist zu hoffen, dass wir so auch der Natur dieses geheimnisvollen Hauptbestandteils des Universums, den wir Dunkle Energie nennen, auf die Spur kommen.

Sind wir Staub der Sterne?

Das Geheimnis der Entstehung des Lebens

Tragen Sie einen goldenen Ring oder ein anderes Schmuckstück aus einem Edelmetall? Wenn ja, sehen Sie es sich gut an: Jedes einzelne Atom darin ist älter als die Erde selbst. Denken Sie an das Eisen in Ihrem Blut, das Calcium in Ihren Knochen, den Sauerstoff in der Atemluft ... all dies ist älter als Ihr Heimatplanet, und all dies entstand einst in einem Stern von großer Masse. Wer erklären will, wie aus diesem Sternenstaub lebende Organismen hervorgehen konnten, begibt sich auf einen der steinigsten Pfade, die die Wissenschaft zu bieten hat.

Meteoriten, die zur Erde fallen, bringen jede Menge Hinweise auf unsere kosmische Vergangenheit mit. Planetologen haben darin sogar winzige Teilchen gefunden, die buchstäblich als „Sternenstaub" gelten können, sogenannte „präsolare Körner" – beredsame Siliziumkarbid-Kristalle von einem millionstel Millimeter Durchmesser etwa oder Nanodiamanten aus nur hundert Atomen. Zwischen dem restlichen Material der Meteoriten stechen präsolare Minerale durch ihre besondere Isotopenzusammensetzung hervor. (Ein Isotop ist eine Form eines Atoms mit einer bestimmten Masse.) Die winzigen Kristalle blieben unbeschädigt, seit sie in der davonfliegenden Hülle einer Supernova oder in der dünnen Atmosphäre eines Roten Riesen entstanden sind. Begünstigt wird ihre Bildung dort durch den relativ trägen Strom warmer Gase (denken Sie an Ruß, der sich an den Wänden eines Schornsteins absetzt). Die atomaren Bestandteile solcher präsolaren Körner helfen den Wissenschaftlern nachzuvollziehen, auf welche Weise die heutigen chemischen Elemente in den Schmelzöfen der Sterne entstanden sind.

Alle chemischen Elemente, möglicherweise mit Ausnahme von Wasserstoff, verdanken wir der Nukleosynthese (▶ *Woraus sind die Sterne gemacht?*), Kernfusionen im Zentralbereich von Sternen. Zu einem bestimmten Zeitpunkt der Erdgeschichte haben sich diese Elemente irgendwie so zusammengeschlossen, dass lebende Organismen entstanden. Diesen Vorgang darf man getrost als das ultimative Rätsel der Naturwissenschaft betrachten.

Das Rezept lautet CHNOPS

Jeder Schritt von den anorganischen, im Inneren von Sternen entstandenen Elementen bis zur lebenden Zelle überschreitet eine Grenze zwischen den drei traditionellen Naturwissenschaften Physik, Chemie und Biologie. Jede Grenze bedeutet eine sprunghafte Änderung des Verhaltens und die Ausbildung unerwarteter Eigenschaften. Subatomare Teilchen schließen sich, den Gesetzen der Physik folgend, zu Atomen zusammen. Sobald Atome miteinander in Kontakt kommen, überlässt die Physik der Chemie das Feld, denn die Vielfalt chemischer Wechselwirkungen lässt sich, wenn überhaupt, nur schwer aus den physikalischen Gesetzmäßigkeiten herleiten. Hat sich ein hinreichend kompliziertes Netzwerk aus Atomen gebildet, kann spontan Leben entstehen. Wie sich der Organismus dann verhält, liegt jenseits der Regeln der Chemie.

Wenn wir herausfinden wollen, wie das Leben auf der Erde entstanden ist, müssen wir zurückgehen bis zu der Zeit, als Asteroiden und Kometen auf den jungen Planeten einprasselten (▶ *Wie entstand die Erde?*). Dieses „Große Bombardement" begann vor 4,6 Milliarden Jahren, dauerte ungefähr 700 Millionen Jahre und bescherte der Erde Wasser und andere flüchtige Stoffe. („Flüchtig" bezeichnet in diesem Zusammenhang Substanzen, die bei relativ niedrigen Temperaturen verdampfen, wie Wasser, Kohlendioxid, Methan und Ammoniak.) Die Palette der Elemente, aus denen all diese flüchtigen Stoffe bestehen, beschränkt sich auf C-H-N-O-P-S (Kohlenstoff, Wasserstoff, Stickstoff, Sauerstoff, Phosphor, Schwefel) – das sind die Elemente des irdischen Lebens. Auf Sauerstoff, das häufigste Element der Erde, entfällt die Hälfte der Gesamtmasse unseres Planeten, allerdings weniger in Form atmosphärischen (freien) Sauerstoffs, als gebunden im Gestein. Auch Schwefel und Phosphor kommen überwiegend mineralisch vor. Das Große Bombardement brachte der Erde unentbehrliche Zutaten für die Entwicklung von Organismen.

Die Astronomie zeigt uns den Weg zu einem einzigartigen Ereignis: der Erschaffung eines Universums aus dem Nichts, noch dazu mit den feinst abgestimmten Voraussetzungen für die Entwicklung von Leben.

ARNO PENZIAS, PHYSIKER, 20. JAHRHUNDERT

Darwins Teich

1871 schrieb Charles Darwin einem Freund, das Leben könne vielleicht „in einem kleinen warmen Teich mit allerlei ammoniak- und phosphorhaltigen Salzen, Licht, Wärme, Elektrizität usw." entstanden sein, indem sich „chemisch ein Eiweißstoff bildete, bereit zu noch komplexeren Umwandlungen". Unserem heutigen Wissen nach ist dieses idyllische Bild wohl ziemlich weit von den Tatsachen entfernt.

Das Große Bombardement schuf auf der jungen Erde ein wahrhaft höllisches Szenario. Die Erdkruste schmolz, flüssiges Gestein wurde in die Atmosphäre geschleudert, die gerade erst zusammengelaufenen Ozeane verdampften wieder. Kaum vorstellbar, dass sich empfindliche biologische Moleküle in dieser vollkommen unwirtlichen Umwelt gebildet haben sollen, aber so scheint es gewesen zu sein. Vieles weist darauf hin, dass das Leben bald begann, nachdem der kosmische Hagel versiegt war. Die Einschläge hörten nicht abrupt auf, sondern wurden allmählich, über einen Zeitraum von Jahrmillionen, seltener. Vor etwa 3,9 Milliarden Jahren war das Schlimmste vorüber – und die ersten Hinweise auf Leben in Gesteinsproben sind nur rund 100 Millionen Jahre jünger. Die Forscher orientieren sich dabei an einer Anreicherung des leichtesten stabilen Kohlenstoff-Isotops, Kohlenstoff-12, das Zellmembranen problemloser durchdringt als seine schwereren Verwandten und deswegen von Organismen bevorzugt wird. Wenn ein Lebewesen stirbt, bleibt die Kohlenstoff-12-Anreicherung zurück. Findet man Derartiges in Gestein, so kann man auf die Anwesenheit von Mikroben schließen. Auf diese Weise fanden die Forscher heraus, dass schon kurz nach Ende des Großen Bombardements Lebewesen existiert haben müssen.

Die ersten wirklichen Fossilien in irdischem Gestein, gefunden in Westaustralien, wurden auf ein Alter von 3,5 Milliarden Jahren datiert. Es handelt sich um Mikrofossilen, erhaltene Überreste uralter Bakterien, ein prähistorisches Gegenstück zu Schaum auf einem Tümpel.

Vielleicht ist der Gedanke, dass die ersten Lebewesen derart primitiv waren, nicht besonders befriedigend, aber die Natur hat es offenbar so gewollt. Die Cyanobakterien (so heißen sie) schließen sich zu Stromatolithen zusammen, pillengroßen Kolonien, die wie ein Korallenriff in flachem Wasser wachsen, wo sie nährstoffreiche Sedimente aufnehmen und zu einer festen Gemeinschaft verkittet werden.

Wir halten also fest: Was auch immer die Entwicklung des Lebens ausgelöst haben mag, geschah kurz nachdem unser Planet entstanden war und das Große Bombardement überstanden hatte. Noch eines ist vermutlich sicher: Heute vermehrt sich das Leben nur noch durch biologische Fortpflanzung, es entsteht um uns herum nicht mehr spontan. Also müssen sich die jetzt vorherrschenden Bedingungen drastisch von jenen damals unterscheiden. Schon Darwin erkannte, dass diese Tatsache seine Hypothese vom „kleinen warmen Teich" in Schwierigkeiten brachte, weil sie darauf beruhte, dass die Zustände auf der Erde während nahezu ihrer gesamten Existenz mehr oder weniger gleich blieben. Darwin meinte, die Chemie der Entstehung des Lebens laufe nach wie vor in den Tümpeln ab, aber jeder neu gebildete, primitive organische Stoff würde gefressen, bevor er sich zu etwas Komplexerem entwickeln könne. Die moderne Molekularanalytik hat bewiesen, dass dem nicht so ist; stattdessen öffnete sie der Entstehung des Lebens andere Wege.

Das Leben aus der Flasche

In den 1950er Jahren versuchten Harold Urey und Stanley Miller, die Bedingungen auf der jungen Erde im Labor nachzuempfinden. Sie stützten sich dabei auf Arbeiten des russischen Biochemikers Alexander Iwanowitsch Oparin, der in den 1920er Jahren als Erster die Ansicht vertreten hatte, zwischen belebter und unbelebter Materie gebe es keinen „magischen" Unterschied; die charakteristischen Eigenschaften des Lebens, sagte er, kämen einzig und allein durch eine hinreichend komplexe Anordnung von Materie zustande. Inspiriert von der Entdeckung von Methan in der Jupiteratmosphäre hielt er dieses und seine flüchtigen Verwandten, Wasser und Ammoniak, für die chemischen Zutaten der ersten Lebewesen.

Urey und Miller machten sich daran, diese Ideen nachzuprüfen. Sie füllten einen Kolben mit den Stoffen, die sie in der frühen Erdatmosphäre vermuteten – vor allem Methan und Ammoniak –, und ließen dann elektrische Lichtbögen hindurchzucken, die Blitze simulierten. Der elektrische Strom ließ die Ingredienzien miteinander reagieren, es bildeten sich längerkettige Moleküle, die sich am Boden des Kolbens als klebrig-braune Substanz sammelten. Die zähe Schmiere wurde analysiert, und siehe da – sie enthielt Aminosäuren, die Bausteine der Proteine. Auf wunderbare Weise schien man den ersten Schritt der Entstehung des Lebens nachvollzogen zu haben.

Forscher, die nach Urey und Miller kamen, fanden jedoch nach und nach heraus, dass die frühe Erdatmosphäre wohl nicht aus Methan und Ammoniak, sondern vorwiegend aus Kohlendioxid bestanden haben dürfte. Pech, denn das Miller-Urey-Experiment verlief in einer Kohlendioxid-Modellatmosphäre bei Weitem nicht so erfolgreich. Die Wissenschaftler schienen in einer Sackgasse angekommen zu sein, als ihnen ein neuer Hinweis in den Schoß fiel – fast buchstäblich.

Der Murchison-Meteorit

Wir schreiben den 28. September 1969, früh am Morgen in der ruhigen Kleinstadt Murchison im australischen Bundesstaat Victoria. Auf einmal rast ein hell leuchtender Feuerball über den Himmel, zerplatzt in drei Teile und verschwindet außer Sicht, eine Rauchwolke hinterlassend. – Zahlreiche Bruchstücke des Meteoriten wurden bald gefunden, zusammen über 100 Kilogramm schwer. Forscher kamen nach Murchison und identifizierten den kosmischen Besucher als „kohligen Chondriten", einen seltenen Typ von Meteorit. Proben wurden zur Analyse in NASA-Labors geschafft. Die überraschten Chemiker fanden darin über 90 verschiedene Aminosäuren als eindeutigen Hinweis darauf, dass sich solche Substanzen im Weltall gebildet haben und während des Großen Bombardements zur Erde gelangt sein können.

Offensichtlich hat die Erde aber nur wenige Aminosäuren aus dieser Palette ausgewählt, um Lebewesen daraus zu machen: All die Millionen verschiedener Proteine bestehen aus lediglich 20 Aminosäuren in unterschiedlichsten Kombinationen. Wie und warum aber wurde eine so enge Auswahl aus einer breiten Vielfalt getroffen?

Die Forscher nehmen heute an, dass alles Leben aus einem einzigen, vermutlich sehr primitiven gemeinsamen Vorfahren hervorgegangen ist. Um zu verstehen, wie das vor sich gehen konnte, fangen wir am besten bei den kleinsten heute lebenden Organismen an, den Mikroben. Das Bakterium *E. coli* ist ein „Laborstandard", stäbchenförmig und gerade einmal drei millionstel Meter lang. *E. coli* verfügt über 4377 Gene (der Mensch über rund 40 000) als Blaupausen für die Proteine, auf deren Basis die Lebensvorgänge funktionieren. Die Gene steuern alles – beim Menschen etwa die Muskelfunktion, die Augenfarbe ... Mikroben, Menschen und alle anderen irdischen Lebewesen haben aber eines gemeinsam: Alle Gene sind in Molekülen der Desoxyribonucleinsäure (DNA) verpackt.

Das DNA-Molekül ist lang gestreckt. Sein Rückgrat besteht aus Kohlenstoffatomen. Daran hängen die Gene, jedes aus einer bestimmten Abfolge chemischer Bausteine zusammengesetzt. Zwei komplementäre Stränge winden sich umeinander zur berühmten Doppelhelix, die die Gene in sich einschließt. Zu bestimmten Zeitpunkten entwinden sich die Stränge und werden kopiert; diese Fähigkeit zur Selbstvervielfachung ist die Schlüsseleigenschaft aller lebenden Wesen. Diese Replikation ist jedoch niemals völlig fehlerfrei. Man könnte denken, Fehler beim Kopieren wären grundsätzlich von Nachteil, aber das stimmt nicht, im Gegenteil: Sie sind die eigentliche Triebkraft der Weiterentwicklung, der Evolution. Die meisten Fehler oder „Mutationen" führen dazu, dass die betroffenen Proteine ihre Aufgaben schlechter erfüllen. Manchmal bewirken sie aber stattdessen eine Verbesserung, der Organismus blüht und gedeiht, und damit wächst die Chance, dass er die Mutation an Nachkommen weiterreichen kann. Die Biologen haben solche Mutationen kartiert und festgestellt, in welcher Weise sie auseinander hervorgingen. So entstand ein Stammbaum des Lebens, der die verwandtschaftlichen Beziehungen aller Arten untereinander wiedergibt. Menschen und Säugetiere sitzen ganz weit oben in den Zweigen, über einfacheren Tieren wie Reptilien und Insekten. Weiter unten folgen Mikroben wie *E. coli*, und ganz unten am Ursprung des Stamms findet sich eine Gruppe urtümlicher Mikroorganismen: die Hyperthermophilen.

Schwarze Raucher

Hyperthermophile leben im siedenden Wasser in der Umgebung von Vulkanschloten am Meeresgrund. Sie halten Temperaturen bis zu 121 °C aus – wird es im Wasser „kälter" als 90 °C, sterben sie. Hyperthermophile gehören zu den sogenannten Extremophilen, Mikroorganismen, die unter für die große Mehrzahl aller irdischen Lebewesen tödlichen Bedingungen überleben und sogar hervorragend gedeihen. Manche Extremophile lieben Säure, andere hohe Salzkonzentrationen; die einen mögen's heiß, die anderen bitterkalt. Sie alle sind absolute Nischenbewohner. Jede Art hat einen eigenen, ungewöhnlichen Stoffwechsel entwickelt, um in der lebensfeindlichen Umgebung genügend Energie gewinnen zu können.

Kein Tier auf der Erde kann ohne Sauerstoff leben. Manche Extremophile jedoch benötigen weder Sauerstoff noch Eisen oder andere Stoffe, deren Fehlen

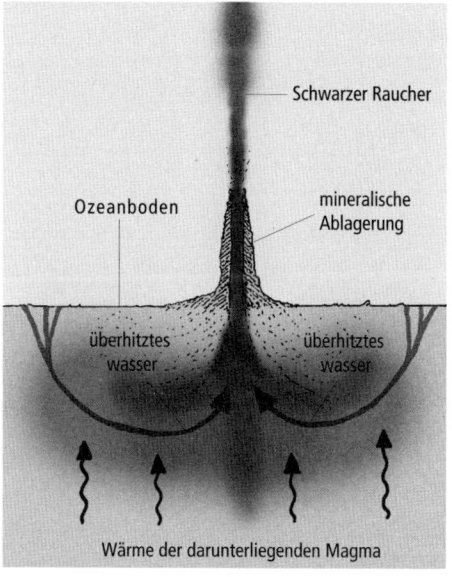

Schwarzer Raucher. Meerwasser wird von Vulkanschloten stark aufgeheizt, Mineralien werden darin gelöst und das Wasser wird nach oben ausgestoßen

für fast alle anderen irdischen Organismen den sicheren Tod bedeuten würde. Nirgends aber findet sich eine derart große Palette leicht zugänglicher Substanzen wie an den unterseeischen Vulkanschloten. Mineralien werden vom heißen Wasser gelöst und nach oben in den Ozean gespült. Dieses Angebot macht die Schlote zu einer idealen Heimstatt für Extremophile. Die Schwarzen Raucher – so genannt wegen der dunklen Wolken, die die Ausfällung gelöster Mineralien beim Kontakt mit dem kalten Wasser der Umgebung verursacht – sind die Untersee-Gegenstücke der Geysire (wie des „Old Faithful" im Yellowstone-Nationalpark). Der erste Schwarze Raucher wurde 1977 in der Nähe der Galapagos-Inseln aufgespürt. Als die Forscher Versuche unternahmen, die dort gefundenen Organismen in den Stammbaum des Lebens einzuordnen, stellten sie überrascht fest, dass ihr Platz ganz unten war als älteste Form des Lebens auf unserem Planeten überhaupt.

Das könnte bedeuten, dass an solchen Schloten die Wiege des Lebens entstand. Solche Lebensräume haben durchaus auch Vorteile: Die Hyperthermophilen sind die einzigen bekannten Lebensformen, die dauerhaft ohne Sonnenlicht Energie gewinnen können. Sollte die Sonne morgen verlöschen, die Kolonien an den Vulkanschloten wären nicht bedroht. Sie beziehen ihre Energie aus der vulkanischen Aktivität, deren Triebkraft wiederum radioaktive Zerfälle tief in der Erdkruste sind. Dadurch sind sie immun gegen so gut wie alle Ereignisse an der Oberfläche: Eiszeiten, Klimakatastrophen aller Art, ja selbst die letzten Jahre des Großen Bombardements konnten ihnen nichts anhaben.

Ein unbequemer Umstand jedoch wirft Zweifel an dieser Theorie auf. Der Stammbaum des Lebens zeigt, dass die Hyperthermophilen zwar die ältesten überlebenden Organismen sind, aber keineswegs die gemeinsamen Vorfahren aller Lebensformen. Die Mikroben, aus denen wir selbst uns irgendwann entwickeln sollten, haben sich vom Stamm getrennt, bevor die Hyperthermophilen ihre Blüte erreichten. Beweis dafür ist die Tatsache, dass Hyperthermophile Gene enthalten, die uns fehlen. Vermutlich hat sich das Leben also anderswo entwickelt, und eine der frühen Arten ist zu den Vulkanschloten ausgewandert. Die allerfrühesten Formen, die Wurzel des Baums, haben wir noch nicht gefunden. Vielleicht ist das nicht mehr möglich, weil sie längst spurlos ausgestorben sind; vielleicht haben wir aber auch noch nicht am richtigen Ort gesucht. Einige Forscher kamen so zu der Ansicht, dass die Urform des Lebens noch primitiver gewesen sein könnte als eine Mikrobe.

Nanoben

1996 fielen der Geologin Philippa Unwin winzige Strukturen auf, die an Gesteinsproben aus einer Ölquelle wuchsen. Die Proben stammten aus Tiefen zwischen drei und fünf Kilometern unter dem Ozeanboden, und die Strukturen sahen auffallend „organisch" aus. Sie nahmen einen Farbstoff auf, der sich an DNA bindet – ein weiterer Hinweis darauf, dass es sich um Lebewesen handeln könnte –, und die Forscher begannen zu überlegen, ob nicht dies die einfachste Lebensform der Erde sein könnte.

Die Winzlinge taufte man „Nanoben", weil die kleinsten Exemplare gerade einmal 20 milliardstel Meter maßen. Selbst die größten waren nur ein Zehntel so groß wie Mikroben. Daraus ergab sich ein grundsätzliches Problem: Wie sollten Nanoben genügend Platz für die DNA-

Kopiermaschinerie bieten, die ansonsten in jedem Mikroorganismus zu finden ist? Falls Nanoben nicht über ein deutlich einfacheres Kopiersystem verfügen, fehlt ihnen eine der Grundvoraussetzungen des Lebens. Wenn die Nanoben aber tatsächlich nachweisbar *lebendig* sind, deutet alles darauf hin, dass der Ursprung des Lebens tief in der Erde lag. Vielleicht haben sich die Nanoben auf ihrem Weg an die Oberfläche zu den Mikroben entwickelt, die wir heute kennen.

Seit Unwins Entdeckung wurden verschiedentlich andere winzig kleine Lebensformen diskutiert – aber die Frage, ob man bei so unglaublich kleinen Strukturen tatsächlich von Leben sprechen kann, bleibt offen und kontrovers. Wie soll man jemals mit Sicherheit wissen, ob diese Objekte die Komplexitätsgrenze zwischen unbelebter und belebter Natur, zwischen Chemie und Biologie überschritten haben? Bis jetzt gibt es darauf noch keine Antwort – einfach deshalb, weil eine unanfechtbare Definition von „Leben" fehlt.

Was ist Leben?

Wenn wir eine Definition von Leben suchen, beginnen wir am einfachsten mit einer Liste: Was muss ein Lebewesen können? Zum Beispiel könnte man sagen: Alle Lebewesen müssen (1) essen oder anderweitig Energie aufnehmen; (2) ausscheiden, was sie nicht verwerten können; (3) auf ihre Umwelt reagieren, in der Regel durch Bewegungen; (4) sich vermehren und eigene Wesenszüge an die Nachkommen weitergeben; (5) in der Lage sein, diese Wesenszüge zwischen den Generation zu variieren, also sich zu entwickeln. Soweit, so gut. Und was ist mit dem Maultier, dem fast immer unfruchtbaren Nachkommen eines Eselhengstes und einer Pferdestute? Wendet man die obige Regel strikt an, erfüllt das Maultier die Punkte (4) und (5) nicht. Aber lebendig ist es zweifellos! Wie steht es mit einem Virus? Es muss eine lebende Zelle befallen und den Kopiermechanismus für das Erbgut kapern, um sich zu vermehren. Lebt es?

Eine stets und streng anwendbare Definition von Leben zu finden, erfordert vielleicht eine ganz neue Sicht der Dinge. Wie würden Sie Wasser definieren? Als „farblose, klare Flüssigkeit"? Das wird leider nicht reichen, denn es trifft auch auf Ammoniak zu, um nur eine ungesunde Flüssigkeit zu nennen, die Sie ganz sicher nicht mit Wasser verwechseln möchten. Die einzige sichere Art des Beschreibens beruft sich auf die chemische Zusammensetzung, H_2O. Das bedeutet: Bevor wir etwas über Atome oder Chemie im Allgemeinen wussten, konnten wir Wasser überhaupt nicht definieren. Wir haben es höchstens am Geschmack erkannt. Was die Definition des Lebens betrifft, sind wir jetzt in derselben Lage. Wir erkennen es, wenn wir es vor uns haben, wir können uns mühen, es zu beschreiben, aber definieren können wir es nicht.

Einen Weg könnte ein junger Zweig der Mathematik eröffnen, die Informationstheorie, deren Grundstein 1948 in die Morgendämmerung des Computerzeitalters gelegt wurde. Aufgaben der Informationstheorie sind die Quantifizierung von Information und die Suche nach grundsätzlichen Grenzen, die ihrer Speicherung, Verarbeitung und Weitergabe gesetzt sind. Die DNA ist ein Träger von Information in Form von Genen. Vielleicht können wir Leben also mathematisch definieren, wenn wir die Biologie als eine Form der Rechentechnik betrachten. Stellen Sie sich ein biologisches System als Computer vor: Es nimmt von den Genen Information auf, wie ein PC ein Programm von einer Festplatte liest. Dann verarbeitet es die Information und gibt auch etwas aus, und zwar Proteine. Es ist also gar nicht abwegig zu glauben, dass die Definition von Leben in der Art und Weise der Informationsverarbeitung in den Zellen zu suchen ist. In einem Gesteinsbrocken findet ganz sicher keine aktive Informationsverarbeitung statt.

An der Untersuchung der Analogie von Lebewesen und Computern wird noch gearbeitet, ebenso an der Aufgabe, daraus eine mathematische Definition von Leben herzuleiten. Gleichzeitig suchen die Forscher in den Labors nach einfacheren Molekülen als DNA, die ebenfalls in der Lage sind, sich zu replizieren. Das könnten dann die Bausteine der allerfrühesten Gene in weniger komplexen Lebensformen gewesen sein. Weitere Puzzlesteine erhofft man sich von Raumsonden, die zu anderen Planeten und Kometen geschickt werden, um Aminosäuren und andere Rohstoffe des Lebens aufzuspüren. Dass wir aus Sternenstaub bestehen, ist sicher; wie sich dieser Staub aber in lebende Strukturen verwandelt hat, bleibt ein Rätsel.

Gibt es Leben auf dem Mars?

Unsere Chancen, kosmische Nachbarn zu entdecken

Falls es Leben auf dem Mars gibt, ist es höchstwahrscheinlich auf kleine Nischen beschränkt, geschützt vor den schlimmsten Auswirkungen der lebensfeindlichen Bedingungen an der Oberfläche des Roten Planeten. Möglicherweise war unser Nachbar aber nicht immer so unwirtlich. In der Vergangenheit könnte er sogar reich bevölkert gewesen sein.

Nur wenige Orte auf der Welt haben so viel Atmosphäre wie der Mono Lake in Kalifornien. Die spiegelglatte Oberfläche erstreckt sich so weit das Auge blickt; gespenstische Felsformationen ragen aus dem Wasser auf wie knorrige Finger. Der Mono Lake liegt hoch oben in den Bergen, rund 580 Kilometer nördlich von Los Angeles, und ist ein beredsamer Zeuge der geologischen Erdgeschichte. Der schätzungsweise 800 000 Jahre alte See sah Eiszeiten kommen und gehen und überlebte Vulkanausbrüche, die in seiner Mitte zwei Inseln aufwarfen. Wer an seinen Ufern wandert, dem kann man das Gefühl nicht verdenken, in einer anderen Welt zu sein. Etwa auf dem Mars. Vermutlich kommen den Legionen von Astrobiologen (Forschern auf der Suche nach außerirdischem Leben), die den See besuchen, in der geheimnisvollen Landschaft genau solche Gedanken, denn die Welt sieht dort so aus, wie sich Planetologen den Mars in der fernen Vergangenheit vorstellen – bevor das Wasser auf seiner Oberfläche versiegte und jede vielleicht entstandene Art um ihr Überleben kämpfen musste.

Besonders viel Aufmerksamkeit ziehen die unheimlichen Kalkfinger auf sich; genauer gesagt handelt es sich um Formationen aus Kalktuff, die ungefähr drei Meter hoch aus der Wasserfläche aufragen. Falls die Astrobiologen solche Strukturen auf dem Mars fänden, könnten sie vielleicht genauer sagen, ob es auf dem Roten Planeten jemals Leben

Kalktuff im Mono Lake, Kalifornien. Ähnliche Strukturen könnte es auf dem Mars geben

gegeben hat. Kalktuff bildet sich unter der Oberfläche des Sees, wenn kalziumreiches Quellwasser durch das alkalische, bicarbonathaltige Seewasser sprudelt; dann schlägt sich festes Kalziumcarbonat (Kalkstein) nieder. Fällt dann der Wasserspiegel, so ragen die Tuffsäulen aus dem Wasser heraus; eingeschlossen darin sind zahlreiche Mikrofossilien. Deshalb wäre ein vergleichbares Kalktuff-Gebiet auf dem Mars ein idealer Ausgangspunkt für die Suche nach den Überbleibseln einheimischer Mikroorganismen.

Leben im Extremen

Der erste Anlauf, Leben auf dem Mars zu finden, wurde in den 1970er Jahren mit den Landefähren Viking 1 und 2 unternommen, den ersten von Menschen erbauten Objekten, die je den Boden des Roten Planeten erreichten. An Bord hatten sie vier Experimente, mit denen sie den Untergrund nach Lebensspuren absuchen sollten. Nur eines davon erbrachte ermutigende Resultate: Als eine Nährstofflösung auf den Boden getropft wurde, registrierte die Sonde eine Freisetzung von Kohlendioxid als mögliches Anzeichen für stoffwechselaktive Organismen. Allerdings ließ sich dieses Ergebnis nicht reproduzieren, und keines der anderen drei Experimente wies Spuren von organischen Molekülen im Marsboden nach, die man zu erwarten hatte, falls dort Mikroben lebten. Die Astrobiologen schlossen: Der Boden am untersuchten Flecken auf der Oberfläche des Mars ist unbelebt. Wer oder was hatte dann aber das Kohlendioxid abgegeben? Diese Frage blieb mehrere Jahrzehnte lang unbeantwortet.

2008 entdeckte „Phoenix", ein weiteres automatisches Landegerät der NASA, im Marsboden Perchlorate – Chemikalien, die als Verursacher des Kohlendioxids in Frage kamen. Außerdem sind sie prinzipiell in der Lage, jegliche etwa vorhandenen organischen Moleküle in der „Erde" des Roten Planeten zu zerstören. Wie die exakte Erklärung auch immer lauten mag, Fakt ist: Die Suche nach Leben auf dem Mars erfordert mehr Mühe, als einfach einen Roboter auf der Oberfläche landen zu lassen, um ein bisschen Stab abzukratzen. Kein Zweifel besteht mehr daran, dass die heutigen Umweltbedingungen auf dem Mars nach irdischen Maßstäben absolut lebensfeindlich sind. Im Boden lauern extrem reaktionsfreudige chemische Substanzen, Luft zum Atmen gibt es nicht, auf die Oberfläche brennt die ultraviolette Sonnenstrahlung, und reichlich Teilchenschauer gehen nieder. Offenbar gibt es auch kein Wasser, und die Temperatur erreicht am Tag zwar etwa 17 °C, fällt aber nachts auf −100 °C.

Allerdings könnte man sich vorstellen, dass winzigste Ökonischen Organismen eine Heimat bieten, die man auf der Erde zu den Extremophilen zählen würde (▶ *Sind wir Staub der Sterne?*). Und natürlich könnte es in der Vergangenheit Leben gegeben haben, als die Bedingungen noch freundlicher waren.

Folge dem Wasser

Die Planetologen sind sich ziemlich sicher, dass der Mars der Erde einst ganz ähnlich war – eine Welt mit vielen stehenden Gewässern. Falls das Leben dort (wie vermutlich bei uns) bald nach dem Ende des Großen Bombardements begonnen hat, sollte es reichlich Zeit gehabt haben, den Planeten zu besiedeln, bevor sich dessen Umweltbedingungen änderten.

Gibt es Leben auf dem Mars?

Die magische Formel bei der Suche nach Lebensspuren auf dem Mars lautet: Folge dem Wasser. Leben ist auf ein flüssiges Medium angewiesen, in dem chemische Reaktionen stattfinden können. Wasser eignet sich dafür ganz hervorragend, es ist eine einfache, im Sonnensystem in großen Mengen vorhandene Verbindung. Vorerst haben die Astrobiologen deshalb entschieden, Anzeichen flüssigen Wassers nachzugehen und dort nach Leben Ausschau zu halten – jedenfalls bis sie sich gezwungen sehen, auf exotischere Alternativen zu Wasser auszuweichen.

Die Viking-Orbiter der NASA funkten in den 1970er Jahren Bilder vom Mars zur Erde, auf denen geologische Strukturen zu erkennen waren, die an Einschnitte von Wasserläufen erinnerten. Manche davon lassen sich als klarer Hinweis auf frühere Flüsse interpretieren, zum Beispiel Nanedi Vallis: Das 2,5 Kilometer lange Tal mit Terrassenwänden schlängelt sich in vielen Biegungen durch die Landschaft. Ganz sicher ist hier mehrfach, vielleicht sogar über einen langen Zeitraum hinweg, Wasser entlang geflossen. Andere Oberflächenstrukturen, zum Beispiel die tropfenförmigen „Inseln" an der Mündung von Ares Vallis, zeugen von einer Überflutung des Landes. Die Inseln sehen aus, als wären sie von vielen Millionen Litern Wasser geformt worden, das sich aus dem Tal in die umgebenden Ebenen ergoss. 1997 bestätigte das NASA-Landegerät Pathfinder dieser Überlegung, als es auf dem Schwemmkegel in der Nähe der Inseln aufsetzte. Schon die ersten Bilder von Pathfinder waren bemerkenswert: Sie zeigten gerundete Felsen, wie sie durch Erosion im Wasser entstehen.

Es ist auch nicht auszuschließen, dass der Mars einst über ein ausgedehntes Meer verfügte. Zu den deutlichsten Indizien gehört die offensichtliche Zweiteilung des Planeten: Die Südhalbkugel ist gebirgig mit schroffen Kratern und Schluchten, die Nordhalbkugel dagegen besteht aus einem tief gelegenen Becken mit glatterem Boden, das Wasser enthalten haben könnte. Von der Umlaufbahn aus sind auch zwei mögliche Küstenlinien zu sehen, die sich jeweils über Tausende von Kilometern um das nördliche Becken herumziehen. Ihr Alter wird auf zwei bis vier Milliarden Jahre geschätzt.

Heute jedoch scheint der Rote Planet völlig trocken zu sein. Wenn wir überlegen, in welchen Gegenden die Suche nach Leben aussichts-

> *Der Mars ist da und wartet auf uns.*
>
> Buzz Aldrin, Astronaut der Mission Apollo 11

reich sein könnte, müssen wir herausfinden, was mit dem Wasser geschah. Ist es noch irgendwo vorhanden, und wenn ja, wo?

Wo ist das Wasser geblieben?

Im Laufe seiner Geschichte hat der Mars sehr unter dem Fehlen eines Magnetfelds gelitten. Das Erdmagnetfeld sorgt dafür, dass schädliche Teilchenströme von der Sonne außen um den Planeten herumgeleitet werden; der Mars ist dem Schauer schutzlos ausgeliefert. Allmählich haben diese Partikel die Atmosphäre abgetragen und ins All hinausgeschleudert; nachdem die Gashülle beseitigt war, verschlechterte sich das Klima auf der Oberfläche. Durch den sinkenden Atmosphärendruck verdunsteten Teiche, Seen, ja selbst der Ozean. Da der Planet weder über ein Magnetfeld noch eine Ozonschicht verfügte, spaltete die energiereiche Sonnenstrahlung atmosphärischen Wasserdampf in seine Bestandteile, Wasserstoff- und Sauerstoffatome. Der leichte Wasserstoff, von der Gravitation nicht haltbar, entschwand ins All, der schwerere Sauerstoff sank zu Boden und reagierte mit den Mineralstoffen im Gestein. Das noch verbliebene flüssige Wasser versickerte, so nimmt man an, im Felsboden und gefror dort zu Eis.

Zunächst nahmen die Planetologen an, dass dieser Prozess allmählich fortschritt, im Laufe von vielleicht Milliarden von Jahren. Nachdem sie die Krater in verschiedenen Regionen des Planeten gezählt hatten, bot sich ihnen jedoch ein anderes Bild: einzelne globale Klimakatastrophen und Vulkanausbrüche vor dem Hintergrund einer ansonsten gleichförmigen Geschichte. Das Zählen von Kratern scheint eine simple Angelegenheit zu sein, aber die Resultate sind sehr nützlich. Bei Vulkanausbrüchen wird die Landschaft von Lavaströmen überformt, ältere Krater werden verschüttet, und später einschlagenden Meteoriten bietet sich wieder eine glatte Fläche, auf der sie neue Krater aufwerfen. Durch den Vergleich der Kraterzahlen in verschiedenen Regionen des Mars können die Planetologen das Alter der Oberfläche abschätzen: Die jüngsten Gebiete weisen die wenigsten Einschläge auf.

Diese Untersuchungen ergaben, dass sich der Mars nicht etwa im Verlaufe von vier Milliarden Jahren langsam von einer erdähnlichen Umwelt zu der heutigen eiskalten Wüste gewandelt hat; dieser Prozess dürfte stattdessen nicht mehr als eine Milliarde Jahre gedauert haben. Jedes blühende Leben sollte in dieser Zeit von dem Planeten verschwunden sein, und die kümmerlichen Reste wären viel eher als angenommen in Nischen gedrängt worden. Im Anschluss erlebte Mars eine Periode gewaltiger vulkanischer Aktivität, begleitet von Klimakatastrophen, die zu kurzzeitigen Wiederbelebungen des Planeten führten: Aus dem Inneren ausströmende Hitze ließ unterirdische Eisvorkommen schmelzen und das Wasser überflutete große Teile der Landschaft. Die Planetologen konnten fünf solche gewaltigen Umbrüche in der Geschichte des Planeten nachweisen: vor 3,5 Milliarden Jahren, vor 1,5 Milliarden Jahren sowie vor 800, 200 und 100 Millionen Jahren. Jede Episode dürfte nicht länger als einige zehntausend Jahre gedauert haben, und jede hat deutliche Spuren auf der Oberfläche hinterlassen – nicht nur Lavaströme, sondern auch Myriaden von Abflusskanälen, Flussbetten und sogar Küstenlinien. In diesen wasserreichen Zeiten könnte das mikrobielle Leben vorübergehend aufgeblüht sein, um dann immer wieder tiefgefroren zu werden.

Eisfelder

Den größten Teil des verbliebenen Wassers vermutet man heute knapp unter der Oberfläche in ausgedehnten Eisfeldern oder, noch tiefer, in unterirdischen Seen. 2002 wies der Orbiter Odyssee nach, dass es auf der Nordhalbkugel tatsächlich Eis gibt, vielleicht unter einer nur wenige Zentimeter dicken Bodenschicht. Als das Landegerät Phoenix 2008 in der Mitte dieser Ebene aufsetzte, fand es alsbald Eis knapp unter der Oberfläche. Ganz im Sinn der Zauberformel „Folge dem Wasser" ist dies ein vielversprechender Ansatzpunkt für die Suche nach Lebensspuren.

Leider hatte man nicht ebenso viel Glück beim Auffinden unterirdischer Seen. Zwei Radargeräte wurden zu dem Zweck auf den Mars geschickt, Radiowellen bis in Tiefen von einem Kilometer oder mehr zu senden, die von der erwarteten Grenzfläche zwischen Gesteinsschichten und Wasser zurückgeworfen werden sollten. Daraus erhoffte man sich eine Karte der unterirdischen Wasservorkommen. Kein Instrument fand jedoch eine Struktur, die einem See auch nur entfernt ähnelte. Vielleicht befindet sich das Wasser in größeren Tiefen als erwartet; vielleicht gibt es auch keins. Beide Fälle sind wenig ermutigend, wenn es um die Suche nach Leben geht.

Ironischerweise wird der Eindruck, den die Planetologen von der prinzipiellen Bewohnbarkeit des Roten Planeten haben, im Zuge der eifrigen Datensammlung nicht etwa klarer, sondern eher noch verworrener. Sie machen mit Hochdruck weiter, weil das Ziel ihrer Untersuchungen so unerhört wichtig ist. Natürlich wäre der Nachweis heutigen oder früheren außerirdischen Lebens schon für sich genommen eine Sensation, aber man hofft natürlich auch, einige entscheidende Lücken in der Geschichte des Lebens auf der Erde, insbesondere seiner Entstehung, schließen zu können.

Primordiale Boten

Dass wir auf der Erde Fossilien der allerersten Anfänge des Lebens finden, verhindert die rastlose Oberfläche. Beheizt von Zerfällen radioaktiver Elemente im Erdinneren, treiben die Kontinente auf einer zähflüssigen Schicht mehrere Zentimeter pro Jahr dahin. Dieser Prozess heißt Plattentektonik. Reiben die Plattengrenzen aneinander, gibt es Erdbeben; drücken sie einander zusammen, türmen sich Gebirge auf. Schiebt sich eine Platte unter eine andere, so wird sie nach unten gedrückt, schmilzt am Rand auf, und das flüssige Gestein wird bei Vulkanausbrüchen zurück an die Oberfläche geschleudert.

Dieses globale Recycling zerstörte im Laufe der Zeit alles wirklich alte Gestein und mit ihm die Zeugen des ersten Lebens. Auf dem Mars mag es anders gewesen sein: Der kleine Planet verfügte nicht über genügend Hitze, um eine globale Plattentektonik in Gang zu setzen. Deshalb muss es auf dem Mars (wie auf dem Erdmond) noch „primordiale" Teile geben, die aus der Zeit der Entstehung des Planeten stammen. Gestützt wurde diese Überzeugung von dem Meteoriten ALH 84001, der 1984 im Allan-Hills-Eisfeld in der Antarktis gefunden wurde. Die Datierung des Meteoriten ergab ein Alter von 4,5 Milliarden Jahren; er entstand also, als das Sonnensystem noch sehr jung war. Im Inneren des Gesteins waren kleine Gasbläschen eingeschlossen, deren Zusammensetzung, wie sich dann herausstellte, der von den Viking-Landegeräten vermessenen Marsatmosphäre glich. Offensichtlich stammt ALH 84001 also vom Mars.

Die lange Lebensgeschichte des Meteoriten stellt man sich nun folgendermaßen vor: Das Gesteinsmaterial erstarrte gemeinsam mit der ursprünglichen Oberfläche des Roten Planeten. Bei einem Einschlag während des Großen Bombardements vor rund vier Milliarden Jahren wurde es aus der Kruste herausgeschlagen, verschwand aber nicht im All, sondern fiel zurück auf den Marsboden. Dort blieb der Brocken bis vor (im kosmischen Maßstab) kurzer Zeit liegen; erst vor etwa 13 Millionen Jahren schickte ihn ein zweiter Einschlag auf die Reise durch das Sonnensystem, und vor etwa 13 000 Jahren kreuzte er die Erdbahn. Als Meteorit kam er in der Antarktis an, wurde in einem Gletscher eingeschlossen und trat erst wieder an die Oberfläche, als dieser Gletscher auf die Allan Hills stieß. Überdies – als ob diese Biographie noch nicht eindrucksvoll genug wäre – kann uns ALH 84001 vielleicht in der Tat etwas über den Ursprung des Lebens verraten.

Mikroben vom Mars?

Im Hochsommer 1996 legte die NASA rastelektronenmikroskopische Aufnahmen röhrenähnlicher Strukturen vor, die aus ALH 84001 stammten. Sie hoben sich deutlich vom umgebenden Gestein ab und erinnerten in gespenstischer Weise an fossile irdische Bakterien. Chemische Untersuchungen stützten die Überlegung, dass diese Röhren einst gelebt haben könnten. Aber die Fachwelt war nicht einig. Der Durchmesser dieser „Fossilien" betrug nicht mehr als 20–100 milliardstel Meter; das bedeutet, sie glichen den Nanoben, über die sich die Forscher zur selben Zeit den Kopf zerbrachen (▶ *Sind wir Staub der Sterne?*). Deshalb verwundert es nicht, dass in beiden Fällen die gleichen Argumente vorgebracht wurden – vor allem, dass solche „Organismen" zu klein sind, um die nötige DNA-Kopiermaschinerie unterzubringen. Selbstverständlich glichen sich auch die Gegenargumente: Die Organismen könnten die Kopie der Erbanlagen auf primitiverem Wege bewerkstelligt haben, mit Methoden, die von den jüngeren Nachfahren (den heute noch lebenden Bakterien) verworfen wurden. Andere wiederum hielten es für möglich, dass die Strukturen ganz ohne die Mitwirkung von Leben, nämlich durch simple Kristallisation chemischer Substanzen, entstanden sind.

Seit Beginn des Jahres 2009 wird die Debatte über Leben auf dem Mars von einem neuen wichtigen Aspekt bereichert. Er betrifft Methan, ein Gas, das sich problemlos in der Erdatmosphäre aufspüren lässt. Dorthin gekommen ist es durch Vulkantätigkeit und als Produkt des Stoffwechsels von Lebewesen. Schon mehrere Jahre lang hatten die

Planetologen Methan auf dem Mars nachgewiesen, und zwar nicht in der ganzen Atmosphäre verteilt, sondern auf drei Gebiete beschränkt. Der Verdacht liegt nahe, dass es in diesen drei Gebieten auch entsteht; dies wiederum bedeutet entweder, dass es im Inneren des Mars nach wie vor vulkanische Aktivität gibt, oder dass unter der Oberfläche des Planeten Kolonien lebender Mikroben Stoffwechsel betreiben. Beide Situationen sind äußerst spannend. Die Entdeckung von Lebewesen wäre natürlich spektakulär, aber auch die Entdeckung von Vulkanismus wäre großartig, hält man den Planeten doch bisher für geologisch tot, weil man sich nicht vorstellen kann, dass die heutigen Bedingungen noch ähnliche vulkanische Episoden wie in der Vergangenheit zulassen.

Noch gestiegen ist die Aufregung, seit bei nachfolgenden Beobachtungen entdeckt wurde, dass das Methan verschwunden ist – nicht etwa vom Wind verteilt, sondern wirklich gar nicht mehr da! Auf irgendeine Weise muss es zerstört worden sein. Die ultraviolette Sonnenstrahlung hätte dies nicht so schnell zuwege bringen können; stattdessen, so vermuten die Forscher, können dafür die reaktionsfreudigen Bodenbestandteile verantwortlich sein. Berechnungen zufolge verschwand das Methan 600-mal so schnell wie erwartet; der Aufbau der ursprünglichen Konzentration in der Atmosphäre muss also ebenfalls 600-mal schneller vor sich gegangen sein, als angenommen. Sollten Mikroben dabei eine Rolle spielen, so müsste es 600-mal mehr von ihnen geben als gedacht. Bis wir aber den Mars betreten und vor Ort nachsehen können, ob Vulkane oder Organismen das Methan produzieren, bleibt die Frage nach Leben auf dem Mars wohl unbeantwortet.

Gibt es andere vernunftbegabte Lebewesen?

Ist da noch jemand?

Die Chance, Lebenszeichen außerirdischer Wesen aufzufangen, ist eher gering. Trotzdem ist der Mensch von Natur aus begierig herauszufinden, ob er allein im Universum ist; deshalb wird unablässig weiter nach fremden Zivilisationen gesucht.

Im April, besonders am frühen Morgen, kann es in Green Bank (West-Virginia) noch bitter kalt sein. Frank Drake, pensionierter Professor, weiß das ganz genau; schließlich hat er 1960, gerade 29 Jahre alt, genau zu dieser Tageszeit mit der Arbeit am Green Bank Telescope begonnen. Als erster Mensch suchte er systematisch nach Außerirdischen: Er stellte den Empfänger des Radioteleskops so ein, dass er Signale von Wasserstoffatomen auffing. Angesichts der Bedeutung von Wasser (das aus Wasserstoff und Sauerstoff besteht) für das Leben auf der Erde hielt Drake es für möglich, dass außerirdische Wesen auf dieser Frequenz Nachrichten ins All schicken. Voller Hoffnung richtete er das Teleskop auf das erste Zielgebiet, einen sonnenähnlichen Stern namens Tau Ceti, der nur zwölf Lichtjahre von der Erde entfernt ist; in Erwartung eines lauten, klaren Signals stellte er einen Kassettenrecorder und einen Lautsprecher auf. Tau Ceti blieb stumm; so nahm Drake den nächsten Stern auf seiner Liste ins Visier, Epsilon Eridani. Minuten später hallte der Raum von einem Durcheinander von Radiogeplärr wider. Sollte es tatsächlich so einfach gewesen sein? Drake konnte es kaum glauben … und dann verschwand das Signal. Nach tagelanger Suche fing er es wieder auf, aber diesmal blieb kein Zweifel: Das waren Funkstörungen irdischen Ursprungs. Unbeirrt setzten Drake und seine Kollegen ihre Suche fort … bis heute.

Die große Stille

Ein halbes Jahrhundert später fehlt noch immer jeder Beweis für die Existenz außerirdischen vernunftbegabten Lebens in der Milchstraße. Dieses Phänomen wird gern als „große Stille" bezeichnet. Ein Beweis für die Nichtexistenz fremder Zivilisationen ist es jedoch keineswegs. Die Galaxis ist groß, das Radiofrequenzspektrum ist breit und die technischen Möglichkeiten sind so beschränkt (verglichen mit dem, was vorstellbar wäre, wenn es nur jemand bezahlen könnte), dass wir bisher nur an der Oberfläche des Problems gekratzt haben.

> *Das Fehlen von Beweisen ist kein Beweis für das Fehlen.*
> CARL SAGAN, ASTRONOM, 20. JAHRHUNDERT

Um das Ausmaß dieses Unterfangens (und seiner Unwägbarkeiten) richtig einzuordnen, geht man am besten genauso vor wie Frank Drake 1960: Man versucht, die Zahl außerirdischer Zivilisationen in der Milchstraße zu schätzen. Drake schrieb zu diesem Zweck ein imposantes Produkt auf, dessen einzelne Faktoren wie folgt lauten:

1. die mittlere Zahl der Sterne, die pro Jahr in der Galaxis entstehen,
2. der Teil dieser Sterne, der von Planeten umgeben ist,
3. der Teil dieser Planeten, auf dem Leben entstehen könnte,
4. der Teil dieser geeigneten Planeten, auf dem tatsächlich Leben entsteht,
5. der Teil dieser belebten Planeten, der intelligentes Leben beherbergt,
6. der Teil der vernunftbegabten Zivilisationen, der über technische Mittel verfügt,
7. die mittlere Lebensdauer einer kommunikationsfähigen Spezies (das ist die Zeitspanne, während der eine Zivilisation Radiosignale ins All sendet).

Leider gibt es auf dieser Liste nur einen einzigen bekannten Faktor, nämlich den ersten: Astronomen haben nachgewiesen, dass in der Milchstraße jährlich etwa sieben Sterne entstehen. Momentan arbeiten sie an einer näheren Bestimmung des zweiten Faktors, der Zahl der Planetensysteme. Die Astrophysiker gehen schon immer davon aus, dass unser Sonnensystem ein typisches System ist und die meisten Sterne über Planeten verfügen. Diese Vermutung nachzuprüfen, erweist sich aber als sehr knifflig: Wie soll man einen Planeten finden, der einen anderen Stern als die Sonne umkreist? Da er kein Licht aussendet, wird er vom Glanz seines Zentralgestirns überstrahlt.

Genauso gut könnte man versuchen, einen Stecknadelkopf neben einem hellen Scheinwerfer auszumachen. Trotzdem ist es den Astronomen im Laufe der letzten 15 Jahre gelungen, die Existenz von über 400 sogenannten „Exoplaneten" nachzuweisen. Dazu haben sie beobachtet, wie die Schwerkraft eines Planeten den eigenen Stern zum „Wackeln" bringt (▶ *Was hält die Planeten auf ihren Bahnen?*).

Diese Methode eignet sich aber nur zum Aufspüren von Planeten, die deutlich größer als die Erde sind; für die kleineren ist sie nicht empfindlich genug. Um sich ein umfassenderes Bild von Zahl und Art der Planeten im Universum zu machen, greifen die Astronomen deshalb auf Bilder des Weltraumteleskops Kepler zurück: Ständig beobachten sie damit 100 000 Sterne auf der Suche nach Momenten, in denen deren Helligkeit plötzlich abnimmt, weil ein Planet in der Sichtlinie vor ihnen vorbeizieht. In der Fachsprache heißen solche Konstellationen „Transit". Frei von den störenden Einflüssen der Erdatmosphäre ist Kepler in der Lage, Transitereignisse wahrzunehmen, wenn die Planeten von erdähnlicher Größe sind. Die Astronomen hoffen, auf der Grundlage dieser Beobachtungen sinnvoll schätzen zu können, wie viele Sterne im All von einem Planetensystem umgeben sind; es geht also um den zweiten Term der Drake'schen Gleichung und unter Umständen auch um den dritten, um die Frage also, welcher Teil dieser Planeten die Entwicklung von Leben grundsätzlich zulässt.

> *Trotz all der Planeten, die um sie kreisen und von ihr abhängen, kann die Sonne eine Weintraube reifen lassen, als ob sie im ganzen Universum nichts anderes zu tun hätte.*
> GALILEO GALILEI, ASTRONOM, 17. JAHRHUNDERT

Von den gegenwärtig etwa 350 vermuteten Exoplaneten scheint nur ein einziger bewohnbar zu sein: Gliese 581c, der einen leuchtschwachen Roten Zwerg umkreist, nur 20 Lichtjahre von der Erde entfernt. Gliese 581c ist anderthalbmal so groß und fünf- bis zehnmal so schwer wie die Erde, sein Gravitationsfeld ist doppelt so stark. Entweder handelt es sich um eine große, steinige „Super-Erde" oder um einen Ozeanplaneten, der an Uranus oder Neptun in unserem eigenen Sonnensystem erinnert. Die Massen von Uranus und Neptun liegen an der Obergrenze der Schätzwerte für Gliese 581c; in der Nähe eines Sterns würde ihr Eis schmelzen, und ihre Oberflächen wären vollständig vom Meer bedeckt. Ungeachtet dessen aber, wie er im Einzelnen beschaffen sein mag, befindet sich Gliese 581c in der bewohnbaren oder „habitablen" Zone seines Sterns.

Die habitable Zone

Als habitable Zone bezeichnet man den Abstandbereich von seinem Stern, in dem sich ein Planet befinden muss, damit die Oberflächentemperatur die Existenz von flüssigem Wasser zulässt. Wo diese Zone liegt, hängt natürlich von der Temperatur des Sterns ab, einem Ausdruck für die Energiemenge, die das Gestirn ins All schleudert. Offensichtlich liegt die Erde in der habitablen Zone der Sonne, die sich von 0,95-fachen bis zum 1,5-fachen Radius der Erdbahn erstreckt.

Gliese 581c gehört, wie bereits gesagt, zu einem Roten Zwerg, der deutlich kühler ist als die Sonne und deshalb auch eine schmalere habitable Zone bei wesentlich kleineren Bahnradien aufweist. Die Erde ist 14-mal so weit von der Sonne entfernt wie Gliese 581c von seinem Stern. Entsprechend wenig Zeit dauert der Umlauf des Exoplaneten, dessen Jahr gerade einmal 13 Erdentage umfasst. Aufgrund des geringen Bahnradius zwingt die Gravitation des Sterns Gliese 581c in eine gebundene Rotation. Das bedeutet, der Planet wendet seinem Zentralgestirn nur eine Hälfte zu, auf der stets Tag ist; die andere Seite liegt in ewiger Dunkelheit. Berechnungen zufolge müsste es auf dem Planeten flüssiges Wasser geben können; deshalb gilt er als bewohnbar, im

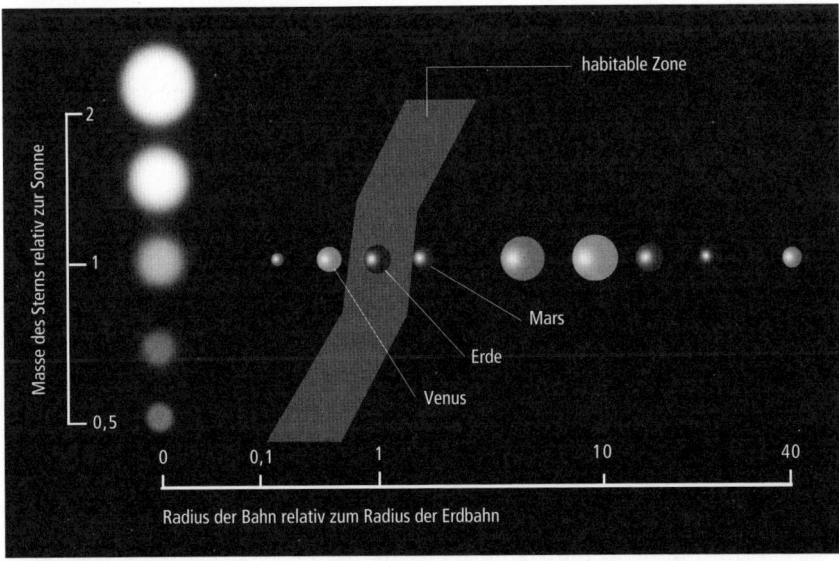

Die habitable Zone

Gegensatz zu allen anderen bekannten Exoplaneten, die entweder außerhalb der habitablen Zonen ihrer Sterne liegen oder aller Vermutung nach Gasriesen ohne feste Oberfläche sind.

Und wie sieht es in unserem eigenen Sonnensystem aus? Venus läuft im 0,75-fachen Erdabstand um die Sonne, liegt also deutlich innerhalb der inneren Grenze der habitablen Zone. Mars hingegen befindet sich gerade eben noch an der Außengrenze. Was die statistischen Überlegungen betrifft, die in die Drake'sche Gleichung einfließen, ist dieses Ergebnis nicht besonders ermutigend: Von den acht Planeten unseres Sonnensystems ist nur einer, höchstens zwei bewohnbar. Wiederholt sich dieses Muster in der ganzen Milchstraße, so könnte nur ein Viertel bis ein Achtel der entdeckten Planeten grundsätzlich Leben hervorbringen. Die Kepler-Mission wird uns helfen, ein genaueres Bild der Situation zu bekommen, denn das Teleskop spürt Planeten unterschiedlichster Größe in den verschiedensten Bahnanordnungen auf. Besonders intensiv halten die Astronomen Ausschau nach Planeten von erdähnlicher Größe in habitablen Zonen.

Verschiedentlich haben Fachleute darauf hingewiesen, dass wir uns selbst den Blick auf exotischere Lebensformen versperren – solche, die nicht auf irdische Bedingungen angewiesen sind –, wenn wir uns ausschließlich auf die habitable Zone konzentrieren. Außerdem könnten auch an der Oberfläche ganz anderer Himmelskörper, von denen man es nicht ohne weiteres erwartet, lebensfreundliche Temperaturen herrschen. Ein Beispiel ist der Jupitermond Europa, der ganz gewiss jenseits der habitablen Zone liegt, aber von den Gezeiteneffekten des Gravitationsfelds seines Planeten mit so viel Energie versorgt wird, dass unter seiner Oberfläche durchaus ein Ozean aus flüssigem Wasser existieren könnte. Und wo Wasser ist, kann auch Leben sein, sagen die Astrobiologen (▶ *Gibt es Leben auf dem Mars?*).

Bis wir aber mehr über solche exotischen Orte wissen, bleiben die meisten Forscher bei ihrem konservativen Ansatz, der die Anzahl der potenziell belebten Planeten eher unter- als überschätzt.

Wie wahrscheinlich ist Leben?

Der nächste Faktor der Drake'schen Gleichung gibt den Anteil der prinzipiell bewohnbaren Planeten an, auf denen tatsächlich Leben entsteht. Weltweit arbeiten Astronomen gegenwärtig an Missionen, die belebte Planeten aufspüren sollen – anhand nicht etwa der Radiosignale der Bewohner, sondern der Veränderung der chemischen Zusammensetzung der Atmosphäre durch Stoffwechselprozesse. Irdische Organismen zum Beispiel geben freien Sauerstoff und Methan in die Lufthülle ab. Beide Gase würden schnell aus der Atmosphäre verschwinden (indem sie miteinander zu Wasser und Kohlendioxid reagieren), wenn Pflanzen und Tiere sie nicht ständig nachliefern würden. Ein unmissverständliches Zeichen von Leben ist demzufolge die Anwesenheit von Sauerstoff und Methan. Die kürzliche Entdeckung von Methanwolken in der Marsatmosphäre nährt die Hoffnung, eines Tages doch noch Leben auf dem Roten Planeten zu entdecken (▶ *Gibt es Leben auf dem Mars?*).

Um genügend Licht von den schwach leuchtenden Exoplaneten zu sammeln, dass eine Spektralanalyse ihrer Atmosphäre (▶ *Woraus sind die Sterne gemacht?*) möglich ist, brauchen die Astronomen spezielle Geräte. Das ganze Unternehmen ist schwierig: Nur vier Exoplaneten wurden jemals von der Erde aus bildlich dargestellt, nämlich drei eines Sterns mit der Bezeichnung HR8799 und einer des hellen Sterns Fomalhaut. Um die Planeten als winzige Pünktchen zu erkennen, musste das Licht des Zentralgestirns ausgeblendet werden. Eine chemische Analyse dieser Welten kann nur gelingen, wenn Teleskope ihr Licht wochen- oder sogar monatelang einfangen. Diese Methode ist kaum alltagstauglich, da mit denselben Teleskopen in der gleichen Zeit viel mehr Interessantes angefangen werden kann. Aus diesem Grund planen Astronomen und Ingenieure, ein eigenes Weltraumteleskop zur Beobachtung von Exoplaneten zu installieren.

Bis dieses Vorhaben in die Tat umgesetzt ist und erste Ergebnisse liefert, bleibt den Forschern nichts anderes übrig als zu raten. Wie leicht sich Leben anderswo im Universum bilden konnte, können wir unmöglich sagen, solange wir noch nicht wissen, wie das Leben bei uns auf der Erde entstand (▶ *Sind wir Staub der Sterne?*).

Schätzen oder raten?

Ganz ähnlich im Dunkeln tappen wir bei den übrigen Faktoren der Drake'schen Gleichung. Wir kennen nun einmal nur einen belebten Planeten, und das ist die Erde; kein seriöser Forscher verallgemeinert ein einziges Beispiel. Tun wir aber trotzdem das Mögliche: Die nächsten

148 | Gibt es andere vernunftbegabte Lebewesen?

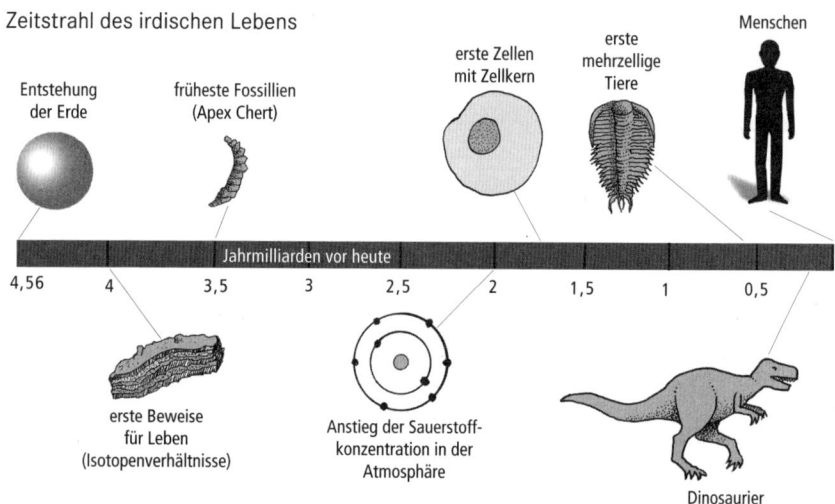

beiden Terme betreffen die Anzahl der belebten Planeten, auf denen vernunftbegabte Lebensformen entstehen, und den Anteil dieser Zivilisationen, die eine Technologie entwickeln, um Signale ins All zu funken. Falls die Erdgeschichte typisch ist, sollten die Chancen dafür eher schlecht stehen; man bedenke, wie viele Hürden die Evolution nehmen musste, um bei einer ausreichend hohen Intelligenz anzukommen.

Anhand der Fossilien lässt sich schließen, dass die Evolution auf der Erde generell langsam vonstattengeht, aber in jüngerer Zeit schneller wurde. Für mehr als die Hälfte ihrer Existenz beherbergte die Erde nichts als die allerprimitivsten Zellen ohne Zellkern, sogenannte Prokaryonten. Alle lebenswichtigen Bauteile der Zelle waren schlicht in eine Membranhülle hineingestopft. Erst vor etwa zwei Milliarden Jahren entwickelten die Zellen Kerne, in denen sie ihr Erbmaterial unterbrachten. Auf diesen Komplexitätssprung folgte die Herausbildung weiterer spezialisierter Kompartimente, mit deren Hilfe die Zellen ihren Inhalt besser organisieren und die Ressourcen ihrer Umwelt effektiver nutzen konnten.

Irgendwann beschlossen die Zellen, sich zu mehrzelligen Organismen zusammenzufinden; aber bis dahin verging wieder viel, viel Zeit. Nur eine halbe Milliarde Jahre ist das komplexe Leben auf der Erde alt. Der entscheidende Zeitabschnitt wird „kambrische Explosion" genannt, eine bemerkenswerte Ära von lediglich 70–80 Millionen Jahren Dauer, in der sich die meisten großen Klassen der Tiere entwickelten.

Die außergewöhnlich rasche Evolution in dieser Phase könnte von der sprunghaften Anreicherung freien Sauerstoffs in der Atmosphäre ausgelöst worden sein. Mehr Sauerstoff bedeutete mehr Energie zur Aufrechterhaltung komplexer Prozesse. Im Grunde kann man diesen Anstieg der Sauerstoffkonzentration als schlimmste je aufgetretene globale Umweltverschmutzung ansehen. Sauerstoff ist der Abfall der Photosynthese, des Vorgangs also, mit dem grüne Pflanzen sich die Sonnenenergie nutzbar machen, und des Stoffwechsels einiger Mikroben. Das äußerst reaktionsfreudige Gas kann sogar giftig sein, indem es biologische Moleküle angreift. Die Anreicherung freien Sauerstoffs in der Lufthülle der Erde führte zu einem Massenaussterben von Mikroorganismen, die demnach – Ironie der Evolution – an ihren eigenen Stoffwechselprodukten zugrunde gingen.

Manche der altertümlichen Mikroben überlebten, weil sie in Nischen (etwa tief unter der Erde) Schutz vor dem Sauerstoff fanden; andere entwickelten Strategien, um mit

> *Würde der Eiffelturm für das Alter der Welt stehen, wäre die Farbschicht auf der höchsten Spitze mit dem Alter der Menschheit zu vergleichen.*
> MARK TWAIN, SCHRIFTSTELLER, 19. JAHRHUNDERT

dem Gas fertigzuwerden, indem sie es in eigene Moleküle einbauten, zum Beispiel das Collagen. Collagen wiederum stabilisierte die Zellen, sodass die Organismen größer werden konnten. Sie lernten, Sauerstoff als Energiequelle zu nutzen, was sich als so erfolgreich erwies, dass heute alle Tiere Sauerstoff atmen. Häufig wird behauptet, die Verfügbarkeit des energiereichen Sauerstoffs sei überhaupt die Ursache dafür gewesen, dass sich energieintensive Organe wie das menschliche Gehirn herausbilden konnten. Bis dahin aber verging wieder einmal Zeit, viel Zeit. Erst von 200 000 Jahren betrat der Mensch die Bühne der Welt, und Botschaften ins All senden können wir seit gerade einmal 70 Jahren. Anders gesagt: Betrachten wir die gesamte Erdgeschichte, so sind die Menschen nicht länger als einen Augenblick vorhanden, und einen hohen technologischen Stand haben sie vor Bruchteilen dieses Augenblicks erreicht.

Dass es auf einem Planeten intelligentes Leben gibt, bedeutet noch lange nicht – das müssen wir uns vor Augen führen –, dass eine solche Zivilisation tatsächlich Kommunikationssysteme ersinnt. Gliese 581c zum Beispiel, der einzige derzeit bekannte Planet in der habitablen Zone eines fremden Sterns, könnte eine Wasserwelt sein – ein riesiges Meer ohne Festland. Vielleicht gibt es dort vernunftbegabte Wasserwesen, aber es ist schwer vorzustellen, dass sie jemals auf die Idee kommen, Elektrogeräte zu bauen.

Nun bleibt nur noch ein Faktor der Drake'schen Gleichung: die Zeitspanne der Existenz einer intelligenten, kommunizierenden Zivilisation. Die Fähigkeit der Menschheit, Signale ins All zu übermitteln, ist fast exakt genauso alt wie die Fähigkeit der Menschheit, sich selbst mit Atomwaffen auszulöschen. Manche Leute spekulieren deshalb, dass keine vernunftbegabte Lebensform noch lange existiert, nachdem sie die höheren Stufen der Technik einmal erklommen hat – vielleicht hundert Jahre oder zweihundert ... Dabei braucht es noch nicht einmal eine bewaffnete Auseinandersetzung, um unseren Planeten zum Schweigen zu bringen. Unser Entwicklungsstand begünstigt ohne Zweifel einen Klimawandel, der dramatische Ausmaße annehmen könnte. Optimisten glauben, dass wir mit solcherart Problemen fertigwerden; trifft das zu, so könnte die Menschheit mitsamt ihren technischen Errungenschaften in der Tat noch lange weiterleben. Schätzungen zufolge wird die Erde noch ein paar Milliarden Jahre lang bewohnbar bleiben, bevor die Sonne so heiß wird, dass die Ozeane verdampfen (▶ *Welches Schicksal erwartet das Universum?*). Anders ausgedrückt, wir könnten noch Jahrmilliarden lang Funksignale ins All senden.

Die Quintessenz all dieser Überlegungen ist: Der letzte Term der Drake'schen Gleichung ist eigentlich der entscheidende. Je länger unserer Ansicht nach eine durchschnittliche vernunftbegabte, technisch fortgeschrittene Zivilisation existiert, umso mehr solche Zivilisationen können wir in der Milchstraße erwarten und umso größer wird folglich unsere Chance, eine von ihnen zu belauschen.

SETIs großer Traum

Auf Drakes frühe Überlegungen folgte 1971 der Startschuss für die organisierte Suche nach Außerirdischen – zumindest auf dem Papier: Die NASA gab eine Studie zum Entwurf des ultimativen SETI-Teleskops in Auftrag. (SETI ist das Akronym für „Search for ExtraTerrestrial Intelligence".) Ein gigantisches Feld miteinander verknüpfter Teleskope namens „Cyclops" (Zyklop) sollte sein eines metaphorisches Auge zum Himmel richten, um Streuwellen der Radiokommunikation von Planeten im Umkreis von 1000 Lichtjahren aufzufangen. (Genau diese Art von Signalen, ausgestrahlt von Radio- und Fernsehsendern und Militärradaranlagen, verrät umgekehrt auch die Anwesenheit der Erde allen, die in den Weiten des Raums davon Notiz nehmen wollen.) Herkömmliche Radioteleskope sind nicht empfindlich genug, um solche schwachen Wellen zu empfangen.

Cyclops wurde nie gebaut, und die SETI-Forscher sahen ihre Suche auf Außerirdische beschränkt, die ein gebündeltes Funksignal zur Erde schicken mit dem Zweck, unsere Aufmerksamkeit zu erregen. Diese Eingrenzung erfuhr auch Kritik: Warum sollte eine fortgeschrittene Zivilisation mit uns reden wollen? Wäre das nicht dasselbe, als wenn wir Menschen versuchten, uns mit einer Amöbe zu unterhalten? Ungeachtet allen Skeptizismus zeigte die Popularität des SETI@home-Programms eindrucksvoll, dass es viele Menschen gibt, die die Suche nach Außerirdischen nicht nur verfolgen, sondern auch mit großem Interesse selbst betreiben wollen. Seit 1999 kann man auf dem eigenen PC eine Software installieren, die in der Leerlaufzeit des Rechners Daten aus dem SERENDIP-Projekt der University of California in Berkeley analysiert. SERENDIP („Serach for Extraterrestrial Radio Emissions from Nearby Developed Intelligent Populations") verfügt über einen Empfänger, der an ein Radioteleskop gekoppelt ist und Daten aus den Bereichen des Alls sammelt, auf die das Teleskop gerade gerichtet ist. Die Zahlenkolonnen werden dann über das Internet an PCs geschickt, die an SETI@home teilnehmen, und dort nach möglichen Signalen durchsucht. Die Resultate werden nach Berkeley zurückgemeldet. Bis heute hat man zwar gelegentlich kuriose Signale gefunden, aber es war keines dabei, das einer genaueren Prüfung standhielt.

Vielleicht finden die SETI-Forscher morgen eine Spur von Außerirdischen, vielleicht nächstes Jahr, im nächsten Jahrzehnt, in hundert Jahren ... oder niemals. Die kostspielige Technik, mit der man das ganze All vollständig und definitiv absuchen könnte, steht uns heute noch nicht zur Verfügung. Angesichts der zahlreichen beteiligten Faktoren – insbesondere der langen Zeit, die auf der Erde vergehen musste, bis sich die ersten Einzeller zu vernunftbegabten Wesen entwickelt hatten – gehen viele Astronomen davon aus, dass die Zahl der Planeten, auf denen irgendwann irgendeine Lebensform erscheint, zwar vergleichsweise groß sein könnte, dass aber nur ein sehr geringer Teil dieser Zivilisationen bis zur interstellaren Kommunikation fortschreitet. Solange das Gegenteil nicht bewiesen ist, bleibt es möglich, dass wir die einzigen intelligenten Wesen in der Milchstraße sind, vielleicht sogar im gesamten Kosmos.

Können wir durch Zeit und Raum reisen?

Warp-Antriebe und Zeitreisen

Eine Reise durch die schier unendlichen Weiten des Alls erscheint gegenwärtig unmöglich, und Zeitreisen sind pure Fiktion. Technologien, von denen heute noch keiner zu träumen wagt, könnten dies irgendwann ändern. Falls das aber gelingen sollte: Warum sind wir dann unserem zukünftigen Selbst noch nicht begegnet?

Im Frühjahr und Sommer 1950 verschwanden die Mülltonnen. Kein New Yorker sah je den Dieb, aber die Metallkübel in den Straßen von Manhattan lösten sich in erschreckendem Tempo in nichts auf. Gleichzeitig überschwemmte eine Flut von Ufo-Sichtungen das Land, und das Blatt *The New Yorker* brachte eine Karikatur, auf der man eine Flotte von Aliens sehen konnte, die mit reicher Beute an Mülleimern zum Heimatplaneten zurückkehrte.

„Eine hübsche Erklärung für beide Phänomene ist das", sagte Enrico Fermi, als eines schönen Sommertages beim Mittagessen am Los Alamos National Laboratory jemand das Gespräch auf diese Zeichnung brachte – und schon diskutierte die Runde über interstellare Reisen mit Überlichtgeschwindigkeit.

Einsteins Spezielle Relativitätstheorie besagt: Die Lichtgeschwindigkeit ist die absolute Obergrenze der Geschwindigkeiten im ganzen Universum. Nichts kann sich im leeren Raum schneller ausbreiten als Licht. Diese Tatsache sorgt dafür, dass interstellare Raumflüge schwer realisierbar sind. Zwischen den Sternen liegen riesige Entfernungen. Den Rekord für die höchste vom Menschen „gemachte" Geschwindigkeit hält die 1976 gestartete Raumsonde Helios 2, die bei mehreren Vorbeiflügen an der Sonne auf rund 250 000 Stundenkilometer kam. Im Vergleich mit der Lichtgeschwindigkeit, 1,1 Milliarden Stundenkilometer, ist das ein wahres Schneckentempo, mit dem man selbst am allernächsten Stern erst in 18 500 Jahren angelangt wäre.

Selbst wenn ein Raumschiff Lichtgeschwindigkeit erreichen könnte, gibt es doch nicht mehr als elf Sterne (außer der Sonne), die innerhalb einer Distanz von zehn Lichtjahren liegen. 4,3 Jahre braucht man (mit Lichtgeschwindigkeit) zum nächsten Stern, einem Dreifachsternsystem namens Alpha Centauri. Weil wir auf Unterlichtgeschwindigkeit beschränkt sind, ist alles, was darüber hinausgeht, für immer unerreichbar für uns.

Die Geschwindigkeit ist begrenzt

Die universelle Geschwindigkeitsgrenze ist eine unmittelbare Folge der Tatsache, dass die Lichtgeschwindigkeit konstant ist. Dieses von Albert Einstein formulierte Prinzip besagt: Wie schnell sich auch immer das Messgerät bewegt, der Messwert der Lichtgeschwindigkeit ist immer gleich. Das steht im Widerspruch zum Erwarteten, denn unsere Alltagserfahrung sagt, dass sich Geschwindigkeiten „addieren": Zwei Autos, die mit je 50 Stundenkilometern aufeinander zufahren, passieren einander mit der kombinierten – „relativen" – Geschwindigkeit von 100 Stundenkilometern. Für Licht gilt dies nicht; stets misst man dieselbe Geschwindigkeit, ob man nun direkt auf die Quelle des Strahls zufliegt, sich von ihr entfernt oder sich parallel zum Strahl bewegt. Bewiesen wurde dies von den amerikanischen Physikern Albert Michelson und Edward Morley mit einem nach ihnen benannten Experiment im Jahre 1887.

Michelson und Morley wollten eigentlich einen unwiderlegbaren Beweis der Existenz des „Äthers" liefern. Zu ihren Lebzeiten herrschte allgemein die Ansicht, Licht brauche ein Medium, um sich darin auszubreiten – wie Schallwellen, die sich in der Luft fortpflanzen –, und dieses Medium, in das man sich die ganze Erdkugel eingebettet vorstellte, nannte man Äther. Michelson und Morley argumentierten nun, die Erde sollte bei ihrer Bahnbewegung mit immerhin 30 Kilometern pro Sekunde den „Fahrtwind" des Äthers verspüren. In Abhängigkeit von der Jahreszeit und der Bewegungsrichtung der Erde sollte der Äther in unterschiedlichen Richtungen und mit unterschiedlichen Geschwindigkeiten an einem Beobachtungsposten entlangstreichen. Um den Effekt dieses „Winds" zu messen, spalteten Michelson und Morley einen Lichtstrahl mit einem halbdurchlässigen Spiegel in zwei Teilstrahlen auf. (Ein halbdurchlässiger Spiegel reflektiert einen einfallen-

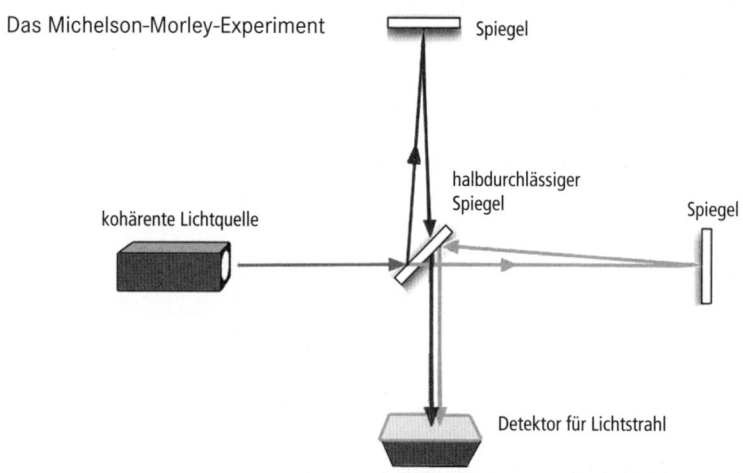

Das Michelson-Morley-Experiment

den Strahl nur zur Hälfte und lässt die andere Hälfte durch.) Diese identischen Teilstrahlen schickten sie auf zwei rechtwinklig zueinander orientierte Wege, reflektierten sie an Spiegeln und ließen sie zum Schluss wieder zusammenlaufen. Da sich die beiden Strahlen in verschiedenen Richtungen relativ zur Erdbewegungsrichtung ausbreiteten, sollte der Äther einen von ihnen direkt von vorn treffen, den anderen von der Seite. Die zurückkehrenden Strahlen sollten demnach nicht mehr identisch sen. Das waren sie aber, so oft Michelson und Morley ihren Versuch auch wiederholten. Die Lichtstrahlen schienen vom Äther völlig unbeeinflusst zu sein, als ob es dieses Medium überhaupt nicht geben würde.

Auf genau diesen Schluss einigte sich schließlich auch die Fachwelt: Es gibt keinen Äther. Licht braucht kein Ausbreitungsmedium, und seine empfundene Geschwindigkeit hängt nicht vom Bewegungszustand des Beobachters ab. Albert Einstein akzeptierte dieses Ergebnis und untersuchte, welche Auswirkungen es auf die Naturgesetze haben würde. So kam er zur Speziellen Relativitätstheorie. „Relativität" bezieht sich hier auf den Fakt, dass Geschwindigkeiten nur relativ angegeben werden können, denn im Universum gibt es keinen ausgezeichneten Punkt, kein festes Koordinatensystem, auf das man sich beziehen könnte. Man kann nur die Geschwindigkeiten (Betrag und Richtung) zweier Objekte miteinander vergleichen. „Speziell" bedeutet, dass diese Theorie nicht ohne Weiteres auf alle Bewegungsformen übertragen werden kann. Zunächst beschränkte sich Einstein auf gleichförmige Bewegungen, solche also, bei denen sich weder die Geschwindigkeit noch die Bewegungsrichtung des betrachteten Objekts ändert. Nachfolgend erweitere er seine Gleichungen auf beschleunigte Bewegungen; so kam er zur Allgemeinen Relativitätstheorie (▶ *Hatte Einstein recht?*).

Während er die Spezielle Relativitätstheorie ausarbeitete, stieß Einstein auf unerwartete, kaum vorstellbare Effekte, die sich einstellen, wenn die Geschwindigkeit eines Objekts ein Zehntel der Lichtgeschwindigkeit überschreitet. Mag es auch bizarr wirken – das Objekt wird immer schwerer, je schneller es unterwegs ist. Die Massenzunahme bedeutet eine Zunahme der Trägheit: Es ist immer mehr Energie nötig, um das Objekt noch weiter zu beschleunigen. Diese Energie steigt weiter und weiter, wenn die Geschwindigkeit ansteigt, und ist schließlich unendlich groß, wenn man versucht, das Objekt auf Lichtgeschwindigkeit zu bringen. Anders ausgedrückt: Die Lichtgeschwindigkeit ist unerreichbar, und sie bildet eine unüberschreitbare Grenze. Angesichts dessen scheinen wir für alle Ewigkeit verdammt zu sein, in unserem Sonnensystem herumzukrabbeln wie Ameisen auf der Erdkugel, eingesperrt in einen winzigen Bereich des Alls, weil wir einfach nicht lange genug leben, um die unermesslichen Entfernungen zwischen den Sternen zu überwinden. Das ist in der Tat frustrierend. Aber die Sache hat ein Hintertürchen.

Ja, die Spezielle Relativitätstheorie besagt, nichts kann sich schneller im Raum fortbewegen als mit Lichtgeschwindigkeit. Aber: Die Theorie hält den Raum selbst nicht davon ab, sich schneller als mit Lichtgeschwindigkeit auszudehnen oder zusammenzuziehen! Die Inflationstheorie (▶ *Wie entstand das Universum?*) macht sich diese Tatsache zunutze, wenn sie behauptet, das frühe Universum habe eine plötzlich einsetzende Periode extremer Expansion erlebt. Das Universum schleuderte sich sozusagen selbst in alle Himmelsrichtungen gleichzeitig, wobei Materie und Energie überlichtschnell auseinanderstoben. Noch heute fliegen weit entfernte Galaxien mit Überlichtgeschwindigkeit von uns weg; dies bewirkt der unermesslich große, expandierende Raum, der uns von ihnen trennt. Die Himmelskörper aber bewegen sich nicht wirklich mit solcher Geschwindigkeit vom Fleck; Einsteins Gesetz wird nicht verletzt. So geht es im verrückten Reich der Relativität zu, und die Astronomen müssen sich diese Denkweise zu eigen machen. Sonst ergeben all die am Himmel beobachteten Bewegungen keinen Sinn.

Inzwischen sind Einsteins Voraussagen und ihre Folgen auch im Alltag erfahrbar. Ohne Relativität gäbe es kein GPS, denn exakte Positionen lassen sich nur relativistisch berechnen. Anders gesagt: Ohne Einstein könnte Ihnen weder Handy noch Navi Ihren genauen Standort verraten. Die Theorie hat aber noch viel aufregendere Anwendungen …

Warps und Wurmlöcher

Mithilfe der Relativitätstheorie können wir die Idee des durch Star Trek berühmt gewordenen „Warp-Antriebs" verstehen. Stellen Sie sich eine Vorrichtung vor, die den Raum wie ein Gummiband auseinanderzieht und Ihr Raumschiff dabei mitnimmt. Wenn Sie Ihr Ziel erreicht haben, steigen Sie vorne aus, während der Raum hinter Ihnen wieder auf seine normale Gestalt schrumpft. Lange hielt man das für völlig realitätsfremd, bis der Theoretiker Miguel Alcubierre Moya ein mathematisch-physikalisches Modell vorlegte, dem zufolge man eine Blase gekrümmten Raums in der Raumzeit erzeugen kann. Anstatt den Raum selbst zu strecken, könnte man diese Blase durchs Universum fliegen lassen. Der Trick besteht nur darin, ein Energiefeld so um das Raumschiff herum aufzubauen, dass der Raum hinter dem Heck expandiert und vor dem Bug kontrahiert. Zwischen diesen beiden stark gekrümmten Bereichen befindet sich ein flaches Gebiet, in dem das Schiff in aller Ruhe und Sicherheit mit „Warp-Geschwindigkeit" vorankommt.

Jede weit genug fortgeschrittene technische Lösung wirkt wie Zauberei.
ARTHUR C. CLARKE, SCIENCE-FICTION-AUTOR, 20. JAHRHUNDERT

Der Warp-Antrieb hat leider einen Pferdefuß: Um die Raumzeit kontrahieren zu lassen, braucht man Materie in einer hypothetischen Form, sogenannte exotische Materie. Im Unterschied zur Antimaterie hat die exotische Materie eine negative Masse; das bedeutet, in einem Gravitationsfeld würde sie eine abstoßende Kraft verspüren. Es gibt zwar Hinweise auf „exotisches" Verhalten im Universum – man denke nur an Dunkle Energie, die wie eine Art abstoßende Gravitationskraft zu wirken scheint (▶ *Was ist Dunkle Energie?*) –, aber nichts beweist, dass es Materie dieser Form tatsächlich gibt. Trotzdem: Alcubierres Modell brachte die Leute ins Grübeln.

Von 1996 bis 2002 beschäftigte sich eine kleine Forschergruppe der NASA mit innovativen, unkonventionellen Antriebsmethoden für

Raumfahrzeuge. Die Mitarbeiter dieses „Breakthrough Propulsion Physics Project" hatten die Aufgabe, die ganze Physik nach Schwachpunkten des Verstehens abzusuchen. Bei dem Versuch, solche Lücken zu schließen, hoffte man, auf Ideen zu völlig neuartigen Antrieben zu stoßen. Zu den heißen Kandidaten zählten Verfahren, mit denen sich die Gravitation steuern ließe.

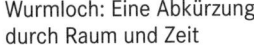

Wurmloch: Eine Abkürzung durch Raum und Zeit

Könnte man etwa die Gravitationskraft im Bereich einer Startrampe „herunterregeln", so erforderte das Abheben einer Rakete viel weniger Energie; könnte man die Trägheit einer Raumsonde herabsetzen, so käme sie mit einem schwächeren Antrieb aus. Alle Ansätze dieser Art endeten in Sackgassen, aber das Team beschäftigte sich auch mit Abkürzungen durch die Raumzeit, sogenannten Wormholes oder Wurmlöchern.

In Anlehnung an „Alice im Wunderland" können Sie sich ein Wurmloch in der Raumzeit ähnlich vorstellen wie einen Kaninchenbau. Um zu verstehen, wie das Ganze funktioniert, denken Sie an ein zweidimensionales Universum (in Form eines Blatts Papier): Will ein Bewohner von einer Ecke zur gegenüberliegenden Ecke gelangen, so muss er das Papier diagonal überqueren. Biegen Sie das Blatt nun gedanklich so, dass der Ausgangspunkt genau unter der Ecke zu liegen kommt, die der Flächenlandbewohner erreichen will. Dann muss dieser nur in die Höhe springen, um sein Ziel – das andere Ende des Universums – wunderbarerweise ganz schnell zu erreichen. Das heißt, er muss sich in der ihm vollkommen fremden dritten Dimension bewegen. Er ist damit durch ein Wurmloch gereist, eine Abkürzung, die durch eine Dimension führt, die wir normalerweise nicht spüren.

Als sie die Physik von Wurmlöchern näher untersuchten, stellten die Forscher leider fest, dass man auch hier – wie bei Alcubierres Warp-Antrieb – nicht ohne exotische Materie auskommt. Das Team zog den Schluss, dass sich auf dieser Basis zwar keine neue Antriebsmethode entwickeln lässt, man aber auf eine durchaus inspirierende Anomalie im gegenwärtigen Wissensstand gestoßen war. Zwei derartige Merkwürdigkeiten, die den Raumfahrtingenieuren mittlerweile geläufig sind, deuten auf neuartige Kräfte und Energiequellen hin, die sich bis dato jedem Erklärungsversuch entzogen.

Ungewöhnliche Kräfte

Die „Pioneer-Anomalie" betrifft die Raumsonden Pioneer 10 und 11, die seit ihrer Begegnung mit den Riesenplaneten Jupiter und Saturn in den 1970er/1980er Jahren aus unserem Sonnensystem hinausdriften. Sie werden von einer mysteriösen Kraft fast unmerklich gebremst; ihre Geschwindigkeit sinkt dabei um etwa ein milliardstel Meter pro Sekunde. Ein internationales Konsortium von Wissenschaftlern und Ingenieuren wertet das Datenmaterial aus, um herauszufinden, wann genau die seltsame Verzögerung begann, ob sie allmählich zunahm oder plötzlich in voller Stärke auftrat und ob sie sich mit einer Fehlfunktion der Bordinstrumente erklären lässt. Bisher haben sie eine Ursache gefunden – die Wärmeentwicklung durch die Atomaggregate –, aber der größere Teil der Verzögerung lässt sich auch damit nicht begründen.[1] Damit bleibt eigentlich nur, eine Schwachstelle in unserer Gravitationstheorie zu vermuten.

Der zweite unerklärte Effekt ist die „Fly-by-Anomalie". Sie wirkt sich deutlich stärker aus als die Pioneer-Anomalie und trat bei verschiedensten Raumsonden in Erscheinung, unter anderem bei Galileo (auf dem Weg zum Jupiter), NEAR („Near Earth Asteroid Rendezvous"), der Saturnsonde Cassini und dem Kometenjäger Rosetta. Es handelt sich dabei um eine kleine, unvorhergesehene Beschleunigung von wenigen Millimetern pro Sekunde beim Vorbeiflug an einem Planeten („Fly-by-Manöver"). Zunächst vermutete man einen Rechenfehler, aber je mehr Missionen betroffen sind, umso unwahrscheinlicher wird es, dass sich so viele Teams in gleicher Weise verrechnen. Zu den anderen Lösungsvorschlägen gehört die Überlegung, die Trägheit des Raumfahrzeugs nehme nach irgendeinem naturgegebenen Mechanismus ab, wodurch die Sonde auf das durchflogene Gravitationsfeld stärker reagiere.

---

[1] Im April 2011 legte eine portugiesische Forschergruppe ein Modell vor, das die Abweichungen mit der ungleichmäßigen Wärmeabstrahlung an verschiedenen Bauteilen der Sonde vollständig beschreiben kann. Ob das Rätsel damit gelöst ist, darüber herrscht in der Fachwelt noch keine Einigkeit. (Anm. d. Ü.)

Ob eines dieser beiden Phänomene schließlich die Antriebstechnik revolutionieren wird, lässt sich noch nicht absehen. Zunächst sind die Physiker bestrebt, herauszufinden, was dahintersteckt. Die Geschichte zeigt, dass gewaltige wissenschaftliche Durchbrüche häufig ihren Anfang nahmen, wenn jemand plötzlich auf eine lange übersehende Anomalie aufmerksam wurde.

Zeitreisen

Mögen Warp-Antriebe und dergleichen auch phantastisch klingen, sie eines Tages in die Tat umzusetzen wird ein Spaziergang sein – verglichen mit dem Bau einer Zeitmaschine. Wenn wir über Zeitmaschinen reden, müssen wir zunächst klären, was wir unter Zeit verstehen. Zeit zu definieren, ist enorm schwierig; im Gegensatz zur elektrischen Ladung etwa oder zur Masse können wir Zeit nicht mit einem absoluten Maßstab messen. Vielleicht sehen Sie das nicht gleich ein; schließlich sind wir im Alltag ständig damit beschäftigt zu verfolgen, wie unsere Lebenszeit vergeht. Aber Uhren können eben nur dies: Sie registrieren das Verstreichen der Zeit anhand eines Phänomens, bei dem die Zeit eine Rolle spielt, wie Schwingungen eines Quarzkristalls oder der Zerfall eines radioaktiven Isotops. Die Zeit an sich können wir weder messen noch wie Form, Geschmack oder Farbe mit den Sinnen empfinden. Trotzdem merken wir, wie sie vergeht – daran, dass sich Dinge um uns ändern, auch wenn es nur unsere eigenen Gedankengänge sind. Wir reisen durch die Zeit in die Zukunft, unweigerlich. Einen Rückweg gibt es nicht.

Allerdings können wir den Ablauf der Zeit bremsen; die Spezielle Relativitätstheorie sagt uns, wie. Wie bereits erwähnt, nimmt die Masse eines Gegenstands zu, wenn sich seine Geschwindigkeit der Lichtgeschwindigkeit nähert. Gleichzeitig geschieht etwas Absonderliches mit der Zeit: „Zeitdilatation" bedeutet, dass die Zeit für ein Objekt umso langsamer vergeht, je schneller es sich bewegt. Ist das nicht die Lösung für interstellare Reisen? Könnte man ein Raumschiff auf relativistische Geschwindigkeiten beschleunigen, dann würde darin die Zeit so langsam verstreichen, dass die Besatzung andere Sterne innerhalb ihrer Lebensspanne erreichen könnte. Die Kehrseite der Medaille ist, dass außerhalb des Raumschiffs die Zeit ganz normal weiterliefe, während einer Reise also viele Jahre, vielleicht Jahrhunderte vergehen würden. Stellen Sie sich ein eineiiges Zwillingspaar vor: Ein Bruder wird Astro-

> Sitzt ein Mann eine Stunde neben einem netten Mädchen, meint er, es sei eine Minute vergangen; sitzt er eine Minute auf einem heißen Ofen, kommt es ihm vor wie eine Stunde. Das ist Relativität.
>
> ALBERT EINSTEIN, PHYSIKER, 20. JAHRHUNDERT

naut und verlässt die Erde mit einem Raumschifft, dass sich nahe der Lichtgeschwindigkeit bewegt, der andere bleibt zu Hause. Wenn der Reisende zurückkehrt, ist er kaum gealtert – sein Bruder hingegen ist ein alter Mann, da die Zeit für ihn viel schneller verging.

Auch die Allgemeine Relativitätstheorie hat etwas zu diesem Thema beizutragen: Sie beschreibt, wie sich die Zeit in Gegenwart eines Gravitationsfelds verlangsamt. Wo das Feld schwächer ist (zum Beispiel auf der ISS), vergeht die Zeit schneller. Eine Uhr auf der Raumstation macht eine Sekunde in 10 000 Jahren gut gegenüber einer identischen Uhr am Erdboden. Das klingt vielleicht nicht viel, aber Atomuhren gehen genauer als 1:1 000 000 – da lässt sich die Zeitdilatation aufgrund der Allgemeinen Relativitätstheorie problemlos nachweisen.

In Science-Fiction-Romanen ist, wenn es um Zeitreisen geht, oft von Besuchen in der Vergangenheit mithilfe irgendeiner Art Zeitmaschine die Rede. Weit entfernt von den verrückten Ideen der Romanschreiber ist die zumindest mathematisch wohlbegründete Version des Physikers Frank Tipler. 1974 zeigte Tipler, dass ein im Raum rotierender Zylinder das Raumzeit-Kontinuum um sich aufrollt, wie man Honig um einen Löffel wickelt. Wäre diese Drehbewegung hinreichend schnell, so könnten sich Wege in die Vergangenheit auftun. Ärgerlich nur, dass Tiplers Zylinder zu diesem Zweck unendlich lang sein musste! Vielleicht, meinte der Physiker, würde auch ein kürzerer Zylinder ausreichen, wenn er sich entsprechend schneller dreht. Interessanterweise kommen einige moderne theoretische Überlegungen über rotierende Schwarze Löcher Tiplers Mathematik recht nahe. Sie deuten darauf hin, dass Zeitreisen in einem Gebiet mit verdrehter Raumzeit – der „Ergosphäre", die man in der Umgebung Schwarzer Löcher vermutet – möglich sein könnte. Andere Theoretiker dagegen halten Reisen in die Vergangenheit nur mithilfe von exotischer Materie (mit negativer Masse) für möglich.

Sollte man tatsächlich in die Vergangenheit gelangen können, dann fallen uns sofort eine Reihe paradoxer Situationen ein. Welche Folgen hätte es zum Beispiel, wenn Sie Ihren eigenen Großvater ermorden könnten, bevor dieser Ihre Mutter zeugt? Einige Forscher meinen, irgendein Mechanismus würde logische Paradoxa dieser Art grundsätzlich verhindern. Für die meisten Kollegen klingt das aber zu sehr nach der übernatürlichen Hand des Schicksals; sie halten es für wahrscheinlicher, dass sich das Universum in parallele Realitäten aufspaltet (▶ *Gibt es viele Universen?*). Oder dass Zeitreisen vom Prinzip her unmöglich sind.

Wo sind sie alle?

Kehren wir noch einmal zu Enrico Fermi und seiner Runde am Mittagstisch zurück. Nachdem sie die Frage des überlichtschnellen Reisens kurz diskutiert hatten, beschäftigten sich die Kollegen mit anderen Themen und fuhren fort zu essen. Fermis Gedanken aber kreisen weiter um Außerirdische, und plötzlich rief der Physiker aus: „Aber wo sind sie alle?" Wenn man nämlich annehme, erklärte er der Runde, dass es in der Milchstraße viele fremde Zivilisationen gebe, dann müsse man aufgrund des hohen Alters des Universums davon ausgehen, dass einige dieser Zivilisationen viel älter sind als die Menschheit und längst über Raumfahrttechnik verfügen. Die Milchstraße sollte also von technisch fortgeschrittenen Zivilisationen nur so wimmeln, die uns in der Vergangenheit und Gegenwart gewiss schon oft besucht hätten. Aber warum haben wir sie nicht bemerkt? Wo sind sie?

Die sonderbaren, verrückten Ufo-„Sichtungen" wollte Fermi nicht als Beweis für irgendetwas gelten lassen. Seine einfache Frage wurde als „Fermis Paradoxon" bekannt. Fermi selbst untermauerte damit seine Ansicht, interstellares Reisen sei tatsächlich praktisch unmöglich, weil wir sonst vielfache Anzeichen des Besuchs von Außerirdischen gefunden haben müssten. Ähnlich kann man in der Frage der Zeitreisen argumentieren: Sind sie möglich, dann wird irgendwer eine Zeitmaschine erfinden, in welcher fernen Zukunft auch immer, und dann werden Menschen in die Vergangenheit reisen. In diesem Fall sollten auch gegenwärtig Zeitreisende unter uns weilen. Wenn also die Gesetze der Physik Zeitreisen wirklich zulassen, wo sind dann die Gäste aus der Zukunft?

Die ausgewogene Beweislage legt in der Tat nahe: Zeitreisen sind ebenso prinzipiell unmöglich wie Reisen zu anderen Sternen. Bevor wir aber zu pessimistisch werden, sollten wir uns vor Augen führen, was man vor ein paar Jahrhunderten über Technik wusste – und wie man reiste. Die Naturphilosophen des 17. Jahrhunderts jedenfalls hielten Reisen zu anderen Planeten zweifellos für völlig unmöglich.

Können sich die Naturgesetze ändern?

Physik jenseits von Einstein

Die mathematischen Formeln, die unsere Welt beschreiben, fußen auf universellen Naturkonstanten. Was aber, wenn diese Konstanten gar nicht konstant sind? Vielleicht müssen wir zur Kenntnis nehmen, dass wir Sterblichen blind für Dimensionen der Raumzeit sind, die über unser Wahrnehmungsvermögen hinausgehen.

Es geschah vor fast zwei Milliarden Jahren in Afrika, tief unter dem heutigen Oklo, einem Landesteil von Gabun: Durch Schichten von Sandstein sickerte Wasser, das Uran enthielt. Im Laufe vieler Jahre reicherte sich das radioaktive Element im Gestein an, und es entstand ein Erzgang. Bei einem Aufruhr im Erdinneren wurde die Ader emporgehoben und auf die Seite gelegt. Das fließende Wasser trug den Sandstein ab, und das Erz sammelte sich in immer größerer Menge auf immer kleinerem Raum. Vor 1,7 Milliarden Jahren war es soweit: Das Uranvorkommen hatte die kritische Masse erreicht und erwachte als natürlicher Kernreaktor zum Leben. Jahrmillionenlang schaltete sich die Kernreaktion aus und wieder ein; schließlich hatte sich die Isotopenzusammensetzung des Urans so verändert, dass die Reaktion völlig zum Erliegen kam.

1972 wurde, da die weltweite Nachfrage nach Uran ständig stieg, mit dem Abbau des Vorkommens begonnen – und den Forschern fiel zum ersten Mal auf, dass ein Teil des Erzes bereits verschiedene Kernspaltungen durchgemacht hatte. Nach einer genaueren Analyse des Erzes, als sich herauszustellen begann, dass es in Oklo einst einen natürlichen Reaktor gegeben hat, zeigte sich noch etwas Merkwürdiges: Die Art der Kernreaktion schien sich geändert zu haben, aber das schien nur möglich, wenn sich auch die zugrunde liegenden Gesetze der Physik geändert hatten. Forschungsarbeiten aus dem Jahr 2004 ergaben, dass die geschwindigkeitsbestimmende Kraft der Reaktion damals offenbar um einen winzigen Bruchteil, nicht mehr als ein halbes Milliardstel, von ihrem heutigen Wert abwich.

Seit Beginn des 17. Jahrhunderts, den Lebzeiten Johannes Keplers, war den Physikern und Astronomen stets außerordentlicher Erfolg beschieden, wenn sie die Natur mathematisch beschrieben. Wir denken in solchen Gleichungen, wenn wir die Naturgesetze nennen und mit ihrer Hilfe das Verhalten physikalischer Systeme vorhersagen. Newton zum Beispiel legte 1687 seine Gravitationstheorie vor; sie besagt, dass die zwischen zwei Körpern wirkende Gravitationskraft von den Massen beider Körper und vom Quadrat ihres Abstands abhängt. Kann sich so ein Gesetz tatsächlich im Laufe der Zeit ändern? Vielleicht hängt die Kraft ja eines Tages von der dritten Potenz des Abstands oder von der Hälfte einer der Massen ab? Das ist sicherlich ganz ausgeschlossen. Wenn wir zum Nachthimmel schauen, dann können wir die Bewegungen von Himmelskörpern, die Abermillionen Lichtjahre von uns entfernt sind, ausgezeichnet erklären, indem wir die heute gültigen physikalischen Gesetzmäßigkeiten anwenden – ein deutlicher Hinweis darauf, dass diese Gesetze im ganzen Universum gelten und sich mit der Zeit nicht ändern, oder allenfalls ein kleines bisschen. Und alle diese Änderungen müssen ganz spezieller Natur sein. Sie dürfen nicht die mathematischen Formeln selbst betreffen. Nein, der Verdacht fällt hier auf die „Konstanten".

Naturkonstanten

Es gibt eine ganze Reihe sogenannter Naturkonstanten: Zahlen, die sich nicht aus irgendeiner Theorie herleiten lassen, sondern nur durch Messungen bestimmt werden können. In den Gesetzen der Physik tauchen sie als Umrechnungsfaktoren auf, die dafür sorgen, dass die mathematischen Beziehungen zwischen einzelnen Größen Sinn ergeben. Die Gravitationskonstante G (oder γ) zum Beispiel setzt den Quotienten aus Massen und Abstand gleich einer Kraft.

Einige Naturkonstanten sind selbsterklärend wie die Lichtgeschwindigkeit. Andere kann man schwerer begreifen, wie die Planck-Konstante, die bestimmt, in welcher Weise die Natur Energie in kleine Päckchen teilt. Obwohl man diese Zahlen, wie ihr Name sagt, eigentlich als unveränderlich betrachtet, regte sich in den vergangenen 15 Jahren allmählich der Verdacht, einige von ihnen könnten doch langsam, aber stetig in eine Richtung abdriften. Unter anderem betrifft das die Lichtgeschwindigkeit.

1993 veröffentlichte der Physiker John Moffat seine Lösung des kosmologischen Horizontproblems, der heiklen Beobachtung, dass die Temperatur des kosmischen Mikrowellenhintergrunds in allen Himmelsrichtungen so gut wie identisch ist (▶ *Wie ist das Universum entstanden?*). Anders gesagt: Völlig voneinander getrennte Gebiete des Alls müssen auf irgendeine Weise exakt die gleiche Temperatur angenommen haben. Die herkömmliche Physik kann das nur erklären, indem sie annimmt, dass sich das Universum plötzlich enorm schnell ausgedehnt hat, ein Vorgang, den man als „Inflation" bezeichnet. Die Inflation steht in der Physik jedoch keineswegs auf festen Füßen; was diese vermutete Expansion ausgelöst haben mag, ist ein Rätsel. Dieser Schwachpunkt der Argumentation regte einige Leute an, nach einem alternativen Mechanismus des Temperaturausgleichs zu suchen. Moffat insbesondere überlegte, dass die Lichtgeschwindigkeit in der Vergangenheit höher gewesen sein könnte. Die Photonen hätten sich dann schneller und folglich viel weiter bewegt, und die Temperatur hätte sich in einem viel größeren Raum ausgleichen können, ohne dass man die Inflation zur Erklärung bemühen muss.

Diese Idee weiterdenkend, rollten andere Physiker das Flachheitsproblem (▶ *Wie ist das Universum entstanden?*) neu auf. Auch dieses könnten sie ohne Inflation erklären, wenn die Lichtgeschwindigkeit in den ersten Momenten des Universums sehr hoch gewesen wäre, um dann rasch auf ihren heutigen Wert zu fallen. Eine Möglichkeit, diese Hypothese direkt zu überprüfen, gibt es nicht, weil man den flüchtigen Moment unmittelbar nach dem Urknall nicht beobachten kann. Sehr wohl untersuchen kann man allerdings Quasare – frühe Galaxien, angetrieben von Materie, die in Schwarze Löcher stürzt (▶ *Was ist ein Schwarzes Loch?*) – in der Hoffnung, winzigste Hinweise auf eine Änderung der Lichtgeschwindigkeit zu erhaschen. Dazu betrachten die Astrophysiker die „Feinstrukturkonstante", eine Naturkonstante, die die Stärke der elektromagnetischen Wechselwirkung in Relation zu den anderen Naturkräften festlegt und das Muster der Spektrallinien bestimmt, das Lichtquellen aussenden (▶ *Woraus sind die Sterne gemacht?*). Sie hängt von der Lichtgeschwindigkeit ab – und sie ist „dimensionslos".

Dimensionslose Konstanten

Will man aus mit Einheiten behafteten Konstanten Schlüsse ziehen, muss man stets vorsichtig zu Werke gehen. Die Lichtgeschwindigkeit zum Beispiel hat die Einheit „Meter pro Sekunde" (was man in beliebige andere Längen- und Zeiteinheiten umrechnen kann). Misst man eine Abweichung des Zahlenwerts dieser Konstante, kann man nicht sicher sein, dass sich tatsächlich die Geschwindigkeit des Lichts geändert hat; vielleicht tickt stattdessen die Uhr in anderem Tempo, oder die Messlatte ist geschrumpft. Um Verwirrung solcher Art zu vermeiden, konzentrieren sich die Physiker auf einheitenfreie – „dimensionslose" – Konstanten, wenn sie Veränderungen natürlicher Gegebenheiten untersuchen. Da wäre etwa das Verhältnis der Masse des Protons zur Masse des Elektrons: Im Quotienten kürzen sich die beiden Masseeinheiten heraus, und es bleibt schlicht eine Zahl. Geschieht irgendetwas Verrücktes mit der Masse an sich, also der Art und Weise, wie ein „Kilogramm" definiert ist, kürzt sich diese Variation mit heraus und bleibt für die Schlussfolgerung ohne Bedeutung. Falls sich der Zahlenwert des Verhältnisses nur ein klitzekleines bisschen ändert, kann man sicher sein, dass der Grund dafür in der Tat die Änderung mindestens einer der beteiligten Massen ist.

Eine solche dimensionslose Größe ist die Feinstrukturkonstante. In ihren Zahlenwert fließen die Lichtgeschwindigkeit, die Planck-Konstante der Energie und die elektrische Ladung des Elektrons ein. Sie beeinflusst die äußere Gestalt jedes einzelnen Atoms; von dieser Struktur wiederum hängt ab, in welcher Weise ein Atom auf einen eintreffenden Lichtstrahl reagiert. Würde sich nun die Lichtgeschwindigkeit im Laufe der Zeit ändern, so müsste sich dies auf die Feinstrukturkonstante auswirken – und dann müssten sich alle charakteristischen Spektrallinien der Atome verschieben.

Genau diesen Effekt glaubt eine Gruppe von Astronomen um John Webb an der University of New South Wales 1999 beobachtet zu haben. Die Forscher richteten das weltgrößte optische Teleskop auf insgesamt 128 Quasare, manche davon bis zu zehn Milliarden Lichtjahre von uns entfernt. Sie sammelten das ausgesendete Licht, spalteten es in Spektrallinien auf und suchten nach den Fingerabdrücken beteiligter Atome. Dabei stellten sie fest, dass sich die Spektrallinien in einer Weise verschoben haben, die nur durch eine Erhöhung der Feinstrukturkonstante um ein Hunderttausendstel ihres Zahlenwerts im Laufe der letzten zehn Milliarden Jahre erklärbar scheint.

Zahlreiche Forschergruppen versuchen jetzt, diese Entdeckung zu bestätigen oder zu widerlegen. Sollte Ersteres gelingen, dann steht die Frage, welcher der drei genannten Faktoren sich tatsächlich ändert: die Lichtgeschwindigkeit, die Planck-Konstante oder die Ladung des Elektrons? Die meisten Leute haben die Lichtgeschwindigkeit im Verdacht; wie oben schon angedeutet, erhofft man sich im gleichen Atemzug eine Lösung des Horizontproblems. Nachzuweisen, dass eine Naturkonstante ihren Wert ändert, hätte in jedem Fall gewaltige Konsequenzen für unsere Sicht des Universums – es wäre ein Hinweis auf eine Physik, die über Einstein hinausgeht, vielleicht sogar die „Theorie von allem", die sich dem Zugriff der Forscher bisher hartnäckig entzieht.

> *Wir haben Grund zu vorsichtigem Optimismus: Vielleicht sind wir bald am Ende unserer Suche nach den ultimativen Naturgesetzen angekommen.*
>
> STEPHEN HAWKING, ZEITGENÖSSISCHER PHYSIKER

Die meisten Physiker halten gegenwärtig die Stringtheorie für den aussichtsreichsten Anwärter auf die allumfassende „Weltformel" (▶ *Hatte Einstein recht?*). Diese komplizierte mathematische Konstruktion setzt winzige schwingende Saiten an die Stelle der Teilchen, wobei diese Schwingungen in höheren als den uns vertrauten drei Dimensionen stattfinden. Wir nehmen die Saiten als Teilchen wahr, weil – wie bei Eisbergen – der Hauptteil des Geschehens „unter der Oberfläche" verläuft. Der Stringtheorie zufolge bleiben die Naturkonstanten nur dann wirklich konstant, wenn alle diese Dimensionen in die Betrachtung einbezogen werden. Anders gesagt: In der dreidimensionalen Welt unserer Empfindung kann es so aussehen, als ob die „Konstanten" sich änderten. Könnten wir dieses Abdriften vermessen, dann hätten wir die Chance, anhand der Stringtheorie die Existenz höherer Dimensionen zu beweisen und deren Verhalten dann auch zu untersuchen.

Das große *G*

Eine andere Konstante, die die Physiker in diesem Zusammenhang aufs Korn genommen haben, ist die Gravitationskonstante *G*, in der die Stärke der Gravitationskraft steckt. *G* aber ist eine flüchtige Angelegenheit, denn die Gravitation sorgt zwar für die Struktur des Universums im größten Maßstab, aber sie ist die bei weitem schwächste der vier Naturkräfte. Das bedeutet, G exakt zu messen ist nicht so einfach: Nach Newtons Formulierung des Gravitationsgesetzes dauerte es über hundert Jahre, bis der Zahlenwert von G erstmals erfolgreich bestimmt wurde, und noch weitere hundert Jahre, bis man verstanden hatte, was für eine gewaltige Leistung dies gewesen war.

Vollbracht hat sie Henry Cavendish, dem es 1797 gelang, die Massenanziehung zwischen zwei Bleikugeln zu messen. Eine Kugel hatte einen Durchmesser von 30 Zentimetern, die andere war sehr viel kleiner. Cavendish benutzte eine Torsionswaage, die die winzige Anziehungskraft zwischen den Massen in eine Drehbewegung „übersetzt", die sich beobachten und messen lässt. Cavendish wog anschließend die kleinere Kugel, erhielt auf diese Weise die Erdanziehungskraft und setzte beide Anziehungskräfte zueinander in Beziehung, wodurch er die mittlere Dichte der Erdkugel ermitteln konnte. Diesen Zahlenwert brauchten die Astronomen damals dringend, weil sie auf seiner Basis die Dichten aller anderen Himmelskörper im Sonnensystem berechnen konnten.

Erst gegen Ende des 19. Jahrhunderts erschloss sich den Naturwissenschaftlern die grundsätzliche Bedeutung von Newtons Gravitationskonstante. Daraufhin griffen sie auf Cavendishs Zahlen zurück und rechneten den Wert von G aus, der seitdem in vielen weiteren Experimenten mit immer größerer Genauigkeit bestimmt wurde. Allerdings führte dieser Weg nicht immer geradeaus: 1987 meinte man, G mit einer Genauigkeit von 0,013 % zu kennen, 1998 musste dies nach verfeinerten Messungen auf nur 0,15 % korrigiert werden. Nach wie vor lässt die Genauigkeit, mit der G bekannt ist, zu wünschen übrig, wenn man sie mit anderen Konstanten vergleicht. Die elektromagnetische Kraft zum Beispiel ist zweieinhalb Millionen Mal exakter bestimmt worden. Dieser Mangel an Präzision lässt einen Spielraum, in dem Spekulationen wachsen können, ob sich G etwa mit der Zeit ändert. In diesem Fall würden sich auch die Bahnen von Sternen und Planeten allmählich verschieben, die Größe der Himmelskörper und selbst die Helligkeit der Sterne würde beeinflusst.

Das Lunar-Laser-Ranging-Experiment (▶ *Hatte Einstein recht?*) zeigte jüngst, dass sich der Wert von G höchstens um ein Millionstel pro Jahr verschieben kann; wäre es mehr, dann hätte es im Laufe der bereits 40 Jahre dauernden, sehr empfindlichen Vermessungen der Mondbahn auffallen müssen. Das bedeutet nicht etwa, dass G in den letzten 40 Jahren konstant war, sondern nur, dass die Abweichung des

Werts kleiner gewesen sein muss als ein Millionstel. Die Astronomen fahren fort, LLR-Daten zu sammeln und die Messungen immer weiter zu verfeinern, um vielleicht einem Langzeit-Effekt auf die Spur zu kommen. Gleichzeitig befassen sich andere Astronomen damit, vorübergehende Schwankungen der Gravitation nachzuweisen, die von der Bahnbewegung der Erde verursacht werden. Hier könnte ein Schlüssel zur Physik jenseits von Einstein liegen.

Jenseits von Einstein

Einsteins Relativitätstheorien stehen auf einem Grundpfeiler: Die Gesetze der Physik sind überall gleich, wo und wann auch immer man sich im Universum aufhält, ob man sich dabei bewegt oder nicht. Die Sicht eines Beobachters in die eines anderen zu „übersetzen", ist Sache der Lorentz-Transformation, benannt nach Hendrik Antoon Lorentz, der schon vor Einstein einen Zipfel der Zusammenhänge zu fassen bekam. Lorentz leitete eine mathematische Beschreibung dafür her, konnte sie aber nicht deuten. Sollten sich die Naturkonstanten ändern, funktioniert die Lorentz-Transformation nicht mehr exakt; man spricht dann von einer Lorentz-Verletzung.

Ich denke, 2056 können Sie T-Shirts kaufen, die mit den allgültigen Grundgesetzen des Universums bedruckt sind.

MAX TEGMARK,
ZEITGENÖSSISCHER PHYSIKER

Der große Erfolg von Einsteins Gleichungen bei der Beschreibung des Verhaltens der Himmelskörper deutet darauf hin, dass jede Lorentz-Verletzung, wenn es überhaupt eine gibt, winzig sein muss. (Historisch gesehen ist das nicht spektakulär. Auch die Perihel-Anomalie der Merkurbahn, die nicht zu Newtons Gravitationstheorie passte, ist so geringfügig, dass sie erst 150 Jahre nach Newtons Arbeiten überhaupt bemerkt wurde.) Die Stringtheorie allerdings gestattet kleine Lorentz-Verletzungen während des Urknalls. Falls sie stattgefunden haben, können sie sich dem Raumzeit-Gefüge aufgeprägt haben; dann würden sich die Gesetze der Physik nicht im Laufe von Jahrmilliarden ändern, sondern – wenn auch fast unmerklich – zum Beispiel während eines vollständigen Umlaufs der Erde um die Sonne. Dabei ändert die Erde die Richtung, in der sie sich an der Sonne vorbeibewegt, und Sie können sich als Analogie vorstellen, dass diese Bahn über einen Hügel verläuft: Bergauf geht es ein bisschen schwerer als bergab. Bemerkbar machen würde sich das unter anderem dadurch, dass ein Ball ein kleines bisschen länger bräuchte, um zu Boden zu fallen, während die Erde „bergauf" liefe, als sechs Monate später, wenn es wieder „bergab" ginge. Kurz gesagt: Wenn die Erde auf ihrer Bahn ihre Bewegungsrichtung im Raum ändert, dann ändert sich auch ihre Gravitation. Eine Methode, dies zu testen, fällt jedem sofort ein: Man muss nur das ganze Jahr hindurch Bälle auf die Erde fallen lassen und ihre Fallgeschwindigkeit messen. Die Daten, die genau im Abstand von sechs Monaten aufgezeichnet werden, sollten jeweils am stärksten voneinander abweichen, weil sich die Erde dann gerade in entgegengesetzter Richtung bewegt. Der beste Ort für solch ein Experiment ist der Weltraum – am genauesten lassen sich kleinste Änderungen der Gravitation erkennen, wenn sich der Ball im freien Fall befindet. Auf dem Reißbrett existiert schon eine ganze Reihe von Missionen mit eben diesem Zweck.

Die Physiker werden fortfahren, die Naturkonstanten zu beobachten – sowohl über lange als auch über kurze Zeiträume hinweg –, solange sie die Stringtheorie für den geeigneten Weg halten, die Gravitation mit den anderen Naturkräften zu vereinigen. Abweichungen der Konstanten werden ihnen helfen, unter den vielen Versionen der Stringtheorie die richtige zu finden und ihr Bild des vieldimensionalen Universums zu durchdringen. Newton, so heißt es, wurde von einem vom Baum fallenden Apfel zu seiner Gravitationstheorie inspiriert; Galilei soll entdeckt haben, dass alle Objekte ungeachtet ihrer Masse und Zusammensetzung mit gleicher Geschwindigkeit fallen, als er Gegenstände vom Turm von Pisa hinunterwarf. Vielleicht ist es kein Zufall, dass wir uns einen nächsten Durchbruch im Verständnis des Universums ausgerechnet von Fallexperimenten erhoffen.

Gibt es viele Universen?

Schrödingers Katze und was daraus folgt

Die Chancen, dass die Katze noch lebt, stehen 50:50. Ob sie noch lebt, wissen wir erst, wenn wir nachgesehen haben. Warum nicht vorher? Können wir den Zustand der Katze, bevor wir ihn gesehen haben, anders beschreiben denn als Quanten-Superposition von „lebendig" und „tot"?

Einer der berühmtesten Fälle von Tierquälerei in der Geschichte war zum Glück ein pures Gedankenexperiment: „Schrödingers Katze" wird in eine verschlossene Kiste gesteckt, gemeinsam mit einem Gerät, das ein radioaktives Atom enthält. Mit einer Wahrscheinlichkeit von 50 % wird dieses Atom im Laufe einer Stunde zerfallen. Wenn das geschieht, fällt eine Ampulle mit Gift auf den Boden und zerbricht; die Katze stirbt. Der österreichische Physiker Erwin Schrödinger dachte sich diese makabre Prozedur 1935 aus, um folgender Ansicht Nachdruck zu verleihen: Die gerade entwickelte Quantentheorie beschreibe zwar das Verhalten von Teilchen adäquat, führe aber in der Realität zu „burlesken" (wie er es ausdrückte) Konsequenzen. Insbesondere erlaube die Quantentheorie einem System, gleichzeitig gegensätzliche Eigenschaften zu besitzen, bis sich jemand für diese Eigenschaften interessiert und sie misst. Um deutlich zu machen, wo er das unlösbare Problem sah, fragte er seine Zuhörer, wie man den Inhalt der Kiste beschreiben solle, bevor man nach Ablauf der Stunde nachsehen könne.

Halb lebendig, halb tot

Der Zustand der Katze hängt fraglos davon ab, ob der radioaktive Atomkern zerfallen ist; dies wiederum ist ein Wahrscheinlichkeitsproblem. Die Quantentheorie beruht überhaupt zum großen Teil auf Statistik (▶ *Was ist ein Schwarzes Loch?*). In der klassischen (Newton'schen) Physik sind alle Vorgänge wiederholbar und voraussagbar wie der Gang eines Uhrwerks. Ein Ball, den man in die Luft wirft, fällt ohne jeden Zweifel wieder zu Boden – die einzige Frage ist, wie lange er in der Luft bleibt, und dies kann man, wie Newton nachwies, präzise vorausberechnen. Geht es statt um Bälle um einzelne Atome, so kommt die Statistik ins Spiel, und die Anwendung der Quantentheorie ist unvermeidbar. Im subatomaren Maßstab sind die Ereignisse eben nicht strikt wiederholbar; das Ergebnis eines Prozesses lässt sich nur anhand von Wahrscheinlichkeiten beschreiben. So besteht beim radioaktiven Zerfall zwar eine als Zahlenwert berechenbare Chance, dass ein Atomkern sich innerhalb einer bestimmten Zeit in einen anderen umwandelt, aber es gibt keine Garantie dafür, dass er dies im Einzelfall tatsächlich tut. Was den Kern in einem bestimmten Moment zu seiner „Entscheidung" bewegt, weiß niemand. Wir müssen schlicht hinnehmen, dass die Wahrscheinlichkeit dem Universum fest eingeprägt ist. Alle Systeme, deren Verhalten von der inhärenten „Unbestimmtheit" subatomarer Prozesse bestimmt wird, sind „Quantensysteme". Für Schrödingers Katzenexperiment zum Beispiel liefert die Quantentheorie eine Gleichung, die den radioaktiven Kern vollkommen korrekt in einem Zustand beschreibt, der beide Möglichkeiten („zerfallen" und „nicht zerfallen") enthält. Aber was bedeutet das für die Katze? Muss man sie sich als lebendig und tot zugleich vorstellen, bis jemand die Kiste öffnet? Schrödinger fand das lachhaft.

> Wer von der Quantentheorie nicht entsetzt ist, hat sie nicht verstanden.
> NIELS BOHR, PHYSIKER, 20. JAHRHUNDERT

Sobald die Kiste geöffnet wird, ist das Geheimnis gelüftet: Die Katze ist entweder lebendig oder tot, je nachdem, ob der radioaktive Kern bereits zerfallen ist. Aber schon droht das nächste Dilemma: Was passiert mit dem „ungenutzten" Zustand des Atoms, der Alternative, die man nicht beobachtet? Hört sie einfach auf zu existieren, wenn jemand den Deckel hebt?

Der dänische Physiker Niels Bohr meinte tatsächlich, der alternative Zustand würde verschwinden. Mit seinem Kollegen Werner Heisenberg zerbrach sich Bohr den Kopf über die Interpretation der quantenmechanischen Gleichungen, und 1927 beschlossen die beiden, der Akt der Beobachtung („Messung") zwinge das Quantensystem, sich zu entscheiden, welchen Zustand es annehmen „wolle". Zuvor befinde sich das System in einem gemischten Zustand, einer Überlagerung oder „Superposition" aller möglichen Zustände, wie die Physiker es ausdrücken. Diese Ansicht von Bohr bezeichnet man heute als „Kopenhagener Deutung der Quantentheorie".

Die Kernaussage der Kopenhagener Deutung ist etwas sehr Grundsätzliches: Messung schafft Realität. Der gesunde Menschenverstand hat damit ein Problem, weil wir, wie Schrödinger hervorhob, uns nicht vorstellen können, dass die Kiste eine Stunde lang eine halb lebendige, halb tote Zombie-Katze enthält, bis sich jemand entschließt, hineinzuschauen und so die Katze zu zwingen, sich entweder als lebendig oder als tot zu erweisen. Unser Instinkt sagt, das kann nicht sein. Warum sollte der Akt der Beobachtung selbst Tatsachen schaffen? Ist unser Universum nicht durch und durch „solide", auch wenn wir den Rücken kehren? Zum ersten Mal mussten sich die Physiker einer fundamentalen Frage stellen – dort, wo Physik in Philosophie übergeht: Beschreibt die Quantentheorie die Realität, oder ist sie nur ein mathematischer Kunstgriff, der die richtigen Antworten gibt?

Viele Welten

Mathematik und Realität unter einen Hut zu bringen, hat die Physiker den größten Teil eines Jahrhunderts in Atem gehalten. Dabei wurden verblüffende Ideen zur Diskussion gestellt. So schlug der Amerikaner Hugh Everett 1957 vor, wir sollten die Quantentheorie wörtlich nehmen und davon ausgehen, dass ihre Mathematik die Wirklichkeit widerspiegelt. Wenn also die Gleichungen verschiedene Resultate zuließen, müssten diese Resultate auch irgendwo eintreffen. Everett konnte sich nicht vorstellen, wo sich die alternativen Realitäten abspielen sollten, aber das Ganze sollte folgendermaßen funktionieren: Wenn die Katze in „unserem" Universum am Leben bleibt, stirbt sie in einem „anderen" Universum und umgekehrt. Unser eigenes Universum windet sich also von einer Quanten-Entscheidung zur nächsten, genau einen der vielen möglichen Wege durch die Realität wählend.

Everetts Idee, die „Viele-Welten-Interpretation", wurde bekannt und fand Anhänger – allerdings langsam, insbesondere, weil Bohr ablehnte, sich ernsthaft damit zu befassen. In den 1970er Jahren begannen sich die Physiker stärker dafür zu interessieren, als höhere Dimensionen in ihren Gleichungen auftauchten, die den parallelen Universen Raum gaben – Universen, die aussahen wie das unsrige, aber in Dimensionen verschoben waren, die wir nicht wahrnehmen. Vielleicht könnten dort

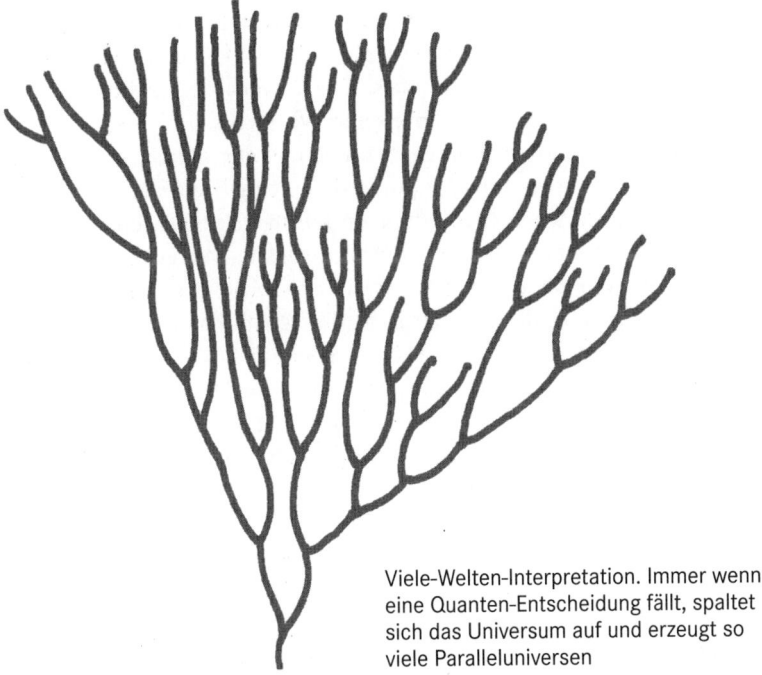

Viele-Welten-Interpretation. Immer wenn eine Quanten-Entscheidung fällt, spaltet sich das Universum auf und erzeugt so viele Paralleluniversen

Everetts viele Welten stecken, fragte man sich. Damit war der Geist aus der Flasche gelassen: Inzwischen ist die Physik voll von Hypothesen über parallele Universen, es gibt sogar schon Hinweise auf verschiedene Typen. Diese bunte Vielfalt heißt jetzt „Multiversum".

Unbegrenztes Universum der unbegrenzten Möglichkeiten

2003 benannte der amerikanische Physiker Max Tegmark vier mögliche Typen eines Universums. Der erste, einfachste Fall ist: Unser Universum ist unendlich groß. Schon seit dem 16. Jahrhundert sind die Astromomen bestrebt, das Weltall zu vermessen; immer, wenn sie eine neue Methode entwickelt hatten, noch weiter entfernte Objekte zu beobachten, staunten sie, *wie weit* weg diese Himmelskörper waren. Anders gesagt: Das Universum überrascht uns immer wieder mit seiner schieren Größe, und das führt unweigerlich zu dem Verdacht, es könnte in der Tat unendlich groß sein. Wir mögen es nicht zur Gänze wahrnehmen können – innerhalb der 13,7 Milliarden Jahre, die seit dem Urknall vergangen sind, kann das Licht nur aus Regionen zu uns gekommen sein, die einst nicht weiter als 13,7 Milliarden Lichtjahre entfernt waren. Jenseits dieser Grenze sehen wir nichts.

Bereits überprüft haben die Astronomen, ob der Durchmesser des Weltalls etwa *kleiner* ist als 13,7 Milliarden Lichtjahre. Dazu suchen sie im kosmischen Mikrowellenhintergrund nach wiederkehrenden Mustern. Um zu verstehen, wie sie sich das vorstellen, denken Sie an die Erde und vergessen Sie für einen Moment, dass wir drei Dimensionen kennen; nehmen Sie die Erdoberfläche einfach als flach an. Jetzt gehen Sie gedanklich nach Norden. Der Boden sieht nach wie vor eben aus, Sie laufen weiter … und kommen schließlich wieder am Ausgangspunkt an, nachdem Sie die Kugel einmal umrundet haben. Solch eine Form – in diesem Fall eine Kugel – nennt man ungebundene, endliche Fläche, weil man die Grenze nicht überschreiten kann, obwohl die Fläche von endlicher Größe ist. Vielleicht ist es mit dem Universum ganz ähnlich – die Raumzeit mag in einer höheren, von uns nicht wahrnehmbaren Dimension gekrümmt sein. Im Beispiel der Erdoberfläche ist es die dritte Dimension, die wir ignorieren wollten; bei der Raumzeit ist es die vierte Dimension, die Einstein einführte, um die Gravitation erklären zu können.

Krümmt sich das Universum in dieser vierten Dimension vollständig in sich zurück, dann könnte ein leistungsfähiges erdgebundenes Teleskop die Milchstraße scheinbar sehr weit entfernt sehen; aber das Licht wäre natürlich Jahrmilliarden unterwegs gewesen, weshalb die Galaxis sehr viel jünger erschiene, als sie ist. Stellen Sie sich vor, Sie könnten einmal um die Erdoberfläche schauen und würden Ihren Hinterkopf weit in der Ferne erblicken, wären aber selbst noch ein Baby.

Die Suche nach regelmäßigen Mustern im Mikrowellenhintergrund ist die praxistauglichere Version der Suche nach einer jungen Milchstraße. Bisher wurden aber noch keine solchen Muster gefunden, was als Beweis dafür gilt, dass sich das Universum über unseren 13,7 Milliarden Lichtjahre entfernten Beobachtungshorizont hinaus erstreckt. Falls an der Inflationshypothese (die besagt, dass sich das Universum kurz nach dem Urknall plötzlich exponentiell aufgebläht hat; ▶ *Wie ist das Universum entstanden?*) etwas dran ist, müsste das Universum sogar zwingend viel größer sein. Die meisten Kosmologen sind davon überzeugt, dass die Inflation zu einem unendlich ausgedehnten Universum führen muss, aber die Unendlichkeit ist auch dann denkbar, wenn es keine Inflation gegeben haben sollte.

Ist das Universum tatsächlich unendlich, dann findet *jedes* Resultat einer Messung, wie wenig wahrscheinlich es auch sein mag, unweigerlich statt. Irgendwo im Universum gibt es dann eine alternative Erde, wo Ihr Pendant dieses Buch geschrieben hat und mein Pendant es liest. Jegliche Variante, die den Naturgesetzen nicht vom Grundsatz her zuwiderläuft, ereignet sich. Tegmark nannte dies „Parallelwelten I. Ebene": Dort gilt dieselbe Physik, aber sie geht von anderen Anfangsbedingungen aus und landet deshalb bei anderen Ergebnissen. Im Laufe der Zeit erreicht uns das Licht immer weiter entfernter Gebiete, sodass diese Paralleluniversen unseren Blicken allmählich zugänglich werden.

Chaos überall

Läuft die Inflation nach einem anderen, als „chaotisch" bezeichneten Muster ab, dann verlangt die Quantentheorie die Aufspaltung eines Universums in immer neue Parallelwelten. Sollte diese Hypothese zutreffen, dann wurde im Anbeginn der Zeit eine Kettenreaktion in Gang gesetzt, die heute irgendwo im Multiversum unvermindert weiterläuft – eine niemals endende Folge der Geburt neuer Universen. Tegmark bezeichnete dies als „Parallelwelten II. Ebene". Im Gegensatz zur I. Ebene sind diese Universen nicht einfach unendlich weit von uns entfernt, sondern befinden sich tatsächlich in ganz anderen Dimensionen der Raumzeit.

In einem Paralleluniversum II. Ebene könnten sich die Naturkräfte ganz anders entwickelt haben als bei uns, ihre Stärken – und folglich auch der Zahlenwert aller Naturkonstanten – könnten andere sein. Vielleicht ist dort die Gravitation ein bisschen stärker, sodass sich die Sterne schneller zusammenziehen, heller brennen und kürzer leben. Oder die starke Wechselwirkung ist ein bisschen schwächer, mehr Atomsorten zerfallen radioaktiv, die Planeten werden im Inneren viel heißer und der Vulkanismus ist intensiver.

Manche Parallelwelten könnten „flach" sein, also über nur zwei räumliche Dimensionen verfügen, andere dagegen über vier oder gar sechs – oder überhaupt keine. Zwischen all diesen Universen (einschließlich unserem eigenen) gibt es keinen grundsätzlichen Unterschied, die physikalischen Gesetze sind überall gleich. Wir glauben, dass ein Universum vom energiereichen Zustand kurz nach dem Urknall in einem hauptsächlich vom Zufall bestimmten Prozess in einen energiearmen Zustand übergeht, wie wir ihn heute erleben. Diese nicht vorhersagbaren Vorgänge bestimmen die Stärke der Naturkräfte, die Anzahl der Dimensionen, ja selbst die Vielfalt der Elementarteilchen. Denken Sie an die Kugel eines Roulette-Spiels: Der Croupier setzt sie jedes Mal in gleicher Weise mit hoher Energie in Bewegung, wenn sie aber langsamer wird, fällt sie schließlich in nur eine von vielen nummerierten Vertiefungen, und jedes dieser Ergebnisse ist gleich wahrscheinlich und ebenso gültig wie alle anderen. Die Roulette-Kugel „entscheidet" sich nur zwischen 37 oder 38 Möglichkeiten, einem Universum dagegen stehen unendlich viele Varianten zur Wahl. Einige dieser Welten II. Ebene werden unserer stark ähneln (ihr vielleicht sogar gleichen), andere dagegen werden sich deutlich von unserer unterscheiden.

Noch seltsamere Parallelwelten

In der nächsten Kategorie bezog sich Tegmark auf Schrödingers Katze und Everetts „alternative Realitäten", in denen alle möglichen Ergebnisse stattfinden. Er stellte einen feinen, aber wichtigen Unterschied zwischen diesen Welten III. Ebene und den beiden vorangegangenen Ebenen fest.

Everetts Viele-Welten-Interpretation zufolge spaltet sich das Universum im Moment jeder Quanten-Entscheidung auf, etwa dann, wenn jemand die Kiste mit der Katze öffnet. Diese Kristallisation von Möglichkeiten zur Wirklichkeit heißt „Dekohärenz". Bis Mitte der 1990er Jahre wussten die Forscher nicht, wie man sich das vorzustellen hat. Bohr sprach, als er sich von Everetts Überlegungen distanzierte, kryptisch vom „Akt der Beobachtung", der das Quantensystem zwinge, sich zu entscheiden; er verriet aber nicht, was einen „Beobachter" in diesem Sinne auszeichnet. Beobachtet Schrödingers Katze sich selbst, oder ist die Aufmerksamkeit eines Menschen erforderlich? Sind Teilchen eigenständige Beobachter vermittels ihrer physikalischen Wechselwirkungen?

Ein Experiment, das Serge Haroche und seine Kollegen 1996 mit Rubidiumatomen und Mikrowellen ausführten, gab die Antwort: Dekohärenz tritt auf, wenn Atome mit ihrer Umgebung in Wechselwirkung treten. Ein intelligenter Beobachter ist dazu nicht nötig; das Zufallsverhalten der Teilchen genügt. Der Schluss daraus lautet, dass Teilchen tatsächlich als „Beobachter" im Bohr'schen Sinne gelten können und der „Akt der Beobachtung" einer Wechselwirkung zwischen Teilchen entspricht. Damit ist das schlimmste Problem von Schrödingers Gedankenexperiment beseitigt: Die verrückte Zeitspanne, in der die Katze weder lebendig ist noch tot, tritt einfach gar nicht auf, weil das Zusammenspiel der Teilchen in der Kiste (der Atome der Katze, der Moleküle der Luft, der Partikel des Gifts) dafür sorgt, dass die Katze sofort stirbt, wenn die Ampulle zerbricht und das Gift freigesetzt wird – so, wie es auch der gesunde Menschenverstand gern hätte.

Die Viele-Welten-Interpretation öffnet Abläufen, die in unserem Universum nicht stattfinden, eine Pforte zu einem „Leben nach dem Tod". Für eine Variante, die bei uns keine Chance hat, bildet sich ein neues Universum, in dem sie sich ausleben kann. Beachten Sie das seltsame Zusammentreffen: Die Resultate, die in Parallelwelten III. Ebene verwirklicht werden, sind genau die gleichen wie jene, um die es auch in Welten I. Ebene ging – nur sind Letztere von uns durch riesige Entfernungen getrennt, während Universen III. Ebene vermutlich einfach so entstehen, wahrscheinlich in anderen Dimensionen, während die Realität fortschreitet. Bisher ist es noch niemandem gelungen, diese beiden ähnlichen, aber doch prinzipiell verschiedenen Konzepte zu vereinen.

Vielleicht haben Sie jetzt den Eindruck, dass immer, wenn Sie eine bewusste Entscheidung treffen, wie von Zauberhand neue Universen entstehen, aber diese Verallgemeinerung ist falsch. Hier geht es nur und ausschließlich um Quantensysteme. Der einzige Weg, auf dem eine bewusste Entscheidung alternative Realitäten erscheinen lassen könnte, ist folgender: Irgendwo tief drinnen im Hirn beruht die Entscheidung darauf, für welchen Zustand sich ein einzelnes Quantenteilchen entscheidet. Dieser winzige Vorgang würde dann von unserem Bewusstsein sozusagen zu einer Entscheidung „verstärkt". Unsere Intuition sagt, das kann so nicht funktionieren – Entscheidungen fallen auf einer viel höheren Ebene der Informationsverarbeitung: Wir wägen Indizien und Erfahrungen ab und „berechnen" die in unseren Augen

> *Bezüglich des Verhaltens des Universums bringt die Quantenmechanik eine grundsätzliche, unvermeidliche Unbestimmtheit ins Spiel, mit deren Hilfe wir verschiedenen historischen Verläufen des Universums Wahrscheinlichkeiten zuordnen können.*
>
> MURRAY GELL-MANN, ZEITGENÖSSISCHER PHYSIKER

sinnvollste Reaktion daraus, nicht etwa aus dem zufälligen Wechsel eines Quantenteilchens von einem Zustand in einen anderen.

Auch das Werfen einer Münze ist kein Quantenereignis. Wie die Münze durch die Luft fliegt, lässt sich ganz klar vorhersagen und hat nichts mit der Unbestimmtheit zu tun, die der Quantenwelt eigen ist. Die Münze fliegt auf einer ganz anderen Ebene, als ein Quantenteilchen seinen Zustand wechselt. Wenn Sie sich entscheiden, ob Sie dieses Kapitel bis zum Ende lesen wollen oder nicht, setzen Sie damit leider kein alternatives Universum in die Welt. Sie können also genauso gut fortfahren.

Wozu all die Gesetze?

Stellen Sie sich vor, den Physikern gelingt es, eine Theorie von allem zusammenzuzimmern: eine Beschreibung der „Superkraft", die das Universum lenkt und die Naturgesetze bestimmt. Dann hätten sie ihre Arbeit getan, denken Sie? Weit gefehlt. Dann ginge es erst richtig los. Denn dann wäre die wirkliche Frage aller Fragen zu beantworten: *Warum* sind die physikalischen Gesetze so, wie sie sind? Die IV. und höchste Ebene der Parallelwelten Tegmarks, die am meisten philosophisch inspirierte Ebene, fußt auf der Antwort.

Einst hoffte man, die Stringtheorie (▶ *Hatte Einstein recht?*) werde den Schlüssel zu dieser Antwort bringen; sie werde uns verraten, warum sich das Universum so verhält, wie wir es beobachten; sie werde einen tieferen Grund für die Zahlenwerte der Naturkonstanten und die Formeln der Naturgesetze liefern. Leider wurde diese Hoffnung enttäuscht; allzu viele Versionen der Stringtheorie wurden gefunden, die alle gleich plausibel erscheinen. 1995 gab es fünf deutlich unterscheidbare Versionen; jede von ihnen beruhte auf einer zehndimensionalen Welt. Als die Forscher entscheiden wollten, welches die wahre Theorie ist, stießen sie auf etwas Bemerkenswertes: Alle diese zehndimensionalen Theorien ließen sich auf eine übergeordnete Theorie zurückführen, wenn noch eine elfte Dimension hinzugefügt wurde. Ihr elfdimensionales Modell nannten die Forscher M-Theorie, wobei keiner weiß, ob (und warum) das M nun eigentlich für „Mutter aller Theorien" oder gar für „Magische Theorie" stehen soll.

Heute stellen sich die Physiker die vielen möglichen, aus der M-Theorie hervorgehenden Stringtheorien als eine Landschaft vor, deren Täler eigenständige Universen sind, getrennt von Energie-Gebirgen. Unser Universum bewohnt eins dieser Täler, wobei wir noch nicht wissen, welche Stringtheorie für uns zuständig ist – ganz zu schweigen davon, dass wir noch nicht wissen, ob überhaupt eine Stringtheorie richtig ist. Zu allen anderen Tälern der Landschaft gehören andere physikalische Gesetze und andere Naturkonstanten. Nach Tegmark sind das Parallelwelten IV. Ebene. Einige von ihnen ähneln unserem Universum stark, andere gar nicht; und viele Physiker halten es für möglich, dass jede nur denkbare Kombination der Naturgesetze in einem eigenen Universum ausprobiert wird. Manche Leute meinen sogar, dass die Ablehnung des Multiversums dieser Form unweigerlich verlange, Gott als Schöpfer unseres Universums vorauszusetzen (▶ *Gibt es einen kosmologischen Gottesbeweis?*).

Der Beweis der Parallelwelten

Noch haben die Physiker keine Strategie gefunden, gezielt nach Universen III. oder IV. Ebene zu suchen, aber sie können sich einen Nachweis für Universen I. und II. Ebene vorstellen. Die Astronomen versuchen gerade, die Inflation zu beweisen. Wenn es ihnen gelingt, haben sie die Universen I. Ebene in der Hand; denn jede Form der Inflation erzeugt, so denkt man, solche Parallelwelten, die sehr weit von uns entfernt sind und in denen die Naturkonstanten dieselben Zahlenwerte haben wie bei uns. Sollte die „chaotische" Inflation bestätigt werden, dann ist davon auszugehen, dass unablässig Universen II. Ebene auseinander hervorsprießen, in denen ganz verschiedene Werte der Naturkonstanten verwirklicht sind.

Die Inflation prägt sich dem Mikrowellenhintergrund auf in Form von Dichteschwankungen der kosmischen Materie, und sie macht sich in der Orientierung (Polarisation) der Strahlung bemerkbar. Zahlreiche Beobachtungen der Hintergrundstrahlung lassen sich sehr gut mit der Inflationstheorie erklären, allerdings nicht alle. Weitere Aufklärung wird die europäische Raumsonde *Planck* liefern, die den Mikrowellenhintergrund mit hoher Auflösung kartieren soll. Die Polarisation der Mikrowellenstrahlung soll durch Gravitationswellen verursacht worden sein, die unmittelbar nach dem Urknall durch die Raumzeit zogen wie Wasserwellen über die Oberfläche eines Teichs. Dabei sollen sie die Materie abwechselnd gestaucht und gestreckt haben. Die verschiedenen Versionen der Stringtheorie sagen verschiedene Muster dieser Raumzeit-Wellen voraus, die im Mikrowellenhintergrund erkennbar sein müssten.

Sollte irgendeine Art der Inflation bewiesen werden, dann müssen sich die Physiker an den Gedanken der Parallelwelten gewöhnen. Und jeder von uns muss sich damit abfinden, dass irgendwo weit weg Doppelgänger aller Art herumlaufen.

Welches Schicksal erwartet das Universum?

Kollaps, Endknall oder Kältetod?

Wenn Sie das nächste Mal ein Stück Emmentaler essen, denken Sie an das Schicksal des Universums – es könnte darin verzeichnet sein. Nicht im Käse selbst, sondern im Muster der Löcher darin. Die Materie im Universum ist offenbar so ähnlich verteilt. Schier unendliche Leerräume, die fast nichts enthalten, sind umgeben von Schleiern aus Staub und Gas, in denen Galaxien geboren werden. Diese Verteilung zu verstehen ist unabdingbar, wenn man das Schicksal des Universums voraussagen will.

Die Erkenntnis, dass sich das Universum ausdehnt, führte die Astronomen in den späten 1920er Jahren unmittelbar und unweigerlich zu der Feststellung, es müsse einen Anfang gegeben haben. Wir nennen ihn heute „Urknall". Sofort schloss sich eine zweite Frage an: Wie geht es in Zukunft weiter – wie wird das Universum enden? Die Mechanik dieses Problems schien ganz einfach zu sein: Der Urknall treibt alles auseinander, aber die Gravitation der nach und nach entstehenden Himmelskörper versucht, alles wieder zusammenzuziehen. Was genau passiert, hängt offenbar davon ab, wie viel gravitationserzeugende Materie es im All gibt und wie sie verteilt ist. Dabei sind zwei Szenarios denkbar: Übersteigt die mittlere Dichte des Universums einen kritischen Wert, dann gewinnt die Gravitation, das Universum fällt in sich zusammen und alle Himmelskörper stürzen ineinander; erreicht die mittlere Dichte diesen kritischen Wert nicht, dann dehnt sich das Universum weiter aus, solange es existiert, und die Entfernung zwischen den Galaxien wird immer größer. Die erste Variante nennen die Astronomen „geschlossenes", die zweite „offenes" Universum.

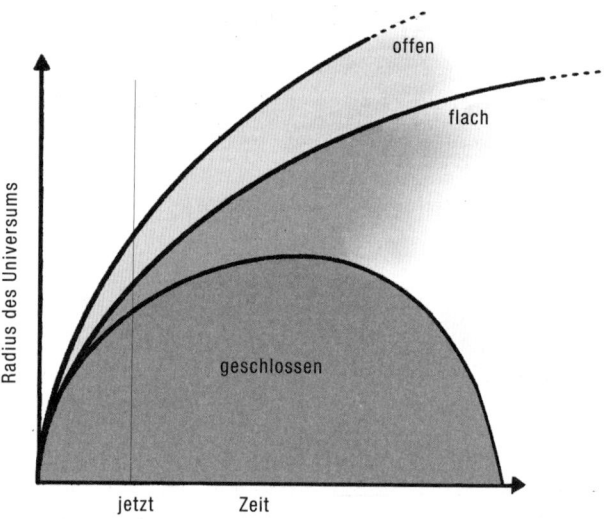

Das Schicksal des Universums. Von der Dichte des Universums hängt es ab, ob die Gravitation die Oberhand gewinnt (geschlossenes Universum) oder nicht (offenes Universum)

Big Crunch

Die Allgemeine Relativitätstheorie besagt: Von der Dichte der Materie hängt es ab, wie der Raum gekrümmt ist (▶ *Wie ist das Universum entstanden?*). Stellen Sie sich vor, das Universum hätte nur zwei Dimensionen, Länge und Breite. Geschlossen wäre in diesem Fall eine Kugeloberfläche, mathematisch beschrieben als negativ gekrümmt. Diese Art des Universums bezeichnet man auch als ungebunden und endlich: Sie könnten einmal rings um die Kugel reisen und würden schließlich wieder am Ausgangspunkt ankommen (▶ *Gibt es andere Universen?*). Ein solches Universum könnte sehr, sehr groß sein, aber *unendlich* groß wäre es nicht, denn dann könnte es sich nicht in sich selbst zurückkrümmen – es müsste sich in alle Ewigkeit und in alle Himmelsrichtungen ausdehnen.

Nehmen wir also an, wir leben in einem geschlossenen Universum. Es kann sich nicht unendlich weit ausdehnen, also muss es irgendwann anfangen, wieder zu schrumpfen. In diesem Moment kehrt sich die Rotverschiebung weit entfernter Galaxien (▶ *Wie groß ist das Univer-*

sum?) um: Wenn die Galaxien auf uns zuzufallen beginnen, werden die von ihnen ausgesendeten Lichtwellen zusammengedrückt. Die Galaxien leuchten bläulich-weiß auf, als ob sie plötzlich viel heißer geworden wären. Astronomen nennen diesen Effekt „Blauverschiebung". Je schneller die Galaxien sich auf uns zubewegen, umso ausgeprägter wird die Verschiebung der Wellenlängen, bis wir schließlich nur noch Licht im UV- oder gar Röntgenbereich sehen.

Auf dem Weg zum letzten Kollaps kommen die Galaxien einander immer näher. Eine Milliarde Jahre vor der Superkollision vereinigen sich die Galaxienhaufen, rund 100 Millionen Jahre vor dem Ende auch die Galaxien selbst. In der letzten Jahrmillion wird es keine Galaxienstruktur mehr geben, nur noch ein wogendes Meer unzähliger Sterne. Durch die Blauverschiebung gelangt die Hintergrundstrahlung aus dem Mikrowellen- in den Infrarot- und dann den sichtbaren Bereich. Rund 100 000 Jahre vor dem unausweichlichen Ende wird der Nachthimmel davon hell erstrahlen, und irgendwann überstrahlt er sogar die Sterne selbst, weil er deren Temperatur übersteigt. Die Sterne lösen sich im Raum auf, und das Universum endet in einem Feuerball, wie es einst angefangen hat.

Dieser Todeskampf kann als Umkehrung des Urknalls betrachtet werden. Manche Kosmologen spekulieren, dass irgendetwas das Universum schließlich und endlich davon abhält, völlig in sich zusammenzufallen. Stattdessen soll es „zurückfedern" – in einem neuen Urknall, mit dem der ganze Prozess der kosmischen Evolution wieder von vorn beginnt wie beim Neustart eines Computers.

Der langsame Tod

Die Alternative zum Big Crunch findet im offenen Universum statt, wo die Materiedichte den kritischen Wert unterschreitet. Die Gestalt eines solchen Alls ist komplexer – die beste zweidimensionale Analogie ist eine Sattelfläche, die in der Länge aufwärts, aber in der Breite abwärts gekrümmt ist. Diesen „Sattel" müssen Sie sich dann noch unendlich weit ausgedehnt denken. Das offene Universum wird stetig größer; das heißt aber nicht, dass es sich dabei nicht verändert.

Sterne werden aufleuchten und vergehen, wie sie es in den letzten 13 Milliarden Jahren zu tun pflegten, aber um sie herum wird sich das All verändern. Die Galaxien werden immer weiter auseinandergetrieben; die meisten heute beobachtbaren Galaxien entschwinden unseren Blicken, bis auf die Sterne der Milchstraße und die etwa 30 nächstgelegenen Galaxien unseres eigenen Galaxienhaufens. Durch die Rotverschiebung taucht das Licht der Sterne aus dem sichtbaren Bereich ins Infrarote und schließlich bis hinunter zu Radiofrequenzen ab. Der einzige Hinweis, aus dem künftige Generationen auf die Existenz anderer Galaxien schließen können, wird ein schwaches Radio-Rauschen aus allen Richtungen sein – etwa so wie der kosmische Mikrowellenhintergrund, den wir heute registrieren und der sich – ohnehin bereits sehr schwach – dann endgültig ins Unbeobachtbare hin verschoben haben wird. Das bedeutet: Zivilisationen, die nach uns kommen, werden keinen Beweis mehr für den Urknall finden (▶ *Wie ist das Universum entstanden?*).

Innerhalb der Galaxienhaufen – dort, wo die Gravitation der Expansion widerstehen kann – werden die einzelnen Galaxien ineinanderlaufen: Bei diesen gigantischen Kollisionen werden manche Sterne in den intergalaktischen Raum hinausgeschleudert, um die Weiten des Alls fortan allein zu durchwandern. Andere werden in supermassereiche Schwarze Löcher im Zentrum der Galaxien katapultiert; diese werden vorübergehend entzündet, die Galaxie erwacht – der Kern einer aktiven Galaxie erstrahlt in blendendem Licht. Möglicherweise wird es unserer Sonne einst so ergehen, wenn die Milchstraße mit der Andromeda-Galaxie zusammenstößt. Im Zentrum jeder Galaxie, so glaubt man heute, sitzt ein supermassereiches Schwarzes Loch; und wenn diese Raumzeitwirbel aufeinandertreffen, so entsteht in einem Blitz kosmischer Energie ein noch viel größerer, unersättlicher kosmischer Müllschlucker. Vielleicht 100 000 Milliarden Jahre später wird alles kosmische Gas entweder von Sternen oder von gigantischen Schwarzen Löchern aufgesogen worden sein.

Wenn es keine Gas- und Staubwolken mehr gibt, in denen sich neue Sterne ballen können, dann werden die leuchtenden Himmelskörper allmählich aussterben. Im Kosmos gehen die Lichter aus; zurück bleiben verstreute Friedhöfe toter Sterne – Weiße Zwerge, Neutronensterne, kleine und große Schwarze Löcher. Irgendwann stoßen diese Leichen mit einem kurzen Aufleuchten zusammen; ansonsten ist es dunkel im All.

Das muss noch nicht das absolute Ende sein. Es gibt Hinweise darauf, dass das Proton, ein wesentlicher Bestandteil aller Atomkerne, selbst nicht ewig stabil ist. Falls Protonen irgendwann zerfallen, dann zerlegen sich auch die Atomkerne in ein Meer noch kleinerer Teilchen.

Chemische Reaktionen werden ebenso unmöglich wie Kernreaktionen, und es können sich nur noch Schwarze Löcher bilden, wenn sich diese letzten Überbleibsel zusammenballen. Aber auch die Schwarzen Löcher müssen nicht ewig bestehen. Irgendwann könnten sie verdampft sein, könnten sie alle Materie in Form subatomarer Teilchen zurück ins Universum entlassen haben. Diese „Hawking-Strahlung" (▶ *Was ist ein Schwarzes Loch?*) – benannt nach Stephen Hawking, der sie vorschlug – dauert unvorstellbar lange, vielleicht ein Googol Jahre (ein Googol ist eine Eins mit 100 Nullen). Das offene Universum endet also als dünne Teilchensuppe, überall gleich kalt und unfähig zu Reaktionen jeder Art. Man nennt dieses Schicksal auch „Wärmetod" – oder (eigentlich anschaulicher) „Kältetod".

Alle Schwarzen Löcher werden irgendwann einfach verschwinden, in einem leichten Windhauch von Strahlung.

PAUL DAVIS,
ZEITGENÖSSISCHER KOSMOLOGE

Der Endknall

Zwei Szenarios haben wir besprochen, aber zwischen dem offenen und dem geschlossenen Universum liegt noch ein schmaler Grat – das „flache" Universum. Das zweidimensionale Pendant ist, ganz klar, eine Ebene, die sich unendlich weit in alle Richtungen erstreckt. Während es Myriaden verschiedener offener und geschlossener Universen gibt, je nach Dichte der Materie darin, gibt es nur ein flaches Universum. Seine Massendichte entspricht exakt dem kritischen Wert. Das ultimative Schicksal eines flachen Universums ist der Kältetod, ein dünner Ozean kalter Teilchen. An sich ist das flache Universum ein absolut unwahrscheinlicher Fall; damit beim Urknall genau die richtige Menge Materie entstand, war eine erstaunliche Feinabstimmung vonnöten. Und doch ist es das, was die Kosmologen um uns herum sehen. Analysen von Wellen in der kosmischen Hintergrundstrahlung haben gezeigt, dass unser All in der Tat nahezu ideal flach ist. Nach einer Bestandsaufnahme aller Materie im Universum schien es zwar, dass diese Gesamtmenge nicht zu einer flachen Geometrie passt, aber inzwischen entdeckte man die Beschleunigung der Expansion des Raums und vermutet nun, dass eine „Dunkle Energie" den Kosmos durchdringt und das Defizit ausgleicht (▶ *Was ist Dunkle Energie?*).

186 | Welches Schicksal erwartet das Universum?

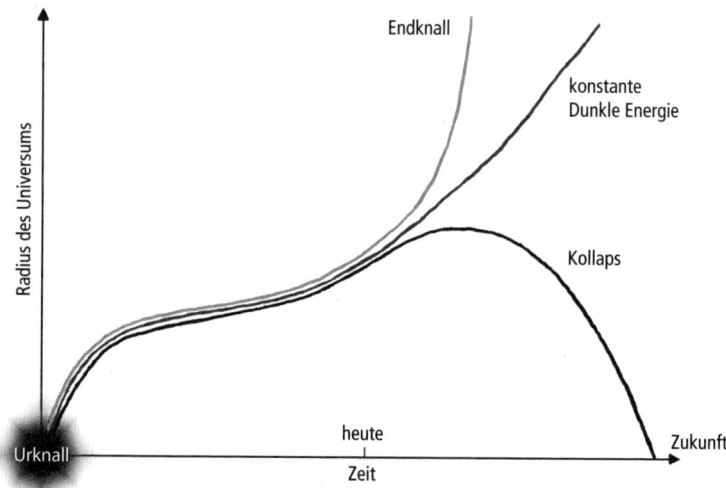

Formen der Dunklen Energie. Niemand weiß, wie sich die Dunkle Energie in Zukunft verhalten wird

Solange wir nicht wissen, was Dunkle Energie ist, können wir auch nicht sicher sein, wie sie sich zukünftig verhalten wird. Vielleicht stimmt es gar nicht, dass sich das flache Universum bis in alle Ewigkeit weiter ausdehnen wird; vielleicht wird die Dunkle Energie irgendwann ausgeknipst, vielleicht nimmt sie an Stärke zu oder kehrt ihre Wirkung gar um. Nur wenn es den Astronomen gelingt, die Dunkle Energie näher zu erforschen, können sie eine oder mehrere dieser möglichen Entwicklungen ausschließen. Bleibt die Dunkle Energie konstant, dann wird sich die Expansion des Universums immer weiter beschleunigen; die Zeit, die noch vergeht, bis alle Galaxien unserem Blick entschwunden sind, wird entsprechend kürzer. Sollte die Dunkle Energie sich umkehren, dann würde sie die Gravitation verstärken; das Ende wäre der Kollaps, der „Big Crunch".

Besonders bizarr ist folgende Vorstellung: Die Dunkle Energie nimmt mit der Zeit immer weiter zu; die Expansion des Alls beschleunigt sich mehr und mehr; alle Galaxien sind schon so weit entfernt, dass wir sie nicht mehr sehen ... und dann macht sich die Dunkle Energie in der Milchstraße selbst ans Werk. Sie zerstört die Spiralstruktur und löst die Planeten aus ihren Umlaufbahnen. Sie zerreißt die

Sterne selbst, gefolgt von den Planeten. Am Ende ließe sie auch die elementaren Bestandteile der Materie explodieren. Ein Albtraum, genannt „Endknall".

Sekundentod

Das klingt schon reichlich trostlos, aber die Stringtheorie hat durchaus noch abgefahrenere Varianten zu bieten. Mindestens eine davon, der Vakuumzerfall, könnte jederzeit den plötzlichen Tod des Universums herbeiführen. Falls die Stringtheorie richtig ist, gibt es eine Vielzahl von Universen (▶ *Gibt es viele Universen?*), untereinander getrennt durch Energiebarrieren. Die Quantentheorie erlaubt, dass ein winziger Bereich unseres Universums eine solche Barriere „durchtunnelt", um einen Zustand mit niedrigerer Energie zu erreichen. Würde dies geschehen, dass würde das ganze Universum in einen energieärmeren Zustand übergehen – wie Wasser in einem Glas, das gefriert, wenn die Temperatur tief genug ist. Von diesem Übergang würde das Raumzeitgewebe durch und durch erfasst; das wäre eine alles zerstörende Katastrophe. Ausgehend vom Epizentrum würde sich dieser Übergang mit Lichtgeschwindigkeit in alle Richtungen fortsetzen. Das bedeutet, wir hätten vielleicht zwar Milliarden von Lichtjahren Zeit, bis uns die Katastrophe ereilt, nachdem wir sie entdeckt haben, aber wir könnten rein gar nichts dagegen tun. Unser Schicksal wäre besiegelt.

Ein anderer, ebenfalls das Multiversum der Stringtheorie voraussetzender Gedanke schließt an die Frage an, was den Urknall ausgelöst hat. Dabei geht es um einen Zusammenstoß unseres Universums mit einer Parallelwelt, wodurch beide Universen einen Zustand höherer Energie erreichen. Diese Theorie – das ekpyrotische, „feuergeborene" Universum – postuliert, dass die beiden fraglichen Universen mit einer Art kosmischem Gummiband verknüpft sind und immer wieder aufeinanderprallen (wie klatschende Hände). Bei jeder Berührung werden die Welten völlig ausgelöscht, es findet ein Urknall statt und alles beginnt von vorn. Diese Theorie braucht nach dem Urknall keine Inflation; sie erklärt die Wellen in der Hintergrundstrahlung mit kleinen zeitlichen Verzögerungen beim Zusammenstoß verschiedener Teile der Universen. Niemand würde uns vor einem solchen Zusammenstoß warnen – eben noch schien alles normal zu sein, dann kommt das große Vergessen. Vielleicht tröstet es Sie, dass der Asche des alten Universums dann in jedem Fall ein neues entsteigt.

Etwas bedrückend ist, dass es so gar keine Theorie gibt, der zufolge unser Universum ewig in der Form weiterbesteht, die es jetzt hat. Die Mitte des 20. Jahrhunderts populäre „Steady State"-Theorie bemühte eine ständige Erschaffung von Materie irgendwo in der Mitte des Kosmos, um die Lücken zu füllen, die sich durch die Expansion des Raums auftun. Diese Theorie wurde widerlegt, als man die kosmische Mikrowellen-Hintergrundstrahlung entdeckte und als Echo des Urknalls interpretierte. Die Mehrzahl der Astronomen hält es heute für wahrscheinlich, dass sich das All immer weiter ausdehnt und irgendwann den Kältetod stirbt. Trotzdem: Völlig ausgeschlossen sind auch die Alternativen nicht.

Gibt es einen kosmologischen Gottesbeweis?

Die lebensfreundliche Feinabstimmung des Universums

Etwas flapsig wirkt die Bemerkung Galileis, als er vom Vatikan zur Rede gestellt wurde, aber trotz allem zieht sie eine klare Grenze zwischen Astronomie und Religion: „Die Bibel zeigt uns nicht, wie der Himmel geht, sondern wie wir in den Himmel gehen können." Seit Galilei haben sich Astronomen und Theologen immer wieder über Gottes Existenz gestritten. Manche Leute denken, die Naturgesetze in unserer Welt sind unglaublich fein abgestimmt, um die Erschaffung des Lebens zu ermöglichen. Sollte unser Universum aber nur ein Exemplar im Multiversum sein, dann ist es nichts Besonderes – und Gott, so scheint es, ist dann auch nicht nötig.

Galilei wollte sagen: Die Theologen des Vatikans sollten nicht versuchen, die Funktionsweise des Kosmos durch das Studium der Bibel herauszufinden. Allein Astronomie und rationales Denken seien in der Lage, das Verhalten des Universums zu entschlüsseln, aber das schmälerte in Galileis Augen keineswegs die Rolle der Bibel, wenn es um die Errettung der gefährdeten Seelen der Menschheit ging.

Auch Isaac Newton wurde aus religiösen Beweggründen angegriffen, als er 1687 seine Gravitationstheorie vorlegte, denn diese schien ohne Gottes Hand auszukommen, um die Bewegung der Erde und des ganzen Alls zu erklären. Der sehr fromme Newton antwortete, seine Theorie erkläre nicht die Gravitation, sondern beschreibe nur ihre Wirkung; auf Gott müsste man sicher stoßen, wenn es um die Gravitation selbst ginge. Jahrhunderte später sagte Einstein, er glaube nicht an eine Gottheit, die in den Lauf der Natur eingreift und die Realität bewusst ver-

Ich glaube an [einen] Gott, der sich in der gesetzlichen Harmonie des Seienden offenbart, nicht an einen Gott, der sich mit dem Schicksal und den Handlungen der Menschen abgibt.
ALBERT EINSTEIN, PHYSIKER, 20. JAHRHUNDERT

ändert; er könne sich aber die Naturgesetze als eine Verkörperung Gottes vorstellen.

Solchen Gedanken hervorragender Forscher führen uns die Grenze zwischen Religion und Naturwissenschaft deutlich vor Augen: Wo die Wissenschaft auf eindeutigen, nachprüfbaren und reproduzierbaren Fakten beruht, scheint die Religion mit dehnbaren Begriffen zu arbeiten. Fordert man einen Naturwissenschaftler auf zu entscheiden, ob es Gott gibt oder nicht, wird seine erste Frage höchstwahrscheinlich lauten: Was verstehen wir unter „Gott"? Anders gesagt: Wie ist „Gott" definiert?

Wer oder was ist Gott?

In der Bibel ist oft von Wundern die Rede: Die Fluten des Roten Meeres teilen sich, Wasser wird in Wein verwandelt. Nimmt man diese Erzählungen wörtlich, dann bedeuten sie, dass sich Gott außerhalb der Naturgesetze bewegt. In diesem Fall kann man Gott streng genommen auch nicht wissenschaftlich diskutieren, denn Er ist fähig, die Natur Seinem Willen zu unterwerfen – Er steht über der Natur, ist „übernatürlich". Dem halten moderne Naturwissenschaftler entgegen: Es gibt kein Phänomen im Universum, das die Existenz einer übernatürlichen Gottheit zwingend voraussetzt.

Die frühen Naturforscher hingegen haben eher nach Gottes Platz im Universum gesucht – sie hofften, Erscheinungen oder Dinge zu entdecken, die sich rational nicht erklären lassen und folglich Gottes Eingreifen erfordern. Je weiter die Naturwissenschaft aber fortschritt, umso mehr konnte sie rational erklären. Noch im 16. Jahrhundert lautete die übliche Antwort auf die Frage, wer die Bewegung der Planeten bestimmt: Gottes Wille. Niemand wusste es besser. Dann kam Tycho Brahe, der sein ganzes Leben lang die nächtlichen Positionen der Himmelskörper aufzeichnete und damit das Fundament legte, auf dem Kepler seine drei Gesetze zur Erklärung aller Planetenbewegungen aufbaute – Bewegungen, zwischen denen bis dahin niemand auch nur den leisesten Zusammenhang gesehen hatte (▶ *Was hält die Planeten auf ihren Bahnen?*). Keplers Gesetze wiederum erklärte Newton aus einer Kraft, die Gravitation genannt wurde, und zu Beginn des 20. Jahrhunderts erklärte Einstein die Gravitation selbst und postulierte ein alles durchdringendes Raumzeit-Gefüge (▶ *Hatte Einstein recht?*). Die Astronomen erkannten, dass diese Ideen einen Schöpfungsmoment des Universums verlangen, den „Urknall" (▶ *Wie ist das Universum entstanden?*).

Das Muster ist unschwer zu erkennen: Während die Zeit fortschreitet, bringt die Naturwissenschaft Licht in immer komplexere Zusammenhänge, und die Menge der Details, die man nur mit Gottes Eingreifen erklären zu können meint, schmilzt zusammen. So lange aber – trotz allem – grundsätzliche Fragen unbeantwortet bleiben (Wer oder was löste den Urknall aus? Wer oder was erschuf das irdische Leben?), so lange bleibt auch Platz für den Glauben an einen tätigen Gott. Viele Forscher meinen, wir haben schlicht noch nicht die ganze Wahrheit gefunden. Man könnte doch denken, in der Naturwissenschaft geht es vor allem um Tatsachen, gesicherte Fakten. Auf die Erfolge von Kepler und insbesondere Newton aufbauend, prägte sich die allgemeine Überzeugung, in der Natur sei alles vorhersagbar: Sage mir die Position und den Bewegungszustand eines beliebigen Teils eines Systems, und ich rechne dir exakt aus, wie sich dieser Teil zukünftig entwickeln wird. Heute aber wissen wir, dass es mindestens einen Bereich der Natur gibt, in dem absolute Sicherheit völlig unmöglich ist: das Reich der Quantenteilchen.

Physikalische Wunder

Die Quantentheorie befasst sich mit der Wahrscheinlichkeit von Ergebnissen eines Messprozesses (▶ *Gibt es viele Universen?*). Ihre Gleichungen können Unmögliches nicht möglich werden lassen, aber sie können äußerst unwahrscheinliche Vorgänge ablaufen lassen. Entwickelt wurde die Quantentheorie zur Beschreibung des Verhaltens subatomarer Teilchen, den kleinsten Dingen, die es in der Natur gibt. Einer ihrer Väter, Werner Heisenberg, entdeckte 1926, dass das Universum auf der Ebene des Winzigsten vom Zufall regiert wird. Einstein wollte nicht hinnehmen, dass der Zufall irgendeine Rolle in der Physik spielt:

Ohne ein klares, eindeutiges Gesetz, das die Wechselwirkungen von Teilchen regiert, sah Einstein zu viel Spielraum, der von einem eingreifenden Gott gefüllt werden konnte. Den Grund seiner Abneigung gegenüber Heisenbergs Ideen fasste Einstein kurz und bündig zusammen: Gott würfelt nicht.

Was Einstein an Heisenbergs Konzept insbesondere abstieß, war der Gedanke, dass der Raum selbst nur im großen Maßstab ein glattes Masse-Energie-Gewebe ist; auf unterster, subatomarer Ebene hingegen ist er eine brodelnde Teilchensuppe mit Partikeln, die in einem Augenblick aus dem Nichts entstehen und im nächsten wieder vergehen. Heisenberg stellte fest, dass bestimmte Paare physikalischer Größen – Zeit und Energie, Impuls und Ort – unlösbar miteinander verbunden sind: Je genauer man eine von beiden misst, desto weniger genau kann man die andere messen. Die Grenze dieser „Genauigkeit" hat nichts mit der Präzision der Messinstrumente zu tun; diese grundsätzliche „Unbestimmtheit" oder „Unschärfe" ist dem Universum eigen. Diese Tatsache nennen wir heute „Heisenbergs Unbestimmtheitsprinzip".

> *Der absolut zentrale Punkt ist: Der leere Raum ist gar nicht leer.*
>
> JOHN WHEELER, PHYSIKER, 20. JAHRHUNDERT

Um die Verknüpfung zwischen Ort und Impuls eines Teilchens zu verstehen, denken Sie an eine Billardkugel, die in völliger Dunkelheit über den Tisch rollt. Wenn Sie ihre Position herausfinden wollen, ohne sie zu sehen, könnten Sie andere Kugeln in ihren Weg rollen und auf ein Abprallen warten. Ein „Klack" verrät ihnen, dass sich die Wege gekreuzt haben; dann können Sie sagen, wo die erste Kugel gerade ist. Zu diesem Ergebnis konnten Sie aber nur kommen, indem Sie den Impuls der ersten Kugel verändert haben – durch den Zusammenstoß hat sie Richtung und Geschwindigkeit gewechselt. Das bedeutet, Sie kennen zwar nun den Ort, aber nicht den Impuls, können also nicht wissen, wo die Kugel im nächsten Moment sein wird.

Die anderen beiden verknüpften Größen sind Energie und Zeit. Heisenbergs großer Gedankenschritt bestand in der Erkenntnis, dass die Energie zwar erhalten bleibt, wenn man einen bestimmten Zeitraum betrachtet, dass sie aber in kürzeren Intervallen spontan entstehen kann. Die erstaunliche Konsequenz daraus ist, dass Paare von Teilchen – je ein Materie- und ein Antimaterieteilchen – plötzlich aus dem Nichts auftauchen und ebenso schnell (durch Annihilation) wieder verschwinden können. Die Zeitspanne ihrer Existenz ist durch das Unbestimmtheitsprinzip begrenzt; die Mathematik sagt: Je mehr Energie nötig ist, um ein Teilchen entstehen zu lassen (je größer die Masse des Teilchens folglich ist), umso kürzer ist dessen Lebensdauer. So verwirrend es auch wirkt – das Unbestimmtheitsprinzip gilt durchaus nicht nur für Teilchen. Theoretisch kann alles, Felsen, Tische, Häuser, Wolken, in einer solchen „Quantenfluktuation" entstehen. Kein Gesetz der Physik verbietet das. Selbst ein vernunftbegabtes Wesen könnte für eine winzige Zeitspanne erscheinen und dabei sogar die Illusion von Erinnerungen und Bewusstsein haben, wenn seine Nervenzellen in diesem Moment nur geeignet verschaltet sind.

Das klingt vielleicht verrückt, aber die Astronomen und Physiker haben allen Grund, von diesem nur scheinbar weit hergeholten Unbestimmtheitsprinzip überzeugt zu sein – denn es ist die Existenzgrundlage der Sonne. Die Temperatur im Sonneninneren beträgt zwar schätzungsweise 16 Millionen Grad, aber das genügt nicht, um die Wasserstoffkerne zur Fusion zu zwingen. Die Kernfusion funktioniert nur, wenn die quantenmechanische Unbestimmtheit in die Berechnungen einbezogen wird: Weil die Positionen der Wasserstoffkerne unbestimmt sind, können sich diese Kerne innerhalb eines kleinen Bereichs um die berechnete Position herum aufhalten und einander nahe genug kommen, dass die Fusion stattfindet.

Quantenfluktuationen lassen offenbar physikalische Wunder geschehen. Andere Quantenphänomene sorgen dafür, dass sich Teilchen noch viel absonderlicher verhalten können: Manche Beobachtungen lassen sich zum Beispiel nur erklären, wenn man zulässt, dass sich ein Teilchen irgendwie an zwei Orten gleichzeitig aufhält. Mit Erkenntnissen dieser Art konnten sich die Naturwissenschaftler nur schwer arrangieren. Viele haben versucht, um jeden Preis zu beweisen, dass das Universum rational zu erfassen ist und dass man Gott dabei überhaupt nicht braucht. Jedes irrationale Verhalten schien diesem Anspruch zuwiderzulaufen, ja am Ende sogar Gottes Hand zu erfordern. All ihrer Sonderbarkeit zum Trotz erlaubt die Unbestimmtheit der Quantenwelt aber nicht *alles*. In einem unendlichen Universum muss irgendwann jedes Ereignis eintreffen, dem auch nur die geringste Wahrscheinlichkeit zugeschrieben werden kann, aber – und jetzt kommt der entscheidende Punkt – ein Ereignis, dessen Wahrscheinlichkeit null ist, ist und bleibt unmöglich, auch wenn man ihm unendlich viel Zeit lässt. Die Folgerung lautet also: Nur die Gesetze der Physik entscheiden, was möglich (wenn vielleicht auch wenig wahrscheinlich) ist und was nicht.

Gott hingegen sollte *alles* möglich machen können, auch das, was die Naturgesetze verbieten. Einstein freundete sich zwar niemals wirklich mit der Unbestimmtheit an, aber er akzeptierte schließlich, dass sie nicht zwingend eine Nische für einen allmächtigen Gott bietet. In späteren Jahren verfestigte er seine Position noch weiter – schließlich lehnte er die Idee eines Allmächtigen völlig ab. 1954 schrieb er, das Wort „Gott" sei für ihn nichts weiter als Ausdruck und Produkt der menschlichen Schwächen.

Feinabstimmung

Unter den Kosmologen ist die Debatte über die Bedeutung eines Schöpfergotts im Universum jüngst wieder kräftig aufgelebt. Der Ansatzpunkt dafür ist die Erkenntnis, dass der Kosmos speziell für das menschliche Leben ausgelegt zu sein scheint. Seitdem die Theoretiker die Naturgesetze halbwegs begriffen haben, denken sie darüber nach, wie das Universum aussehen würde, wenn die physikalischen Konstanten nur ein klein wenig von ihrem tatsächlichen Wert abwichen (▶ *Gibt es viele Universen?*). Zu ihrer Überraschung fanden sie heraus, dass die große Mehrheit der möglichen Universen ganz und gar nicht lebensfreundlich ist. Diese Tatsache wird gelegentlich als „Feinabstimmungsproblem" bezeichnet und als erklärungsbedürftig empfunden.

Ein Beispiel für die Feinabstimmung ist die Expansionsrate des Universums. Wäre sie höher, als sie heute ist, dann hätte sich die Materie zu sehr im Raum verdünnt; Galaxien hätte sich nicht zusammenfinden können. Wäre sie zu niedrig, dann wäre das Universum in sich zusammengefallen, bevor Sterne, Planeten oder Menschen genug Zeit gehabt hätten, sich zu bilden und zu entwickeln. Nur ein schmaler Bereich um den heutigen Wert herum lässt die Entstehung eines Universums mit Galaxien, Sternen und Planeten zu. Allgemein versteht man unter Feinabstimmung, dass alle Naturkonstanten nur in einem kleinen Bereich von Zahlenwerten die Evolution von Leben zulassen, während die

> *Warum um alles in der Welt macht sich das Universum überhaupt die Mühe zu existieren?*
>
> STEPHEN HAWKING, ZEITGENÖSSISCHER PHYSIKER

allermeisten denkbaren Universen unfruchtbar sind – jedenfalls wohl für Leben, wie wir es kennen. Warum aber, fragten sich nun die Forscher, existiert ein derart unwahrscheinliches, von Menschen bewohnbares und bewohntes Universum dann überhaupt?

Kohlenstoff-Flaschenhals

Das vielleicht beste Beispiel für die Feinabstimmung des Universums ist der sogenannte „Kohlenstoff-Flaschenhals". Das Element Kohlenstoff ist für das Molekül des Lebens, die DNA, unverzichtbar. Wie die meisten anderen Elemente entsteht Kohlenstoff durch Kernfusion im Inneren von Sternen.

In den 1950er Jahren entwarfen die Astrophysiker mit all dem Wissen, das sie bis dahin über Atomkerne gesammelt hatten, einen Syntheseweg für Kohlenstoffkerne: den „Drei-Alpha-Prozess". Dabei sollten sich drei Heliumkerne in mehreren Schritten in einen Kohlenstoffkern umwandeln. Der letzte dieser Schritte, eine Reaktion eines Berylliumkerns mit dem dritten Heliumkern, erwies sich als Problem, denn der britische Astronom Fred Hoyle hatte berechnet, dass seine Geschwindigkeit nicht zum Gesamtprozess passte. Genauer gesagt: Diese Reaktion sollte dem damaligen Verständnis von Kernreaktionen zufolge so unwahrscheinlich sein, dass Kohlenstoff eine Seltenheit im Universum sein müsste. Wohin die Astronomen aber auch immer blickten, überall sahen sie Kohlenstoff, viel Kohlenstoff. Die Bildung des lebenswichtigen Elements blieb ungeklärt, solange nicht ein Weg gefunden wurde, dieses Problem aus der Welt zu schaffen.

Die Astrophysik steckte in einer Sackgasse – nicht aber Hoyle selbst, der kühn genug war, das Offensichtliche auszusprechen: Da der Kohlenstoff da ist, sagte er, muss er auch entstanden sein. Da er überdies eine Schlüsselkomponente des irdischen Lebens ist und die Entstehung von Menschen ermöglichte, mit Gehirnen, die über seine Entstehung nachdenken können, muss der Kohlenstoffkern irgendetwas an sich haben, das noch niemand verstanden hat. Holye begann zu grübeln, wie die Natur die Reaktion zwischen Beryllium und Helium beschleunigen könnte.

Eine Kernfusion geht leicht vonstatten, wenn sich die beiden verschmelzenden Kerne in ähnlichen energetischen Zuständen (die wiederum von ihrem inneren Aufbau bestimmt werden) befinden wie der entstehende Kern. Zu den bekannten Zuständen des Beryllium- und des Heliumkerns jedoch passte kein bekannter Energiezustand des Kohlenstoffkerns. Aus der Tatsache, dass sich offensichtlich Leben im Universum entwickelt hat, folgerte Hoyle, dass Kohlenstoff den gesuchten Zustand einnehmen können muss – auch wenn ihn die Experimentatoren bis dahin übersehen hatten. Aus Letzterem wiederum schloss Hoyle, dass der Kern diesen Zustand wahrscheinlich nur kurze Zeit beibehalten kann – sonst wäre er eben nicht übersehen worden. Auf dieser Basis traf der Astronom folgende Voraussage: Der Kohlenstoffkern ist in der Lage, den erforderlichen Zustand zu erreichen und ihn lange genug beizubehalten, dass die letzte Reaktion des Drei-Alpha-Prozesses stattfinden kann; dann muss er sich der überschüssigen Energie schleunigst wieder entledigen. Was übrig bleibt, ist Kohlenstoff in dem Zustand, den wir überall finden.

Es erübrigt sich zu sagen, dass diese Hypothese in der Fachwelt überall auf Skepsis stieß – bis sich doch einige Leute an die geeigneten Experimente machten. Bereits zehn Tage später hatten sie den fraglichen Zustand nachgewiesen. An diesem Punkt setzte die „anthropische" (*anthropos*, griech. „Mensch") Argumentation an: Bei der Entscheidung, was im Universum möglich ist und was nicht, ist stets zu berücksichtigen, dass es uns Menschen gibt. Anders gesagt, alle physikalischen Gesetze müssen schließlich und endlich zur Entstehung des Menschen führen.

Weitere Untersuchungen auf diesem Gebiet zeigten, dass die kosmische Häufigkeit der Elemente in der Tat ein fein abgestimmtes System ist. Änderte sich die starke Wechselwirkung – die Kraft, die die Atomkerne zusammenhält – nur um 0,4 %, so wäre dieses haarscharfe Gleichgewicht gestört und in den Sternen entstünde kein Kohlenstoff. Das Wissen, dass das Leben – und das Universum überhaupt – derart auf Messers Schneide steht, lässt uns sofort weiter fragen: Wie kommt es, dass die Bildung der einzelnen Elemente so sorgfältig aufeinander abgestimmt ist, dass sich Leben auf der Erde entwickeln konnte?

Das beobachtbare Universum hat exakt die Eigenschaften, die wir erwarten können, wenn ihm weder Absicht noch Zweck, weder Gut noch Böse zugrunde liegt.

RICHARD DAWKINS, ZEITGENÖSSISCHER BIOLOGE

Gottes Hand

Die kurze Antwort auf die Frage nach unserer unwahrscheinlichen Existenz ist: Niemand weiß es. Manche meinen, diese Frage wäre an sich unsinnig; wäre das Universum nicht, wie es ist, dann wären wir nicht da, um uns solche Fragen zu stellen. Andere sehen einen tieferen Grund: Gott richtete die Naturgesetze im Universum gerade so ein, dass Menschen darin existieren können. Das passt natürlich gut zu Einsteins nicht eingreifendem Gott, weckt aber ungute Erinnerungen an die Denkweise der Naturforscher im frühen 19. Jahrhundert.

Damals waren die Zoologen und Botaniker gerade dabei zu entdecken, wie wunderbar die verschiedenen Lebensformen an ihre Lebensräume angepasst sind – ein klarer Beweis dafür, so meinte man, dass Gott für jedes Lebewesen eine passende Umwelt geschaffen hat. 1859 stellte Darwin diese Ansichten auf den Kopf, indem er anhand seiner Beobachtungen nachwies, dass Lebewesen von Generation zu Generation ihre Merkmale ändern können, um sich an ihre Umwelt anzupassen. Das Konzept der natürlichen Auslese mündete in die Evolutionstheorie und die Überzeugung, dass unser Planet und seine Landschaften Produkt des Zufalls sind. Lebensformen entwickeln sich demnach durch (zufallsbestimmten) Versuch und Irrtum – überwiegend Irrtum –, um in alle Nischen zu schlüpfen, die sich bieten. Die Fähigkeit zur Evolution ist, Darwin zufolge, dem Leben selbst wesenseigen aufgrund eines fehleranfälligen Kopiermechanismus in der Zellmaschinerie. Während manche konservative Christen nach wie vor an „Intelligent Design" glauben, sind die Naturwissenschaftler inzwischen einig: Was man einst für einen Beweis von Gottes Perfektion hielt, ist in Wirklichkeit Ausdruck einer nicht perfekten Technik auf molekularem Niveau.

Könnte etwas Ähnliches nicht auch für das ganze Universum gelten? Könnte also die Feinabstimmung Ergebnis einer Art kosmischen Evolution sein? Hier kommt das Multiversum ins Spiel; spiegelt die Landschaft der M-Theorie (▶ *Gibt es viele Universen?*) die Realität wider, dann ist jedes mögliche Universum, jede mögliche Kombination physikalischer Konstanten irgendwo verwirklicht, weil die Zahl der Universen unendlich ist. Natürlich muss es dann mindestens ein Universum geben, das von Menschen bewohnt werden kann – wie fein auch immer die Konstanten dafür abgestimmt sein

> *Der Eindruck eines vorbestimmten Plans ist überwältigend.*
> PAUL DAVIES, ZEITGENÖSSISCHER KOSMOLOGE

müssen. Sieht man es so, dann hat unser Weltall gar nichts Besonderes an sich. Wir haben uns einfach in dem Universum entwickelt, das sich für unsere Lebensform anbot; das ist alles. Die Kosmologie kommt in diesem Fall gut ohne Gott aus.

Das Universum: Immer für eine Überraschung gut

All diese Diskussionen über die Feinabstimmung unseres Universums und ihre möglichen Folgen sind mit einer gewissen Vorsicht zu genießen: Halten wir das Universum nur deshalb für die lebensfreundliche Welt schlechthin, weil wir uns andere als die vertrauten Lebensformen nicht vorstellen können? Der Kosmos überrascht uns immer wieder, und wir sind weder schlau noch erfahren genug, alle diese Wunder vorauszusehen. Ein hervorragendes Beispiel dafür ist die Suche nach Planeten fremder Sterne. Die Verteilung von Planeten in einem Planetensystem würde, so dachten die Astronomen, immer dem Muster ähneln, das wir in unserem Sonnensystem beobachten – außen die Gasriesen, innen die festen Gesteinsplaneten. Es gab sogar eine Forschergruppe, die zwar Beobachtungsdaten sammelte, deren Auswertung aber nicht für nötig hielt, in der festen Überzeugung, man müsse ohnehin zehn Jahre lang abwarten, bis man die ausgedehnten Bahnen eines jupiterähnlichen Planeten richtig beschreiben könne. Die ersten nachgewiesenen Exoplaneten waren dann tatsächlich Gasriesen – allerdings mit Umlaufbahnen, die näher am Zentralgestirn lagen als die Bahn des Merkur, des innersten Planeten unseres Sonnensystems, an der Sonne. Von dieser Entdeckung waren die Astronomen völlig überrascht. Was sie da sahen, hatten sie zuvor für unmöglich gehalten. Könnte es also sein, dass Leben andere, unvorstellbare oder bisher schlicht nicht berücksichtigte Wege beschreitet, wenn die physikalischen Konstanten andere Werte haben als bei uns? Solange wir „Leben" an sich nicht definieren können (▶ *Sind wir Staub der Sterne?*) und demnach nicht über eine konkrete Regel verfügen, um „lebendig" von „nicht lebendig" zu unterscheiden, mag jede Diskussion um Feinabstimmung im Universum verfrüht sein.

Vieles von dem, was wir sehen und untersuchen, bleibt unerklärt. Sicherlich begreifen wir umso mehr, je genauer wir hinschauen; im gleichen Augenblick aber stoßen wir auf neue Wunder, neue Rätsel, die

Der Himmel hält so reiche Schätze bereit, dass es dem menschlichen Geist niemals an Nahrung gebrechen wird.

JOHANNES KEPLER, ASTRONOM, 17. JAHRHUNDERT

noch nicht gelöst sind. Gut möglich, dass dieses Muster der Physik innewohnt – dann wird es niemals eine „Theorie von allem" geben, nur die Entschlüsselung immer feinerer Details bis in alle Ewigkeit. Ebenso gut ist möglich, dass die ersehnte allumfassende Theorie schon zum Greifen nahe ist. Wie auch immer: Kosmologie fasziniert – ob nun, weil sie endgültige Antworten auf die großen Fragen verspricht, oder weil sie den Weg der Erkenntnis selbst verkörpert wie kaum eine andere Disziplin, mag jeder für sich entscheiden.

Glossar

Absoluter Nullpunkt
Die niedrigste erreichbare Temperatur beträgt null Kelvin (0 K) oder rund −273 °C. Bei dieser Temperatur tauschen die Teilchen keine Energie mehr aus.

Allgemeine Relativitätstheorie
Theorie von Albert Einstein, erklärt die Gravitation als Störung (Verzerrung, Krümmung) des Raumzeit-Gefüges.

Äquivalenzprinzip
Fundament der Allgemeinen Relativitätstheorie; sagt aus, dass eine Beschleunigung nicht von der Wirkung eines Gravitationsfeldes unterschieden werden kann.

Asteroid
Kleiner Gesteinskörper mit einem Durchmesser von maximal 1000 km, der sich auf einer Umlaufbahn um die Sonne befindet. Die meisten Asteroid-Bahnen liegen im „Asteroidengürtel" zwischen der Mars- und der Jupiterbahn. Manche Asteroiden beschreiben aber auch exzentrischere Bahnkurven und kreuzen dabei die Bahnen der inneren Planeten.

Atmosphäre
Gashülle eines Planeten oder Mondes, deren Zusammensetzung und Dichte variiert.

Dunkle Energie
Hypothetische Energieform, die den gesamten Raum durchdringt, oder bisher nicht identifizierte Naturkraft, mit der sich die beschleunigte Expansion des Alls erklären lässt.

Dunkle Materie
Hypothetische Materieform, wahrscheinlich zehnmal so schwer wie gewöhnliche Materie. Ihre Anwesenheit wird aus der Gravitationskraft gefolgert, die sie auf sichtbare Materie auszuüben scheint. Anhand ausgesendeter Strahlung kann sie nicht nachgewiesen werden.

Dunkles Zeitalter
Periode, die 300 000 Jahre nach dem Urknall begann und bis etwa eine Milliarde Jahre nach dem Urknall dauerte, als die ersten Sterne entstanden und Licht ins All brachten.

Elektron
Negativ geladenes Elementarteilchen mit geringer Masse; hält sich in der Regel in der „Elektronenhülle" um einen Atomkern herum auf.

Galaxie
System aus Sternen, Staub und Gas, das durch Gravitation zusammengehalten wird. Der Durchmesser von Galaxien liegt zwischen einigen hundert und vielen hunderttausend Lichtjah-

ren. Galaxien werden nach ihrer Form klassifiziert. Als „Galaxis" bezeichnet man unsere Heimatgalaxie, die Milchstraße.

Gravitation
Naturkraft; äußert sich als Anziehungskraft zwischen allen Objekten, die eine Masse besitzen. Die Stärke der Anziehung hängt von den beteiligten Massen und ihrem Abstand ab.

Großes Bombardement
Letzte Phase der Bildung des Sonnensystems mit massenhaften Einschlägen von Asteroiden und Kometen auf Planeten und Monden; Zeit der Entstehung der Mondkrater.

Inflation
Hypothetischer Augenblick extrem schneller Ausdehnung der Raumzeit kurz nach dem Urknall.

Kelvin-Skala
Temperaturskala, deren Nullpunkt bei der kleinsten möglichen Temperatur liegt (s. Absoluter Nullpunkt). Zur Umrechnung von Kelvin- in Celsius-Temperaturen ziehe man 273 ab.

Kernfusion
Zwei Atomkerne verschmelzen zu einem schwereren Atomkern.

Kernspaltung
Ein Atomkern wird in zwei oder mehr leichtere Bruchstücke zerlegt.

Komet
„Schmutziger Schneeball" aus Staub und Eis mit einem Durchmesser in der Größenordnung von Kilometern; Überbleibsel aus der Entstehungszeit des Sonnensystems. Die Kometen unseres Sonnensystems werden nach der Periode ihres Umlaufs um die Sonne klassifiziert: Kurzperiodische Kometen laufen in weniger als 200 Jahren einmal um die Sonne, langperiodische Kometen können dafür mehrere Millionen Jahre benötigen.

kosmischer Mikrowellen-Hintergrund
Schwache Mikrowellenstrahlung, die das ganze Weltall durchdringt; man nimmt an, dass es sich um ein „Echo" („Nachglühen") des Urknalls handelt, das inzwischen auf 2,7 Kelvin (rund −270 °C) abgekühlt ist.

kosmologische Entfernungsleiter
Gesamtheit von Verfahren, mit denen die Astronomen Entfernungen messen und (auf dieser Grundlage) weite Entfernungen im Universum schätzen.

Lichtjahr
Entfernung, die Licht im Vakuum im Laufe eines Jahres durchmisst; rund 9,5 Billionen Kilometer. Das Lichtjahr wird als eine astronomische Entfernungseinheit benutzt, um den Umgang mit den

enorm großen Zahlen zu erleichtern.

Magnitude
Maß für die Helligkeit eines Himmelskörpers.

Milliarde
Tausend Millionen (10^9).

Mond
Natürlicher Begleiter (Satellit) eines Planeten. Im Sonnensystem gibt es über 140 Monde; dazu gehört auch der Erdmond.

Multiversum
Hypothetische Vielzahl von Universen, die getrennt von unserem Universum existieren.

Naturkonstanten
Physikalische Kostanten, deren Zahlenwerte Vorgänge in der Natur bestimmen (z. B. die Ausbreitungsgeschwindigkeit von Licht im Vakuum). Warum die Konstanten gerade die Werte haben, die sie haben, wissen die Forscher nicht.

Neutron
Elektrisch neutrales subatomares Teilchen mit relativ hoher Masse, nur innerhalb eines Atomkerns stabil.

Nukleosynthese
Prozess, durch den die heute vorhandenen chemischen Elemente in den heute beobachteten Mengenverhältnissen entstanden.

Parallaxe
Trigonometrisches Verfahren zur Messung des Abstands eines Himmelskörpers.

Planet
Großer Himmelskörper auf einer Umlaufbahn um einen Stern. Aus historischen Gründen werden nur größere Objekte als Planeten bezeichnet, aber die Fachleute sind nicht einig, wie groß ein Objekt mindestens sein muss, um als Planet zu gelten. Pluto, dem (allerdings nicht wegen einer zu geringen Masse) der Planetenstatus aberkannt wurde, gilt jetzt als Zwergplanet.

Proton
Positiv geladenes subatomares Teilchen mit relativ hoher Masse, hält sich in der Regel innerhalb von Atomkernen auf.

Quantentheorie
Eine Reihe physikalischer Gesetze zur Beschreibung des Verhaltens von Atomen und subatomaren Teilchen.

Raumzeit
Hypothetisches „Gewebe" des Universums, das der Allgemeinen Relativitätstheorie zufolge durch Materie verformt wird; Gravitation wird als Krümmung der Raumzeit erklärt.

Rotverschiebung
Dehnung der Wellenlänge von Licht entfernter Objekte infolge der Expansion des Universums.

Schwarzes Loch
Extrem hohe Konzentration von Masse, die ein ungeheuer starkes Gravitationsfeld erzeugt, dem nicht einmal Licht entkommen kann. Schwarze Löcher entstehen, wenn massereiche Sterne am Ende ihres Lebens in sich zusammenfallen. Kollabierende Gaswolken im Zentrum von Galaxien erzeugen supermassereiche Schwarze Löcher.

Sonne
Stern („Zentralgestirn") im Zentrum des Sonnensystems.

Sonnensystem
Gesamtheit aller Himmelskörper auf Umlaufbahnen um die Sonne als Zentralgestirn: Planeten, deren Monde, Zwergplaneten, Asteroiden, Kometen.

Spezielle Relativitätstheorie
Theorie von Albert Einstein, ermöglicht den Vergleich von Beobachtungen, die von Objekten in verschiedenen Bewegungszuständen (allerdings nicht von beschleunigten Objekten) aus angestellt werden.

Stern
Dichter Ball aus Wasserstoff und Helium, zusammengehalten von der Gravitation und den Großteil seiner Lebenszeit über leuchtend durch Kernfusionen, die im Inneren stattfinden.

Stringtheorie
Bietet eine Chance, die Gravitation mit den anderen drei Naturkräften vereinheitlicht zu beschreiben; könnte so zu einer „Theorie von allem" (einer Quanten-Gravitationstheorie) führen.

Supernova
Völlige Zerstörung eines Sterns in einer Explosionskatastrophe.

Umlaufbahn
Bahnkurve, auf der sich ein Himmelskörper um einen anderen bewegt.

Universum
Alles, was im Raum um uns herum existiert; beinhaltet unter anderem schätzungsweise 500 Milliarden Galaxien. Vielleicht gibt es noch weitere, von unserem eigenen abgetrennte Universen.

Urknall
Ereignis, mit dem das Universum vor etwa 13,7 Milliarden Jahren zu existieren begann. Dieser Explosion folgend, dehnt es sich bis heute weiter aus.

Wurmloch
Hypothetische Abkürzung durch das Raumzeit-Gewebe.

Index

21-Zentimeter-Signal 104

A
Abell 520 113
Abkühlungskurve 32
Abplattung 61
absoluter Nullpunkt 49
Ägypten 9
Akkretionsscheibe 80
Allgemeine Relativitätstheorie 9, 24, 67, 70, 79, 112, 155, 160
  kosmologisches Prinzip 121
Alpha Centauri 153
Alterskrise der Kosmologie 34, 115
Aminosäuren, Entstehung 127
Andromeda-Galaxie 16, 23, 184
Angkor Wat 8
Anisotropie 94
Anitgravitation 115
Annihilation 89
  Dunkle Materie 110
Anregung 38
anthropische Argumentation 196
Antimaterie 89, 107
Äquivalenzprinzip 69, 70, 75
Aristoteles 58
Asteroid, Einschlag auf der Erde 55
Asteroidengürtel 52
Astrobiologie 133
astronomische Bauwerke 8
Äther 153
  Widerlegung 154
Atomkern, Entdeckung 37
Außerirdische 142, 151
Ausbreitungsmedium von Licht 154

B
Bahnkurve
  Axion 108
  geschlossene 60
  offene 61
  von Himmelskörpern 60
Balkenspiral-Galaxie 98

Bell, Jocelyn 74
Beobachter in der Quantentheorie 176
Beobachtungshorizont 91, 174
Beschleunigung im Schwerefeld 69
Bessel, Friedrich W. 21
Beteigeuze 12
Big Crunch 182, 186
Blauverschiebung 183
Bohr, Niels 171
Bosonen 108
Bradley, James 78
Brahe, Tycho 57, 190
Breakthrough Propulsion Physics Project 157
Bulge 14, 98
Bunsen, Robert 39

C
Cavendish, Henry 167
Cepheiden 19
Chandrasekhar-Grenze 20, 45
CHNOPS 124
CNO-Zyklus 102
Collagen 149
Comte, Auguste 39
Cyanobakterien 126
Cyclops (Teleskop) 150
Cygnus X-1 80

D
Dark Ages 101
Darwin, Charles 125, 197
Deep-Field-Astronomie 96
Dekohärenz 176
Deuterium 37
DGP-Theorie 119
Dichte der Erde 167
Dichteschwankungen und Inflation 179
Digges, Thomas 27
Dimension, nicht wahrnehmbare 68
Dirac, Paul A. M. 89, 107
DNA (Desoxyribonucleinsäure) 128
Doppelpulsar 74
Doppler, Christian 23
Drake, Frank 142
Drake-Gleichung 143
Drei-Alpha-Prozess 195
Dunkle Energie 35, 117, 156, 185
  Umkehrung 186

Dunkle Materie 66, 107, 115
  Detektoren 109
  Kartierung 113
Dvali, Gia 119

E
Eddington, Arthur 19, 71
Einstein, Albert 66
  Religionsverständnis 189
  Verhältnis zur Quantentheorie 192
Eis auf dem Mars 137
Eisen, Endstation der Fusion 44
Eisen-Nickel-Kern 45
ekpyrotisches Universum 187
elektromagnetische Wechselwirkung 72
Elektron 38, 108
elektroschwache Wechselwirkung 93
Elemente
  Entstehung 93, 124
  Häufigkeit 36, 41
  schwere, Entstehung 45
elfte Dimension 179
Ellipse 57
Ellipsenbahn 60
elliptische Galaxien 15
Endknall 187
Energie und Zeit, Verknüpfung 192
Energiequant 84
Entfernungsleiter, kosmische 19, 22, 26
Entfernungsmessung, kosmische 20
Entkopplung von Energie und Materie 94
Epsilon Eridani 142
Erdbahnkreuzer 54
Erde
  Alter 28
  Entstehung 46
  Herkunft des Wassers 53
Ereignishorizont 79, 85
  Stringtheorie 86
Ergosphäre 83, 160
Eris 51
Europa (Jupitermond) 63, 146
Everett, Hugh 172
Evolution 128, 197
Exoplaneten 63, 144, 147, 198
exotische Materie 156

Expansion des Universums 25, 33, 35, 121, 194
Expansionsrate 25, 34, 114
Extremophile 129, 135

F
Fahrstuhl-Experiment (Einstein) 69
Fallgeschwindigkeit 69
fehlende Masse 105
Feinabstimmung 185, 194
Feinstrukturkonstante 164
  Veränderung 166
Fermi, Enrico 152, 161
Fermionen 108
Fermis Paradoxon 161
Fernrohr (Galilei) 13
Filamente 16
Flachheitsproblem 91, 164
Flocculent-Spiralgalaxie 98
Fluchtgeschwindigkeit 60, 79
Fly-by-Anomalie 158
flüchtige Stoffe 124
fossile Bakterien 140
Fossilien 139
  älteste 125
freier Sauerstoff 149
Friedman, Alexander 120

G
galaktischen Scheibe 14
Galaxie 100
  aktive 81, 100
  elliptische 97
  irreguläre 98
  Rotverschiebung 23
  Typen 15, 23, 97
  Rotation 105
  Zahl im Universum 16
  Zusammenstoß 99
Galaxienhaufen 121
Galaxienhaufen 1E 0657-558 113
Galaxis, siehe Milchstraße
Galilei, Galileo 13, 69, 189
Gammablitz 103
Gamow, George 87, 93
Gasriesen 51
gebundene Rotation 63, 145

Index

gemeinsamer Vorfahre 127, 130
gemischter Zustand 171
Gene 128
Geschwindigkeitsrekord 152
Gezeiten 61
 durch Jupiter 63
Gliese 581c 144
Goodricke von York, John 19
Googol 185
Gott und Naturgesetze 194
Gottes Aufgabe im Universum 191
GPS 156
Grand Design-Spiralgalaxie 98
Gravitation 72
 als Folge der Raumzeit-Krümmung 67
 Austauschteilchen 73
 Korrektur 70
 Lorentz-Verletzung 169
 Modifizierung 119
 universelle 56
Gravitationsfeld 69
Gravitationsgesetz 167
 Gültigkeit 111
Gravitationskonstante 163, 166
 Veränderung 167
Gravitationslinse 71, 112
Gravitationstheorie 163
 und Religion 189
Gravitationstheorie (Newton) 56
Gravitationswelle 75
Graviton 95, 119
Gravitonen-Hintergrund 95
Gravitonenteleskop 95
GRB090423 (Gammablitz) 103
Große Mauer 121
große Stille 143
Großes Bombardement 53, 124, 125
Grundkräfte der Natur 72, 88
 Trennung 93
 Vereinheitlichung 75
Größenklasse 11
Gummituch 67

H

habitable Zone 145
 Sonnensystem 146
halbdurchlässiger Spiegel 153
Halley, Edmond 10, 27
Halley'scher Komet 61
Halo aus Dunkler Materie 106
Haroche, Serge 177
Haumea 51
Hauptreihe 30
Hawking, Stephen 84, 185
Hawking-Strahlung 185
HDE 226868 (Blauer Überriese) 80
Heisenberg, Werner 191
Helium 36, 37, 93
Heliumbrennen 43
Helligkeit
 absolute 12
 scheinbare 12
Herkules-Haufen 16
Herschel, Wilhelm 43
Hertzsprung-Russell-Diagramm 31
Higgs-Boson 109
Himmelsdurchmusterung 122
Hipparchus von Samos 11
homogen 120
Hooke, Robert 58
Horizontproblem 90, 166
Hoyle, Fred 195
Hubble Deep Field 97
Hubble Ultra Deep Field 100
Hubble, Edwin 22, 116
Hubble-Konstante 25, 34
Hubble-Weltraumteleskop 16, 25, 96
Hubble-Zeit 35
Hyperthermophile 128
Häufigkeit der Elemente im Kosmos 196
höhere Dimensionen 166

I

Inflation 155, 164, 179
Inflation, chaotische 175
Inflation, kosmische 90, 174
 Flachheit 91
Information, Verlust am Ereignishorizont 85
Informationstheorie 132
Informationsverarbeitung 132
Insel-Universum 23
Internationale Astronomische Union 11
interstellare Raumflüge 152, 161
interstellare Wolken 47
Io (Jupiter-Mond) 63
Ion 38
Irrationalität in der Quantenwelt 193
Isotop 29, 37, 123
isotrop 120

J

Jupiter 51

K

Kalender 9
Kalktuff 133
kambrische Explosion 148
Kelvin 49
Kepler, Johannes 13, 27, 56
Kepler-Weltraumteleskop 144
Kepler'sche Gesetze 57f., 112, 191
Kernfusion 41, 195
Kernreaktor, natürlicher 162
Kirchhoff, Gustav 39
Klimawandel 150
Kohlenstoff 195
Kohlenstoff-12-Anreicherung 125
Kohlenstoff-14 29
Kohlenstoff-Flaschenhals 195
kohliger Chondrit 127
Komahaufen 16, 105
Komet 53
 erdnaher 54
Kometenbahn 61
Kommunikationssysteme 149
Konjunktion 13
Kopenhagener Deutung der Quantentheorie 172
Kosmologie 9
 antike 9
kosmologische Konstante 116
kosmologisches Prinzip 120
Krümmung des Raums 112

Kugelsternhaufen 30
 Alter 31
Kältetod 185, 188

L

Landschaft der M-Theorie 179
Le Verrier, Urbain 66
Leben
 auf dem Mars 134
 Definition 131
 Entstehung 124, 125
 Entwicklung 124
 früheste Hinweise 125
 heutige Vermehrung 126
 Nachweis auf Exoplaneten 147
 notwendige Elemente 124, 196
 vernunftbegabtes 148
 Wahrscheinlichkeit 146
Leben nach dem Tod 177
Leben ohne Sonnenlicht 130
Leerräume im All 16
Lemaître, Georges 33, 87
LGM-1 (Pulsar) 74
LHC (Large Hadron Collider) 85, 92, 109
Licht
 im Gravitationsfeld 71
Lichtgeschwindigkeit 78, 152
 erste Berechnung 79
 Konstanz 153
 Veränderung 164
Lithium 37, 93
Lokale Gruppe 16
Lorentz-Transformation 168
Lorentz-Verletzung 168
Lunar Laser Ranging 75, 167

M

M-Theorie 179, 197
Magnetfeld, planetares 137
Magnitude 11
Makemake 51
Mars 133
 Bewohnbarkeit 139
 lebensfeindlich 135
 Oberflächengestalt 136

Wasser 135
Masse der Planeten 61
Masse-Energie-Äquivalenz 116
Massendichte, kritische 115, 185
Massenzunahme, relativistische 155
Materie-Antimaterie-Problem 90, 108
Mendelejew, Dimitri 36
Merkur 49
Merkurbahn, Anomalie 168
Messung in der Quantentheorie 170
Messung und Realität 172
Meteorit 39, 54, 123
Meteorit ALH 84001 139
Meteorschauer 54
Methan auf dem Mars 140, 147
Michell, John 78
Michelson-Morley-Experiment 153
Mikroben auf dem Mars 141
Mikrofossilien 125
Mikrowellenhintergrund, kosmischer 34, 88, 115
  Entstehung 90
  Rotverschiebung 94
  Temperatur 164
Milchstraße 14
  Alter 32
  Schwarzes Loch 81
Milgrom, Mordehai 111
Miller, Stanley 126
Miller-Urey-Experiment 127
Moffat, John 164
Mond 119
  Oberfläche 53
MOND (Modifizierte Newton'sche Dynamik) 111
Mond, Bahnkurve 76
Mono Lake 133
Mount-Palomar-Teleskop 25
Mount-Wilson-Teleskop 23
Moya, Miguel 156
Multiversum 173, 197
Murchison-Meteorit 127
Mutationen 128
Münzwurf 178

N

Nanedi Vallis 136
Nanoben 140
Naturkonstanten 163
  dimensionslose 165
  Feinabstimmung 194
  in Parallelwelten 175
  natürliche Auslese 197
Nebel 23
negative Masse 156
Neptun 51
Neptun, Entdeckung 66
Neutralinos 109
  Nachweis 109
Neutrino 107
  Nachweis 95
Neutrinos 108
  frühe 94
  Masse 110
Neutron 92
  Lebensdauer 37
Neutronen 108
Neutronenstern 74, 80
Newton, Isaac 56, 58, 189
Newton'sche Physik 170
Newtons Gravitationstheorie 67
Nipptide 62
Nukleosynthese 93, 123

O

Observatorium, prähistorisches 8
Oklo 162
Olbers-Paradoxon 27
Oligarchen 50
Oort'sche Wolke 53
Oparin, Alexander I. 126
Ort und Impuls, Verknüpfung 192
Osterinsel 8

P

Paradoxon
  Relativitätstheorie 160
Parallaxe 21, 78
  kosmische 21
Paralleluniversen 173–178
Pathfinder (Mars-Landefähre) 136
Pauli, Wolfgang 107
Penzias, Arno 87
Perchlorat 135
Periodensystem 36
Perrin, Jean-Baptiste 41
Phantomenergie 118
Phoenix (Mars-Landefähre) 135, 138
Photon 76, 108
Photosynthese 149
Pioneer-Anomalie 158
Planck (Raumsonde) 180
Planck, Max 88
Planck-Konstante 163
Planck-Zeit 88
Planck-Ära 88
Planet, extrasolarer 63
planetarischer Nebel 43, 47
Planeten 12
  abgelegene 52
  erdähnliche 49, 50
  Zusammensetzung 48
Planetenbahnen 46, 56
Planetensysteme
  Aufbau 198
Planetesimale 50
Plasma 93
Plattentektonik 139
Pluto 51
Positron 89
primordiale Teile 139
Principia (Werk von Isaac Newton) 56
Prisma 39
Prokaryoten 148
Prokyon 15
Proton 37, 92, 108
  Stabilität 184
Proton-Proton-Reaktion 102
protoplanetare Scheibe 47, 48
präsolare Körner 123
Ptolemäus, Claudiua 10
Pulsar 74
Pulsationsveränderliche 19

Q

quadratisches Abstandsgesetz 27, 111
Quantenfluktuation 193
Quantengravitation 95
Quantentheorie 84
Quarks 92, 108
Quasar 82, 100, 164
Quintessenz 118

R

Radioaktivität 29
Radioteleskop 74
Radiowellenhintergrund 102
Raumzeit-Kontinuum 67
Raumzeit-Krümmung 91
Raumzeit-Wellen 180
Reise in die Vergangenheit 161
Religion und Naturwissenschaft 190
Reversibilität 85
Rotation von Galaxien 115
Roter Riese 32, 43
Roter Zwerg 15, 30
Roter Überriese 44
Rotverschiebung 23, 184
Rutherford, Ernest 37

S

Sagittarius A* (Schwarzes Loch) 83
Saturn 51
Sauerstoff als Energiequelle 149
Schalenbrennen 43
Schaltsekunde 62
Schneegrenze 49
Schrödinger, Erwin 170
Schrödingers Katze 170
schwache Wechselwirkung 72
Schwarze Raucher 128
Schwarzes Loch 99
  ältestes 100
  Beobachtung 80
  in der Milchstraße 15, 83
  erste Hypothesen 79
  inaktives 81
  mittelgroßes 80
  primordiales 84
  supermassereiches 81
  Verdampfen 84
  Wirkung 77
Singularität 85
  stellares 80
Zeitreisen 160
Schwarzschild, Karl 79
Schwarzschild-Radius 79
SETI 150
SETI@home-Programm 151
Shapley, Harold 30
Shoemaker-Levy 9 (Komet) 54
Singularität 85
Sonne 14, 30
  Endstadium 43

Index

Funktion 41, 193
Temperatur 42
Sonnenspektrum 39
Sonnensystem
  Alter 29
  Entstehung 46
Spaghettifizierung 63, 77
Spektrallinien 39, 165
Spektrum 40
Spezielle Relativitätstheorie 116, 152, 154
Spiralgalaxie 15, 98
Springflut 62
Standardkerze 19
Star Wars 114
Starburst 99
starke Wechselwirkung 72
Steady State-Theorie 188
Sternbilder 10
Sterne 101
  Endstadium 42
  Entstehung 47
  Farbe 31
  früheste 100
  Geburt 101
  Hauptreihe 30
  Helligkeit 11
  massereiche 101
  Temperatur 31
Sternschnuppe 54
Stonehenge 9
String-Theorie 73, 88, 178
  Ende des Universums 187
  Lorentz-Verletzungen 168
  und Naturkonstanten 166
  Singularität 86
Stromatolithen 126

Super-Galaxienhaufen 16, 121
Superkraft 178
Supernova 47, 80
Supernova Typ Ia 20
Supernova Typ II 45
Superpartner 109
Superposition 171
Supersymmetrie 108, 118
Swan Leavitt, Henrietta 19

T

Tau Ceti 142
Tegmark, Max 173
Temperatur im Universum 90
Thales von Milet 10
Theorie von allem 72, 166, 178, 199
Tipler, Frank 160
Tombaugh, Clyde 120
Torsionswaage 167
Transitereignis 144
Trägheit 68
Tunguska-Meteorit 54
Tunneleffekt 84, 187

U

Überlichtgeschwindigkeit 155
Ufo 152
Uhrwerk-Universum (Newton) 61
Umlaufbahn 59
  elliptische 59
Unbestimmtheit 171
Unbestimmtheitsprinzip 192
Fusion in der Sonne 193

Universum
  Alter 28, 35
  Aufspaltung 175
  Expansion 22, 24, 35
  flaches 91, 115, 185
  geschlossenes 182
  Größe 18
  Kollaps durch Gravitation 65
  offenes 183
  transparentes 94
  unendliches 173
  ungebundenes, endliches 174, 182
  wahrer Durchmesser 26
Unwin, Philippa 130
Ur-Atom 33, 88
Uranus 51
Uratmosphäre 126
Urey, Harold 126
Urknall 181, 191
  ekpyrotisches Universum 187
  Umkehrung 183
Urknall-Hypothese 33, 88

V

Vakuumenergie 117
Vakuumzerfall 187
Vermittlerteilchen 108
Viele-Welten-Interpretation 172
vierte Dimension 174
Viking (Mars-Landefähren) 134
Virgo-Haufen 16
virtuelle Teilchen 73
Voraussagbarkeit 170
Vulkan (hypothetischer Planet) 66

W

Wahrscheinlichkeit in der Quantentheorie 170
Warp-Antrieb 156
Wasser, Bedeutung für Leben 136
Wasserstoff 36
  Atome im leeren Raum 47
  Fusion 102
  Radiosignal 104
Wasserstoffbrennen 42
Webb, John 165
Wechselwirkungen (Grundkräfte der Natur) 72
Weißer Zwerg 32, 44
Wellenlänge 25
Weltformel 166
Wilson, Robert 87
Wurmlöcher 157
Wärmetod 185

Z

Zeit 68
  Definition 159
  im Gravitationsfeld 160
  Richtung 159
Zeitdilatation 67, 159
Zeitmaschine 159
Zentrifugalkraft 48
Zivilisationen
  in der Milchstraße 150, 161
Zufall und Quantentheorie 191
Zweistromland 10
Zwergplanet 51
Zwicky, Fritz 105

Titel der Originalausgabe: THE BIG QUESTIONS: The Universe
Copyright © 2010 Stuart Clark
Published by arrangement with Quercus Publishing PLC (UK)

Aus dem Englischen übersetzt von Anna Schleitzer

Weitere Informationen zum Buch finden Sie unter www.spektrum-verlag.de/
978-3-8274-2915-5

Wichtiger Hinweis für den Benutzer
Der Verlag und der Übersetzer haben alle Sorgfalt walten lassen, um vollständige und akkurate Informationen in diesem Buch zu publizieren. Der Verlag übernimmt weder Garantie noch die juristische Verantwortung oder irgendeine Haftung für die Nutzung dieser Informationen, für deren Wirtschaftlichkeit oder fehlerfreie Funktion für einen bestimmten Zweck. Der Verlag übernimmt keine Gewähr dafür, dass die beschriebenen Verfahren, Programme usw. frei von Schutzrechten Dritter sind. Die Wiedergabe von Gebrauchsnamen, Handelsnamen, Warenbezeichnungen usw. in diesem Buch berechtigt auch ohne besondere Kennzeichnung nicht zu der Annahme, dass solche Namen im Sinne der Warenzeichen- und Markenschutz-Gesetzgebung als frei zu betrachten wären und daher von jedermann benutzt werden dürften. Der Verlag hat sich bemüht, sämtliche Rechteinhaber von Abbildungen zu ermitteln. Sollte dem Verlag gegenüber dennoch der Nachweis der Rechtsinhaberschaft geführt werden, wird das branchenübliche Honorar gezahlt.

Bibliografische Information der Deutschen Nationalbibliothek
Die Deutsche Nationalbibliothek verzeichnet diese Publikation in der Deutschen Nationalbibliografie; detaillierte bibliografische Daten sind im Internet über http://dnb.d-nb.de abrufbar.

Springer ist ein Unternehmen von Springer Science+Business Media
springer.de

© Spektrum Akademischer Verlag Heidelberg 2012
Spektrum Akademischer Verlag ist ein Imprint von Springer

12 13 14 15 16   5 4 3 2 1

Das Werk einschließlich aller seiner Teile ist urheberrechtlich geschützt. Jede Verwertung außerhalb der engen Grenzen des Urheberrechtsgesetzes ist ohne Zustimmung des Verlages unzulässig und strafbar. Das gilt insbesondere für Vervielfältigungen, Übersetzungen, Mikroverfilmungen und die Einspeicherung und Verarbeitung in elektronischen Systemen.

Planung und Lektorat: Frank Wigger, Martina Mechler
Redaktion: Friedrich Müller
Grafiken: Patrick Nugent, NASA (S. 14, S. 49) und Gabriel Bouys, Getty Images (S. 134)
Satz: TypoDesign Hecker, Leimen
Umschlaggestaltung: wsp design Werbeagentur GmbH, Heidelberg
Printed in China

ISBN 978-3-8274-2915-5